Heike Kallert

Brandschutztechnische Bemessungsverfahren von Stahl- und Stahlverbundkonstruktionen

Heike Kallert

Brandschutztechnische Bemessungsverfahren von Stahl- und Stahlverbundkonstruktionen

www.salzwasserverlag.de

Kallert, Heike
Brandschutztechnische Bemessungsverfahren von Stahl- und Stahlverbundkonstruktionen
1. Auflage 2009 | ISBN: 978-3-86741-144-8

Die Deutsche Bibliothek verzeichnet diesen Titel in der Deutschen Nationalbibliografie.
Bibliografische Daten sind unter http://dnb.ddb.de abrufbar.

Inhalt

1. EINLEITUNG

Für den Stahlbau bringen Anforderungen hinsichtlich der Feuerwiderstandsfähigkeit zwei entscheidende Wettbewerbsnachteile. Zum einen kann dem Wunsch vieler Architekten nach sichtbaren, ästhetisch ansprechenden stählernen Tragkonstruktionen wegen nachträglich anzuordnenden Brandschutzbekleidungen nicht gefolgt werden. Zum zweiten führen Brandschutzbekleidungen – gleich welcher Feuerwiderstandsklasse – zu erheblichen Mehrkosten, die in der Größenordnung der Materialkosten für den Baustahl selbst liegen.

Verschiedene Forschungsaktivitäten auf dem Gebiet des baulichen Brandschutzes auf nationaler und internationaler Ebene tragen in letzter Zeit Früchte in Normen und Vorschriften für die brandschutztechnische Bemessung von Bauteilen. Dazu zählen vor allem die Brandschutzteile der Eurocodes, die auch für den Stahl- und Stahlverbundbau eine brandschutztechnische Bemessung auf Basis rechnerischer Nachweisverfahren ermöglichen.

Diese Entwicklung gibt den Stahlbauunternehmen Hoffnung zukünftig in verschiedenen Marktsegmenten wieder zu einer besseren Wettbewerbs-situation gegenüber dem Massivbau zu gelangen.

Nachfolgend werden im Anschluss an die Stellung des Brandschutzes im Bauordnungsrecht mögliche brandschutztechnische Bemessungsverfahren im Stahlbau und im Stahlverbundbau vorgestellt.

Die Grundlagenermittlung wird mit der Bearbeitung verschiedener Brandsimulationsmodelle und Brandszenarien in Abhängigkeit von der Gebäudenutzung abgerundet.

Das Optimierungspotential, das durch eine Heißbemessung erzielt werden kann, und dessen objektive Bewertung, wird an typischen Fallbeispielen und an einem konkreten Beispiel eines Parkhauses detailliert herausgearbeitet.

Da diese Untersuchung auch als Leitfaden für den Alltag im Ingenieurbüro dienen soll, wird der Beschreibung der brandschutztechnischen Nachweisverfahren und der Ermittlung der temperaturbedingten Einwirkungen besondere Aufmerksamkeit geschenkt.

2. BRANDSCHUTZ IM BAUORDSNUNGSRECHT

2.1 Entwicklung der Musterbauordnung

Der Brandschutz spielt im Bauordnungsrecht eine wesentliche Rolle. Das Schutzziel ist die öffentliche Sicherheit und Ordnung, insbesondere der Schutz von Leben und Gesundheit. Der reine Sachschutz ist nicht unbedingt Gegenstand der öffentlich- rechtlichen Regelungen.

Noch heute erkennt man am Erscheinungsbild einiger typischer alter Stadtbilder die Handschrift örtlicher Bauvorschriften. Grabendächer und hohe Vorschussmauern ohne Dachüberstand sind Zeitzeugen von historischen Bauordnungen, die häufig als Folge katastrophaler Stadtbrände erlassen wurden.

So ist auch derzeit das Brandschutzkonzept für ein Bauvorhaben bestimmt durch die öffentlich- rechtlichen Ziele des Personenschutzes und des Schutzes vor einer unkontrollierbaren Brandausbreitung.

Dem Gebäudebrandschutz wird im Vergleich mit anderen gesellschaftlichen Schutzmaßnahmen ein hoher Stellenwert beigemessen. Dies spiegelt sich im Bauordnungsrecht wieder, das sich nicht damit begnügt die allgemeinen Schutzziele zu formulieren, sondern auch konkrete Anforderungen an den Brandschutz stellt.

In Deutschland ist das Bauordnungsrecht Sache der einzelnen Bundesländer. Um einer zu unterschiedlichen Ausformung des Bauordnungsrechtes entgegenzuwirken wurde 1959 eine sogenannte Musterbauordnung erstmalig erstellt. Seit 2002 liegt eine novellierte Fassung der Musterbauordnung [1] vor (MBO 2002), die von der Fachkommission Bauaufsicht der Bauministerkonferenz (Arbeitsgemein-schaft der für Städtebau, Bau- und Wohnungswesen zuständigen Minister und Senatoren der 16 Länder der Bundesrepublik Deutschland – ARGEBAU) erstellt wurde. Nachfolgende Ausführungen basieren auf dieser Musterbauordnung und der zugehörigen Muster- Vorschriften.

Bei den Erläuterungen wurde auf die Zusammenstellungen in [19] bis [22] zurückgegriffen.

2.2 Struktur der bauordnungsrechtlichen Brandschutzvor-schriften

2.2.1 Gesetz

Die in § 14 MBO [1] beschriebenen Anforderungen an den Brandschutz können als Generalklausel des Brandschutzes betrachtet werden: *"Bauliche Anlagen sind so anzuordnen, zu errichten, zu ändern und instand zu halten, dass der Entstehung eines Brandes und der Ausbreitung von Feuer und Rauch (Brandausbreitung) vorgebeugt wird und bei einem Brand die Rettung von Menschen und Tieren sowie wirksame Löschmaßnahmen möglich sind."*

Detaillierte Anforderungen zur Erfüllung der Generalklausel findet man

- im vierten Abschnitt (§§ 26-32): allgemeine und konkrete Anforderungen an das Brandverhalten von Baustoffen und Bauteilen,
- im fünften Abschnitt (§§ 33-37): Anforderung an die Führung von Rettungswegen und ihre Beschaffenheit,
- im sechsten Abschnitt (§§ 39-46): Anforderungen an die technische Gebäudeausrüstung (wie Aufzüge, Leitungsanlagen, Feuerungsanlagen) und
- im siebten Abschnitt (§§ 47-51): Nutzungsbedingte Anforderungen an Aufenthaltsräume, Wohnungen, Sonderbauten, etc.

2.2.2 Verordnungen und Richtlinien

Zu den bauordnungsrechtlichen Vorschriften zählen die auf Basis des § 85 MBO [1] erlassenen Verordnungen (Muster- Verkaufsstättenverordnung, Muster- Versammlungsstättenverordnung, usw.) und Richtlinien (Muster-Industriebaurichtlinie, Muster- Schulbaurichtlinie, usw.).

Verordnungen gelten als Rechtsnorm. Richtlinien sind Verwaltungsvorschriften, die von der Bauaufsichtsbehörde im bauaufsichtlichen Verfahren zur Beurteilung herangezogen werden und natürlich auch die Grundlage eines Brandschutzkonzeptes bilden sollten.

2.2.3 Eingeführte Technische Baubestimmungen und Bauregellisten

Mit § 3 Abs. 3 Satz 1 MBO [1] *„Die von der obersten Bauaufsichtsbehörde durch öffentliche Bekanntmachung als Technische Baubestimmungen ein-*

geführten technischen Regeln sind zu beachten.“ werden die eingeführten technischen Regeln rechtsverbindlich. Ihre Bekanntmachung erfolgt in der „Liste der als Technische Baubestimmungen eingeführten technischen Regeln“.

Diese Muster- TB- Liste wird von der Fachkommission Bautechnik der ARGEBAU erarbeitet und muss, um rechtswirksam zu werden, in Landesrecht umgesetzt werden. Hierbei kann es zu länderspezifischen Änderungen kommen.

In der Muster- TB- Liste sind neben Planungs-, Bemessungs- und Konstruktionsregeln auch Anwendungsregeln für bestimmte europäisch geregelte Bauprodukte und Bausätze in Teil II und III enthalten.
Für Bauprodukte und Bauarten ist die Bauregelliste, welche nach § 17 Abs. 2 MBO [1] vom Deutschen Institut für Bautechnik im Einvernehmen mit den obersten Baubehörden der Länder bekannt gemacht wird, relevant.

Die in der Bauregelliste A [9] enthaltenen technischen Regeln gelten als Technische Baubestimmungen im Sinne des § 3 Abs. 3 Satz 1 MBO [1].

Für die Erfüllung der bauaufsichtlichen Brandschutzanforderungen ist die in der Bauregelliste A Teil 1, Anlagen 0.1 und 0.2 [9] vorgenommene Zuordnung der bauaufsichtlichen Benennungen zu den Klassen für Bauteile und Baustoffe, die sich aus den Prüfungen nach deutschen und europäisch harmonisierten Prüfnormen ergeben, äußerst wichtig.

Des weiteren sind neben den bereits erwähnten Richtlinien auch Bemessungsnormen für den Standsicherheitsnachweis im Brandfall in Teil I, Abschnitt 3 enthalten.

2.2.4 Allgemein anerkannte Regeln der Technik

Gibt es für eine allgemein formulierte Brandschutzanforderung keine bauordnungsrechtliche Regel oder eingeführte Baubestimmung, so sind die *„allgemein anerkannten Regeln der Technik und Baukunst“* zu beachten.
Dies fordert z. B. die Bayerische Bauordnung in Art. 3 Abs. 2 Satz 4 [2] zur Erfüllung der bauaufsichtlichen Anforderungen.

2.2.5 Brandschutzregeln außerhalb des Bauordnungsrechtes

Der Vollständigkeit halber soll erwähnt werden, dass es neben den bauordnungsrechtlichen Vorschriften auch häufig noch zusätzliche Anforderungen an Rettungswege aus arbeits- und produktionsprozessbezogenen Brandschutzregeln aus dem Betriebssicherheitsrecht heraus gibt.

2.3 Brandschutzkonzept der MBO und bauaufsichtliche Verfahren

Für Standardbauaufgaben (z.B. Wohnungs- und Bürogebäude) sind die in der MBO 2002 enthaltenen quantifizierbaren Brandschutzanforderungen wie Abstandsflächen, Rettungswegführung, Bauteilanforderungen, usw. ausreichend beschrieben. Die Brandschutzvorschriften sind daher vollständig und abschließend, sodass eine Mitwirkung der Bauaufsichtsbehörde bei Standardbauten nicht zwingend erforderlich ist.

Das Standard- Brandschutzkonzept unterstützt den in allen Ländern üblichen Abbau der bauaufsichtlichen Genehmigungsverfahren.

Nach § 67 MBO [1] besteht jedoch die Möglichkeit vom Standard- Brandschutzkonzept abzuweichen. Hierzu ist jedoch die Einbeziehung der Bauaufsichtsbehörde erforderlich. Die Abweichungen müssen mit den öffentlichen Belangen, insbesondere den Anforderungen des § 3 Abs. 1 MBO [1], vereinbar sein. Insgesamt muss bei einem alternativen Brandschutzkonzept das Schutzniveau des Standard- Brandschutzkonzeptes erreicht werden.

Für bauliche Anlagen und Räume besonderer Art oder Nutzung (Sonderbauten nach § 2 Abs. 4 MBO [1]) ist immer eine bauaufsichtliche Prüfung des Brandschutzes vorgesehen. Die Prüfung muss allerdings nicht zwangsläufig von der Bauaufsichtsbehörde durchgeführt werden, sondern kann auch an einen bauaufsichtlich anerkannten Prüfingenieur/ Prüfsachverständigen weitergegeben werden. Eine Erleichterung bieten hierbei die o. g. Sonderbauverordnungen oder Richtlinien für typisierbare Sonderbauten. Für sie entsteht das typisierte Brandschutzkonzept aus den Anforderungen der MBO mit den jeweiligen Sonderbauvorschriften.

2.4 Elemente des Brandschutzkonzeptes der MBO 2002

2.4.1 Gebäudeklassen

Die Brandschutzanforderungen sind in Abhängigkeit von Gebäudeklassen gestaffelt . Die Gebäudeklassen sind in § 2 Abs. 3 MBO [1] definiert. Neben der Gebäudehöhe geht auch die Zahl der Nutzungseinheiten (Praxis, Wohnung, usw.) sowie deren Größe in die Klassifizierung ein.

Jede Nutzungseinheit hat ein eigenes Rettungssystem und ist gegen andere Nutzungseinheiten oder fremde Räume mit brandschutztechnisch qualifizierten Trennwänden abgetrennt. Man spricht hier von der sog. Zellen- oder Kompartment- Bauweise.

Eine Übersicht über die Unterschiede zwischen den Gebäudeklassen gibt Tabelle 1.

Gebäude-klasse		Höhe[1]	Zahl der Nutzungs-einheiten	Größe der Nutzungs-einheiten[2]
1	freistehend, land- oder forstwirtschaftl. Nutzung	≤ 7m	≤ 2	Summe ≤ 400m²
2	-	≤ 7m	≤ 2	Summe ≤ 400m²
3	-	≤ 7m	-	-
4	-	≤ 13m	-	jeweils ≤ 400m²
5	-	-	-	-

Tabelle 1: Unterschiede der Gebäudeklassen

[1]Höhe, gemittelt über die Geländeoberfläche, bezogen auf das Maß der Fußbodenoberkante des höchstgelegenen Geschosses, in dem ein Aufenthaltsraum möglich ist
[2]Brutto- Grundflächen

2.4.2 Schutzziele der Einzelanforderungen

Den konkreten Einzelanforderungen in den §§ 27-42 der MBO [1] sind allgemein formulierte Schutzziele vorangestellt, die die Bewertung der Gleichwertigkeit bei abweichenden Lösungen ermöglicht. Diese Beschreibung erlaubt für Bauteile die Zuordnung zu den europäischen Bauteilklassen.

Um das geforderte Schutzziel zu erreichen, sind, gestaffelt nach den Gebäudeklassen, die Anforderungen anschließend quantifiziert.

2.4.3 Anforderungen an Bauteile und Baustoffe

Das Brandverhalten von Baustoffen wird gemäß § 26 Abs. 1 MBO [1] beschrieben durch die Begriffe „nichtbrennbar", „schwerentflammbar" und „normalentflammbar". Die Zuordnung der einzelnen Baustoffe erfolgt über Normprüfungen und ist der Anlage 0.2 der Bauregelliste A Teil 1 [9] zu entnehmen. Bestehen Baustoffe diese Prüfung nicht, so gelten sie als „leichtentflammbar" und sind nicht zur Verwendung zugelassen. Die Anforderungen an die Entflammbarkeit von Baustoffen sind den Einzelanforderungen zu entnehmen (z. B. § 28 MBO [1] für Außenwände).

Um die Schutzziele zu erreichen, werden nicht nur Ansprüche an das Brandverhalten, sondern auch an die Feuerwiderstandsfähigkeit von tragenden und nichttragenden Bauteilen gestellt. Die Feuerwiderstandsfähigkeit bezieht sich bei tragenden und aussteifenden Bauteilen auf deren Standsicherheit, bei raumabschließenden Bauteilen auf deren Widerstand gegen die Brandausbreitung. Klassifiziert ist die Feuerwiderstandsfähigkeit über die Feuerwiderstandsdauer (in Minuten) von Bauteilen. Grundsätzlich gibt es drei Feuerwiderstandsklassen:

- feuerhemmend (Feuerwiderstandsdauer 30 min)
- hochfeuerhemmend (Feuerwiderstandsdauer 60 min)
- feuerbeständig (Feuerwiderstandsdauer 90 min)

Eine vereinfachte Zuordnung zu den Normen DIN 4102-2 [3] und DIN EN 13501-2 [4] gibt Tabelle 2 wieder. Das Kürzel „R“ gemäß DIN EN 13501-2 steht für Tragfähigkeit, „E“ für Raumabschluss und „I“ für Wärmedämmung.

	DIN 4102-2	DIN EN 13501-2		
feuerbeständig	F 90	R 90	REI 90	EI 90
hochfeuerhemmend	F 60	R 60	REI 60	EI 60
feuerhemmend	F 30	R 30	REI 30	EI 30

Tabelle 2: Vereinfachte Zuordnung der bauaufsichtlichen Bezeichnungen zu den Feuerwiderstandsklassen

Um den immer häufiger verwendeten Systembauweisen gerecht zu werden, differenziert die MBO 2002 [1] vier Baustoffverwendungsarten bei Bauteilen (§ 26 Abs. 2 Satz 2) und ordnet sie den Anforderungen „feuerbeständig“ und „feuerhemmend“ zu. So wird eine Verwendung von Bauteilen möglich, die nicht ausschließlich aus nichtbrennbaren Baustoffen bestehen.

Neben den Bauteilen, die nur aus nichtbrennbaren Baustoffen bestehen, gibt es drei weitere Verwendungsarten. Tabelle 3 gibt am Beispiel von tragenden Wänden die Zulässigkeit der Verwendung von brennbaren Baustoffen wieder, wie sie sich aus der gesetzlichen Verknüpfung in § 26 Abs. 2 Satz 3 [1] ergibt. Des weiteren ist auch die Zuordnung zu den Feuerwiderstandsklassen erkennbar.

	feuer-beständig	hochfeuer-hemmend	feuer-hemmend
Tragende Teile nichtbrennbar; Dämmstoffe brennbar	zulässig	zulässig	zulässig
Tragende Teile brennbar mit Brand-schutzbekleidung; Dämmstoffe nicht-brennbar	nicht zulässig	zulässig	zulässig
Tragende Teile brennbar; Dämmstof-fe brennbar	nicht zulässig	nicht zuläs-sig	zulässig

Tabelle 3: Zulässigkeit der Verwendung brennbarer Baustoffe für tragende Wände mit erforderlicher Feuerwiderstandsfähigkeit

Zusammenfassend kann gesagt werden, dass es bei Verwendung eines Bauproduktes, das nicht in einem Teil der Bauregellisten geführt wird oder bei Verwendung einer Bauart, deren Ausführung nicht nach einer Norm der Liste der eingeführten technischen Baubestimmungen geregelt ist, es einer allgemeinen bauaufsichtlichen Zulassung bzw. einer Zustimmung im Einzelfall der obersten Bauaufsichtsbehörde des entsprechenden Bundeslandes bedarf.

2.4.4 Anforderungen an Rettungswege

Für jede Nutzungseinheit aus jedem Geschoß sind zwei voneinander unabhängige Rettungswege (erster und zweiter Rettungsweg) erforderlich, die ins Freie führen. Dabei kann der zweite Rettungsweg auch eine durch mit Rettungsgeräten der Feuerwehr erreichbare Stelle einer Nutzungseinheit sein.

Der erste Rettungsweg innerhalb einer Geschossebene darf nach § 35 MBO [1] nicht länger als 35m bis zum nächsten Ausgang in einen sog. „notwendigen" Treppenraum oder ins Freie sein. Die Nutzbarkeit des Treppenraums wird durch besondere Anforderungen an die Türen (selbstschließend, feuerhemmend, raumdicht oder dicht) sichergestellt.

Die Minimierung des Risikos einer Brandentstehung oder –ausbreitung durch haustechnische Anlagen enthält die MBO [1] in den §§ 39-42 (z. B. Risiko der Brandweiterleitung durch Versorgungsschächte oder –leitungen).

2.5 Europäische Harmonisierung im Brandschutz

2.5.1 Bauproduktenrichtlinie

Mit dem stetigen Zusammenwachsen Europas geht auch der Wunsch einher, technische Hemmnisse beim Warenverkehr mit Bauprodukten innerhalb der Europäischen Union abzubauen.

Zur Harmonisierung der technischen Regeln und zur Angleichung der Rechts- und Verwaltungsvorschriften wurde die Bauproduktenrichtlinie [5] erlassen, die die wesentlichen Anforderungen (mechanische Festigkeiten; Brandschutz; Hygiene, Gesundheit und Umweltschutz; Nutzungssicherheit; Schallschutz; Energieeinsparung und Wärmeschutz) an Bauteile festlegt.

Zur Konkretisierung der technischen Anforderungen für einzelne Bauprodukte dienen europäische Produktspezifikationen, sog. harmonisierte Nomen, europäisch technische Zulassungen sowie unterstützende Prüf- und Klassifizierungsnormen.

Die Umsetzung der Bauproduktenrichtlinie erfolgte in Deutschland durch eine entsprechende Anpassung der Landesbauordnungen und durch den Erlass des Bauproduktengesetzes [6].

2.5.2 Prüfung und Klassifizierung im Brandschutz

Als eine wesentliche Voraussetzung für die Harmonisierung des Brandschutzes wurden Prüf- und Klassifizierungsnormen erarbeitet.

Neben den Hauptklassifizierungskriterien der Entzündbarkeit und der frei werdenden Wärme werden nach dem europäischen Konzept auch Parallelerscheinungen (z. B. Rauchentwicklung) eines Brandes erfasst.

Grundlage der europäischen Prüfverfahren sind drei Beanspruchungsstufen, die bereits aus DIN 4102-2 [3] bekannt sind:

- kleine Zündquelle
- einzelner brennender Gegenstand
- Vollbrand

Die Festlegungen zur Klassifizierung des Feuerwiderstandes von Bauprodukten, Bauwerken und Teilen davon wurden bereits in 2.4.3 gestreift und werden an dieser Stelle nicht weiter ausgeführt.
Es sei nur darauf hingewiesen, dass im Gegensatz zur DIN 4102-2 [3] europäische Klassifizierungen die bei der Prüfung erzielten unterschiedlichen Zeiten für jedes einzelne Versagenskriterium angeben. In DIN 4102-2 [3] werden alle Kriterien in einer Gesamtklassifizierung erfasst.

In Deutschland besteht mit DIN 4102-4 [3] die Möglichkeit Baustoffe und Bauteile ohne weitere Prüfung hinsichtlich ihres Brandverhaltens und Feuerwiderstandes einzustufen. Auf europäischer Ebene steht eine solch umfassende Übersicht derzeit noch nicht zur Verfügung.

2.5.3 Brandschutzbemessung nach den Eurocodes

Im Auftrag der europäischen Kommission wurden die Eurocodes 1-9 von CEN ausgearbeitet. Sie enthalten Regeln für den Entwurf, die Berechnung und Bemessung von kompletten Tragwerken und Bauteilen auf der Basis von Rechenverfahren.

Die Brandschutzteile der Eurocodes 1 bis 6 und 9 bieten zudem Regeln für die Bemessung und Konstruktion von Bauteilen und Bauwerken unter Brandbeanspruchung mit Hilfe rechnerischer Nachweisverfahren an (ausreichende Tragfähigkeit, Raumabschluss, Wärmedämmung).
Tabelle 4 gibt eine Zusammenstellung der Brandschutzteile der Eurocodes wieder.

Für die Bauteile bzw. Bauwerke aus Beton, Stahlbeton, Stahl, Stahlverbund, Mauerwerk und Aluminium werden grundsätzlich drei Nachweisstufen im Brandfall vorgesehen:

- Stufe 1: Nachweis mittels tabellarischer Daten
- Stufe 2: Nachweis mittels vereinfachter Rechenverfahren
- Stufe 3: Nachweis mittels allgemeiner (genauer) Rechenverfahren

Dabei ist festzuhalten, dass der Aufwand von Stufe zu Stufe zunimmt.

Grundlagen für die Ermittlung der möglichen Beanspruchbarkeiten im Brandfall sind u. a. die jeweiligen charakteristischen Baustoffkennwerte in den baustoffbezogenen Eurocodes.

Für Tragwerke bzw. Bauteile aus Stahl werden die einzelnen Nachweisstufen in Kapitel 3 und für Tragwerke bzw. Bauteile aus Stahl im Verbund mit Beton in Kapitel 4 detailliert herausgearbeitet.

Norm	Titel	Ausgabe/ Bearbeitungsstand
DIN EN 1991-1-2	Eurocode 1: Einwirkungen auf Tragwerke; Teil 1-2: Allgemeine Einwirkungen; Brandeinwirkungen auf Tragwerke	2003-09
DIN V ENV 1992-1-2	Eurocode 2: Planung von Stahlbeton- und Spannbetontragwerken; Teil 1-2: Allgemeine Regeln; Tragwerksbemessung im Brandfall	1997-05 Vornorm
DIBt DIN V ENV 1992-1-2 AnwRL	DIBt Richtlinie zur Anwendung von DIN V ENV 1992-1-2 in Verbindung mit DIN 1045-1	DIBt Mitt. 2/2002
DIN V ENV 1993-1-2	Eurocode 3: Bemessung und Konstruktion von Stahlbauten; Teil 1-2: Allgemeine Regeln; Tragwerksbemessung für den Brandfall	1997-05 Vornorm
DIN Fachbericht 93	Nationales Anwendungsdokument (NAD); Richtlinie zur Anwendung von DIN V ENV 1993-1-2	2000
DIN V ENV 1994-1-2	Eurocode 4: Bemessung und Konstruktion von Verbundtragwerken aus Stahl und Beton; Teil 1-2: Allgemeine Regeln; Tragwerksbemessung im Brandfall	1997-06 Vornorm
DIN Fachbericht 94	Nationales Anwendungsdokument (NAD); Richtlinie zur Anwendung von DIN V ENV 1994-1-2	2000
DIN V ENV 1995-1-2	Eurocode 5: Bemessung und Konstruktion von Holzbauwerken; Teil 1-2: Allgemeine Regeln; Tragwerksbemessung für den Brandfall	1997-05 Vornorm
DIN Fachbericht 95	Nationales Anwendungsdokument (NAD); Richtlinie zur Anwendung von DIN V ENV 1995-1-2	2000
DIN V ENV 1996-1-2	Eurocode 6: Bemessung und Konstruktion von Mauerwerksbauten; Teil 1-2: Allgemeine Regeln; Tragwerksbemessung für den Brandfall	1997-05 Vornorm
DIN Fachbericht 96	Nationales Anwendungsdokument (NAD); Richtlinie zur Anwendung von DIN V ENV 1996-1-2	2000
DIN V ENV 1999-1-2	Eurocode 9: Bemessung und Konstruktion von Aluminiumkonstruktionen; Teil 1-2: Allgemeine Regeln; Tragwerksbemessung für den Brandfall	1999-10 Vornorm

Tabelle 4: Zusammenstellung der Brandschutzteile der ECs und NADs

2.5.4 Europäische Klassifizierung im bauaufsichtlichen Verfahren

Für das Brandverhalten und den Feuerwiderstand von Bauteilen sei auf die Ausführungen des Kapitels 2.4.3 hingewiesen.

Es soll an dieser Stelle nur vermerkt werden, dass Baustoffe, die nach europäisch harmonisierten Produktnormen oder nach europäisch technischen Zulassungen hergestellt werden, ausschließlich nach den europäischen Prüfnormen zertifiziert und nach DIN EN 13501 [4] klassifiziert werden dürfen.

2.5.5 Europäische Klassifizierungen in der Praxis

Die Anwendbarkeit der europäischen Klassen nach DIN EN 13501 [4] und der bisherigen deutschen Klassen nach DIN 4102 [3] wird für eine Übergangszeit gleichwertig und alternativ möglich sein.

Soll ein europäisch nicht geregeltes Bauprodukt verwendet werden, das jedoch eine europäische Klasse ausweist, so muss das Brandverhalten mit einem vorgeschriebenem Verwendbarkeits- bzw. Übereinstimmungsnachweis (z. B. allgemeine bauaufsichtliche Zulassung) belegt sein.

2.6 Methoden des Brandschutzingenieurwesens im Kontext mit dem Bauordnungsrecht

2.6.1 Überblick

Wie bereits erläutert, begnügt sich das Bauordnungsrecht nicht allein mit der Formulierung von allgemeinen Schutzzielen, sondern stellt auch konkrete Anforderungen an den Brandschutz.

Diese quantifizierbaren Schutzzielvorgaben bilden nicht zuletzt die Grundlagen für die Methoden des Brandschutzingenieurwesens. Abweichend von den konkreten Brandschutzanforderungen des Gesetzes sind hier bei gleichem Sicherheitsniveau ingenieurmäßige Nachweise möglich. Durch die quantifizierbaren Schutzzielvorgaben wird eine Vergleichbarkeit der unterschiedlichen Nachweisverfahren erreicht. Die sicherheitstechnische Gleichwertigkeit bleibt transparent.

Unter Brandschutzingenieurmethoden versteht man die Anwendung von ingenieurmäßigen Ansätzen, Prinzipien und Methoden, die auf wissenschaftlichen Erkenntnissen beruhen. Es handelt sich demnach um theoretische und empirische Ansätze, die durch Versuche letztendlich wissenschaftlich bewiesen sind.

Zu folgenden Aspekten eines Brandschutzkonzeptes liegen derzeit Ingenieurmethoden vor (im Abschnitt 2.6.2 wird exemplarisch auf einen Aspekt näher eingegangen):

- Evakuierungsberechnungen

- Nachweisberechnungen zur Rauchfreihaltung/ Rauchableitung von bzw. aus Flucht- oder Rettungswegen in Räumen
- Nachweisberechnungen zur Rauchfreihaltung/ Rauchableitung von notwendigen Fluren oder Treppenräumen
- Nachweise zur Bestimmung der erforderlichen Feuerwiderstandsdauer von Bauteilen in Gebäuden (s. a. 2.6.2)
- Nachweise zur Bestimmung der vorhandenen Feuerwiderstandsdauer von Gebäuden und Bauteilen
- Nachweisberechnung zur ausreichenden Löschmittelbeaufschlagung im Hinblick auf die Dimensionierung von selbsttätigen bzw. automatischen Feuerlöschanlagen
- Berechnungen zur Bestimmung des brandschutztechnisch erforderlichen Abstandes zwischen baulichen Anlagen

Sollen Rechenmethoden verwendet werden, die bisher nicht im Rahmen der bautechnischen Nachweisführung anerkannt sind, so müssen diese Nachweise verifiziert werden. Das bedeutet, die Nachweise müssen vollständig, nachvollziehbar und hinreichend einfach prüfbar sein. Kenntnisse über die maßgebenden Produktmerkmale müssen zur Verfügung stehen. Die Verifikation, die Bestandteil der prüfbaren Dokumentation ist, setzt einen Vergleich bzw. Abgleich mit Versuchen oder bereits anerkannten und damit validierten Berechnungsmethoden voraus. Unter Validität ist die persönliche Erklärung des Aufstellers oder Anwenders zu verstehen, dass die angewandte Methode hinreichend genau mit dem tatsächlich vorhandenen Sachverhalt übereinstimmt (Hersteller-, Anwendererklärung).

Bei Heranziehen von Nachweis- bzw. Rechenverfahren, die bereits Bestandteil von Normen sind, ist eine Verifikation in der Regel nicht erforderlich, da vorausgesetzt werden kann, dass es sich um eine allgemein anerkannte Regel der Technik handelt.

Es soll an dieser Stelle jedoch nicht versäumt werden darauf hinzuweisen, dass bis zum Vorliegen europäisch abgestimmter Grundlagen für eine Anwendung von Ingenieurmethoden im Brandschutz, in Deutschland eine Zustimmung im Einzelfall bei der zuständigen Bauaufsichtsbehörde einzuholen ist.

2.6.2 Brandsimulationsmodelle zur Bestimmung der erforderlichen Feuerwiderstandsdauer als ein Beispiel des Brandschutz-ingenieurwesens

Grundsätzlich gibt es „vereinfachte" und „erweiterte" Brandmodelle.

Dem vereinfachten Brandmodell können Verfahren zugeordnet werden, denen folgende Ansätze zu Grunde liegen:

- Nominelle oder sog. parameterabhängige Temperaturzeitkurven (z. B. die Einheitstemperaturzeitkurve nach DIN 4102-2 [3])
- äquivalente Branddauer (z. B. nach DIN 18230 [7] oder DASt 019 [18] mittlerweile gängige Praxis)
- Energiefreisetzungsraten (z. B. EC 1-1-2, Anhang E [11])

Bei den erweiterten Brandmodellen wird je nach Berechnungsansatz unterschieden zwischen

- Ein- Zonen- Modellen (gleichmäßige Temperaturverteilung im Raum),
- Zwei- Zonen- Modellen (Annahme einer oberen Heißgasschicht und einer unteren kühlen Zone mit jeweils gleichmäßigen Temperaturverteilungen),
- Mehrraumzonenmodellen (zweckdienliche Kopplung mehrerer Zwei-Zonen- Modelle) und
- Feldmodellen (sog. „Computational Fluid Dynamics", CFD- Codes, basierend auf einer Vielzahl von Feldern bzw. Zellen mit einer Größe von 10cm bis 100cm; zeitliche Berücksichtigung der Dichteänderung und somit der Zu- und Abflüsse je Volumen)

Die Brandsimulationsmodelle der erweiterten Methoden sollten den Grundgleichungen der Energie- und Massebilanz folgen.

3. BRANDSCHUTZTECHNISCHE BEMESSUNGSVERFAHREN IM STAHLBAU

3.1 Mögliche Nachweisverfahren

Grundsätzlich können die erforderlichen brandschutztechnischen Nachweise im Stahlbau derzeit in Deutschland nach DIN 4102 [3] oder nach den Brandschutzteilen der Eurocodes 1 [11, 12] und 3 [13, 14] geführt werden (siehe auch Bild 1).

Die Entscheidung, ob die brandschutztechnische Bemessung nach DIN 4102 oder nach Eurocode erfolgt, hängt von der Bemessungsnorm ab, die für die Gebrauchslastfälle verwendet wird. Die Kaltbemessung und die Heißbemessung müssen aus der gleichen Normenfamilie (DIN oder EC) stammen (Mischungsverbot). Es dürfen auch keine DIN- Normen unterschiedlicher Normengeneration (globales oder semi- probabi-listisches Sicherheitskonzept) zusammen verwendet werden.

Bei Anwendung der europäischen Vornormen DIN V ENV müssen die so genannten „Nationalen Anwendungsdokumente“ (NAD) beachtet werden, die die Anpassung an das nationale Sicherheitsniveau regeln.

Die Brandschutzteile der Eurocodes unterscheiden zwischen Nachweisen für Gesamttragwerke, Tragwerksausschnitte und Einzelbauteile.

Der Brandschutznachweis muss grundsätzlich für die Tragfähigkeit, den Raumabschluss und die Wärmedämmung geführt werden. Wie bereits erwähnt, sind prinzipiell drei Verfahren der Nachweisführung möglich:

Stufe 1:	Nachweis mit brandschutztechnischen Bemessungstabellen (siehe 3.2)
Stufe 2:	Vereinfachtes Rechenverfahren (siehe 3.3)
Stufe 3:	Allgemeines Rechenverfahren (siehe 3.4)

Der Aufwand für die Nachweisführung nimmt dabei von Stufe 1 nach 3 zu. Allerdings werden auch die erzielten Ergebnisse von Stufe 1 nach 3 hinsichtlich der Reduzierung der Baukosten günstiger.
Das Nachweisverfahren mit Tabellen liegt somit am weitesten auf der „sicheren Seite“; es ist das konservativste Verfahren. Wirklichkeitsnäher wird das Tragverhalten durch die aufwändigeren vereinfachten oder allgemeinen Rechenverfahren wiedergegeben.

In den folgenden Kapiteln 3.2 bis 3.4 wird auf die einzelnen Verfahren und ihre Anwendungsgrenzen näher eingegangen. Der Vollständigkeit halber wird hier auch die Bemessung mit tabellarischen Daten kurz umrissen.

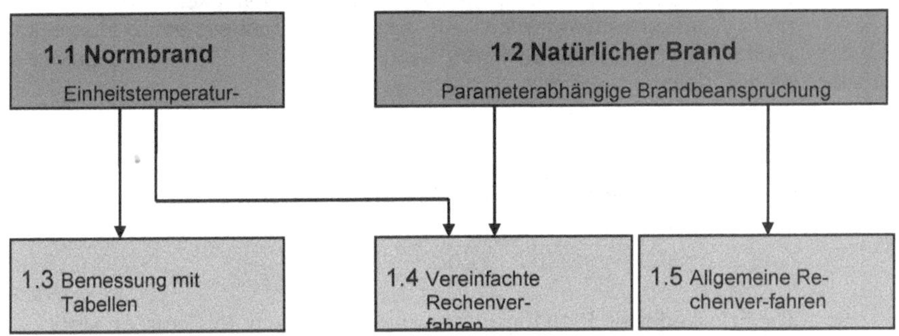

Bild 1: Zuordnung zwischen Brandbeanspruchung und Nachweisverfahren (aus [24])

3.2 Klassifizierung bzw. Bemessung mit tabellarischen Daten

3.2.1 Anwendungsmöglichkeiten und –grenzen, bauordnungsrechtliche Aspekte

Die brandschutztechnischen Bemessungstabellen können nur für Teile eines Tragwerks, z. B. Stützen, angewendet werden.

Sind Bauteile nicht in den Brandschutztabellen der Eurocodes (oder der DIN 4102-4 [3]) enthalten, so muss die Feuerwiderstandsfähigkeit durch eine allgemeine bauaufsichtliche Zulassung oder ein allgemeines Prüfzeugnis einer anerkannten Prüfstelle zertifiziert sein.
Der Zulassungsbedürftigkeit kann jedoch auch durch eine Zustimmung im Einzelfall der obersten Bauaufsichtsbehörde genüge getan werden.

Die Klassifizierung von Einzelbauteilen setzt voraus, dass die lastabtragenden und die aussteifenden Bauteile mindestens die gleiche Feuerwiderstandsfähigkeit haben.

Derzeit stehen nur Tabellen nach DIN 4102-4 [3] zur Verfügung. Ob der Eurocode 3, Teil 1-2 [14] dahingehend ergänzt wird, ist fragwürdig, handelt es sich doch meist um hersteller- und produktspezifische Daten.

3.2.2 Grundlagen

Die tabellarischen Daten stellen die Ergebnisse von Brandversuchen dar.

Die Feuerwiderstandsfähigkeit hinsichtlich Tragfähigkeit, Raumabschluss und Wärmedämmung wird auf Basis der Einheitstemperaturzeitkurve (nominelle Temperaturzeitkurve nach EC 1, Teil 1-2 [11]), die immer von einem Vollbrand ausgeht, erbracht.

3.2.3 Vorgehensweise beim Nachweis, Erläuterung der wichtigsten Schutzsysteme

Die erforderlichen Eingangswerte zur Verwendung der Tabellen sind:

- Funktion des betrachteten Bauteils (Träger, Stütze)
- Erforderliche Feuerwiderstandsfähigkeit (im Brandschutzkonzept ausgewiesen)
- verwendetes Stahlbauprofil (resultierend aus der statischen Berechnung für den Gebrauchszustand – Kaltbemessung) zur Bestimmung des Profilfaktors U/A
- Brandbeanspruchung (3- oder 4-seitig)
- Vorwahl des Schutzsystems

Bedingt durch den signifikanten Festigkeitsverlust des Baustahls bei höheren Temperaturen (bei 800°C nur noch ca. 10% der Festigkeit) sind die Profile in der Regel bei Anforderungen an die Feuerwiderstandsdauer durch eine Beplankung, eine Putzbekleidung oder durch einen Anstrich zu schützen.

Eine Ausnahme bilden hier sogenannte „feuerresistente" Stähle. Im Gegensatz zu konventionellen Baustählen verlieren diese bei hohen Temperaturen nicht so schnell an Tragfähigkeit, sodass eine ungeschützte Verwendung derzeit bis zu einer erforderlichen Feuerwiderstandsdauer von 30 Minuten möglich ist. Die Verwendbarkeit ist durch eine allgemeine bauaufsichtliche Zulassung geregelt. Allerdings sind diese Stähle nicht in der üblichen Bandbreite der gesamten Profilvielfalt erhältlich und zudem relativ teuer. Momentan wird für die Feuerwiderstandsdauer R 30 meist ein Schutzanstrich bevorzugt.

Exemplarisch sollen hier die am häufigsten verwendeten Schutzsysteme kurz vorgestellt werden.

Bei den profilfolgenden Schutzanstrichen unterscheidet man prinzipiell zwei Typen:

- dämmschichtbildende Anstriche:
  Die brandschützende Schicht wird erst bei Feuereinwirkung gebildet. Somit bleibt das Stahlbauprofil als architektonisches Element sichtbar. Dämmschichtbildende Anstriche erlauben vielfältige Farbgebungen und wirken gleichzeitig als Korrosionsschutzsystem. Verarbeitet werden sie wie ein Anstrich.

Seit einiger Zeit sind diese Anstriche auch für eine erforderliche Feuerwiderstandsdauer von 90 Minuten durch eine hersteller- und produktspezifische bauaufsichtliche Zulassung geregelt.

- Ablationsanstriche:
  Ablative Brandschutzmaterialien verzögern den Wärmedurchgang. Das im Brandschutzmaterial chemisch gebundene Wasser wird durch einen endothermen Vorgang abgespalten und entzieht so dem Brand Wärmeenergie.

Reaktive Brandschutzsysteme können auch aus einer Kombination der beiden Anstrichtypen bestehen.

Bei der Verwendung von Schutzanstrichen ist jedoch darauf zu achten, dass die bauaufsichtlichen Zulassungen meist keine Anwendung für reine Zugglieder (z. B. Verbandsdiagonalen oder Unterspannungen) aus Vollstahlprofilen zulassen. Hier ist eine Zustimmung im Einzelfall einzuholen.

Bei den Spritzputzummantelungen werden sowohl Systeme mit nichtbrennbaren Putzträgern, als auch Systeme ohne Putzträger verbaut. Werden keine Putzträger verwendet, so ist darauf zu achten, dass der vorhandene Untergrund, der in Abhängigkeit von den Umgebungsbedingungen ggf. bereits gegen Korrosion geschützt ist, verseifungsbeständig ist. Nur so können die Haftmittelzusätze eine ausreichende Wirkung entfalten.

Bei einer Brandschutzbeplankung, die in der Regel kastenförmig erfolgt, werden meist vorgefertigte Platten (z. B. aus Gipskarton nach Tabelle 95 [3], siehe Bild 2) verwendet oder alternativ Mineralfasermatten, die oft aus optischen Gründen zusätzliche Blechverkleidungen erhalten. Meist ist eine Korrosionsschutz- Grundbeschichtung erforderlich.

Bei allen Schutzsystemen spielt der Profilfaktor (siehe Tabelle 5) eine entscheidende Rolle. Allgemein kann festgehalten werden, dass sich eine größere Massigkeit (entspricht einem kleineren Profilfaktor) günstig auswirkt, da sich das Profil langsamer erwärmt.

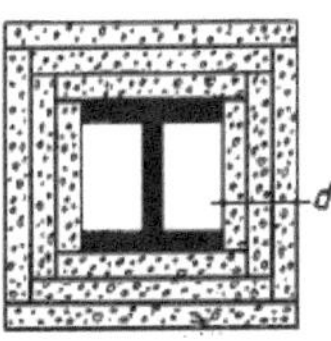

Bild 2: Bekleidung mit Gipskarton-Feuerschutzplatten

Konstruktionsmerkmale [cm, cm^2]	Brandbeanspruchung	U/A in [m^{-1}]
Abwicklung, Fläche A  Träger oder Stütze	4- seitig	Abwicklung/A*10^4 oder 200/t (größerer Wert maßg.)
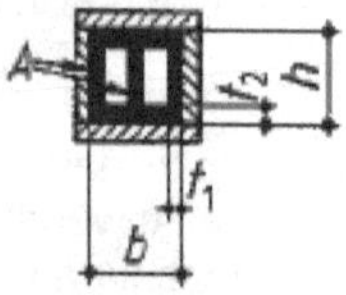 Träger oder Stütze	4- seitig	(2*b+2*h)/A*10^2
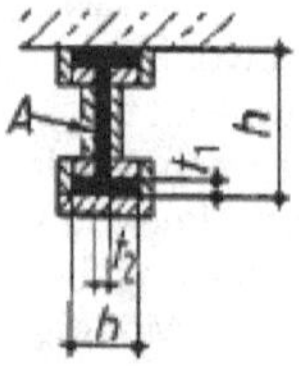 Träger	3- seitig	(Abw.-2/10^2)/A*10^4 oder 200/t_1 (größerer Wert maßg.)
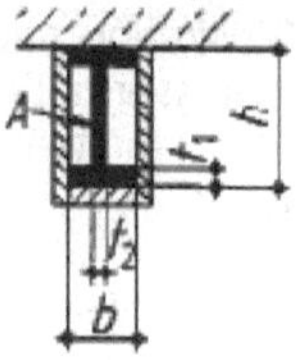 Träger	3- seitig	(2*h+b)/A*10^2

Tabelle 5: Ermittlung des Profilfaktors U/A (aus [3], Tabelle 89)

3.3 Nachweis mit dem vereinfachten Rechenverfahren

3.3.1 Anwendungsmöglichkeiten und –grenzen, bauordnungsrechtliche Aspekte

Das vereinfachte Berechnungsverfahren nach Eurocode 3, Teil 1-2 [14] kann nur für Teile eines Tragwerks angewendet werden. Voraussetzung ist, dass die Bemessung im Gebrauchszustand (Kaltbemessung) auch nach Eurocode 3 erfolgt.

Es handelt sich hier um ein Näherungsverfahren, das u. a. Vereinfachungen bei der Temperaturermittlung der Bauteilquerschnitte und bei der Beschreibung des Versagenszustandes im Brandfall vornimmt.

Die Bemessung kann anhand eines Normbrandes (Einheitstemperaturzeitkurve) oder eines natürlichen Brandes (parameterabhängige Brandbeanspruchung) erfolgen.

Bei Verwendung einer Temperaturzeitkurve, die von der Einheitstemperaturzeitkurve abweicht, ist in Deutschland eine Zustimmung der Bauaufsichtsbehörde erforderlich.

3.3.2 Grundsätzliche Möglichkeiten der Nachweisführung

Ohne weiteren Nachweis ist die Tragfähigkeit im Brandfall für alle Bauteilarten gewährleistet, wenn die Stahltemperatur θ_a zum Zeitpunkt t in keinem Bauteilquerschnitt größer als 350°C ist.

Ist dieses Kriterium nicht eingehalten stehen zwei Verfahren zur Verfügung:

- Nachweis auf Temperaturebene

  $\theta_{a,max} \leq \theta_{cr}$ (Gl. 1)

  Hier wird nachgewiesen, dass die Bauteiltemperatur $\theta_{a,max}$ (Einwirkung), die maximal im Brandfall im Stahlquerschnitt erreicht wird, kleiner ist als die kritische Stahltemperatur θ_{cr} (Bauteilwiderstand) bei der es zu einem Versagen des Bauteils kommt.

- Nachweis auf Tragfähigkeitsebene

  $E_{fi,d} \leq R_{fi,d}$ (Gl. 2)

  Die maßgebende mechanische Lasteinwirkung (Brandbeanspruchung) $E_{fi,d}$ nach Eurocode 1, Teil 1-2 [12] muss kleiner sein als die Beanspruchbarkeit $R_{fi,d}$ des Bauteils (Bauteilwiderstand). Der Bauteilwiderstand wird auf Basis von reduzierten Festigkeiten in Abhängigkeit von der Stahltemperatur ermittelt.

3.3.3 Erläuterung der Nachweisverfahren

3.3.3.1 Einwirkungen im Brandfall

3.3.3.1.1 Thermische Einwirkung

Wie bereits erwähnt, können zur Ermittlung der Heißgastemperatur im Brandraum parameterabhängige Brandbeanspruchungen (Naturbrand) oder die bekannten Normbrandkurven verwendet werden. Die Ausführungen an dieser Stelle beschränken sich auf die Normbrandkurven, da in Kapitel 5 detailliert auf parameterabhängige Brandbeanspruchungen eingegangen wird.

Die Einheitstemperaturzeitkurve ist gemäß Eurocode 1, Teil 1-2, 3.2.1 [11] gegeben durch:

$$\theta_g = 20 + 345 \log_{10} (8\,t + 1)\ [°C] \qquad \text{(Gl. 3)}$$

Dabei ist

θ_g die Gastemperatur im Brandabschnitt in [°C] und
t die Zeit in [min].

Sie entspricht der ETK nach Abschnitt 6.2.4 der DIN 4102-2: 1977-09 [3].

Der konvektive Wärmeübergangskoeffizient ist mit α_c = 25 W/m^{2}K anzusetzen.

Beim Nachweis für den Raumabschluss bei nichttragenden Außenwänden und aufgesetzten Brüstungen ist die sog. abgeminderte Einheitstemperaturzeitkurve bzw. Außenbrandkurve zu verwenden. In Eurocode 1, Teil 1-2, 3.2.2. [11] ist auch hier der konvektive Wärmeübergangskoeffizient mit α_c = 25 W/m^{2}K in Rechnung zu stellen. Die Heißgastemperatur ermittelt sich gemäß Gleichung (4):

$$\theta_g = 660 * (1 - 0{,}687{*}e^{-0{,}32{*}t} - 0{,}313{*}e^{-3{,}8{*}t}) + 20\ \ [°C] \qquad \text{(Gl. 4)}$$

Der Vollständigkeit halber sei hier auch noch die Hydrokarbon- Brandkurve genannt, die bei Flüssigkeitsbränden maßgebend wird. Die Anwendung wird wohl im üblichen Hochbau eher selten vorkommen. Die Heißgastemperatur ermittelt sich gemäß Gleichung (5). Der Wärmeüberganskoeffizient ist mit α_c = 50 W/m^{2}K zu berücksichtigen.

$$\theta_g = 1080 * (1 - 0{,}325{*}e^{-0{,}167{*}t} - 0{,}675{*}e^{-2{,}5{*}t}) + 20\ \ [°C] \qquad \text{(Gl. 5)}$$

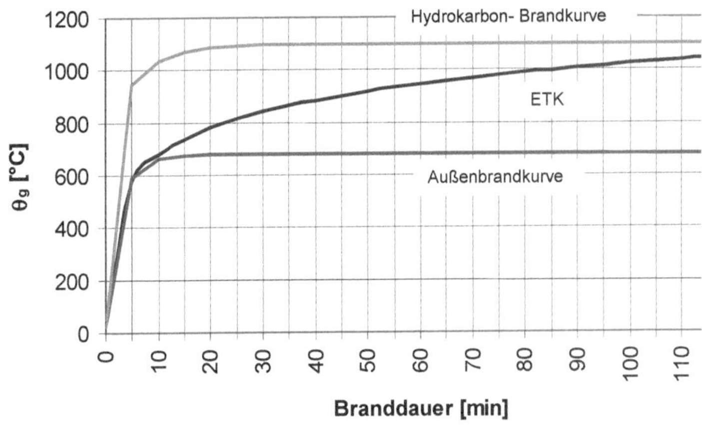

Bild 3: Nominelle Temperaturzeitkurven

3.3.3.1.2 *Mechanische Einwirkungen*

Die Einwirkungen sind gemäß Eurocode 1, Teil 1-2, 4.2 [11] so zu berücksichtigen wie bei der Bemessung unter normalen Temperaturen, sofern es wahrscheinlich ist, dass diese auch im Brandfall auftreten.

Ob die Schneelast durch Abschmelzen reduziert werden darf, ist im Einzelfall zu überprüfen. Sonstige Lastreduzierungen bedingt durch eine evtl. Verbrennung sind nicht gestattet. Allerdings brauchen Lasten aus industriellem Betrieb, z. B. Bremskräfte aus Kränen, nicht angesetzt werden.

Bei der Bildung der entsprechenden Lastfallkombinationen zur Ermittlung der maßgebenden Beanspruchung $E_{fi,d,t}$ im Brandfall, ist zu beachten, dass es sich hier um eine außergewöhnliche Bemessungssituation handelt. Die Teilsicherheits- und Kombinationsbeiwerte sind DIN EN 1990 [10] zu entnehmen. Für die maßgebende Größe der veränderlichen Einwirkung Q_1 darf die quasi ständige Größe $\psi_{2,1}Q_1$ oder alternativ die häufige Größe $\psi_{1,1}Q_1$ verwendet werden. Empfohlen wird ersteres, eine abschließende Regelung wird im nationalen Anhang der Norm erfolgen.

Allgemeine Kombinationsregel:

$$E_{fi,d} = \Sigma\, G_{k,j} + A_d + \psi_{2,1} * Q_{k,1} + \Sigma\, (\, \psi_{2,i} * Q_{k,i}) \qquad \text{(Gl. 6)}$$

$$\text{mit } j \geq 1;\ i > 1$$

Dabei ist

$G_{k,j}$ die ständige(n) Einwirkung(en);

A_d die außergewöhnliche Einwirkung (im Brandfall neben den Temperaturauswirkungen auf die Baustoffeigenschaften auch indirekte thermische Einwirkungen);

$Q_{k,1}$ die führende veränderliche Einwirkung;

$Q_{k,i}$ alle weiteren veränderlichen Einwirkungen;

$\psi_{k,1}$ der Kombinationsbeiwert der führenden veränderlichen Einwirkung;

$\psi_{k,i}$ die Kombinationsbeiwerte aller weiteren veränderlichen Einwirkungen.

Einwirkung	ψ_0	ψ_1	ψ_2
Nutzlasten im Hochbau (siehe EN 1991-1-1)			
Kategorie A: Wohngebäude	0,7	0,5	0,3
Kategorie B: Bürogebäude	0,7	0,5	0,3
Kategorie C: Versammlungsbereiche	0,7	0,7	0,6
Kategorie D: Verkaufsflächen	0,7	0,7	0,6
Kategorie E: Lagerflächen	1,0	0,9	0,8
Fahrzeugverkehr im Hochbau Kategorie F: Fahrzeuggewicht ≤ 30kN	0,7	0,7	0,6
Kategorie G: 30kN < Fahrzeuggewicht ≤ 160kN	0,7	0,5	0,3
Kategorie H : Dächer	0	0	0
Schneelasten im Hochbau (siehe EN 1991-1-3)[a]			
— Finnland, Island, Norwegen, Schweden	0,7	0,5	0,2
— Für Orte in CEN-Mitgliedstaaten mit einer Höhe über 1 000 m ü. NN	0,7	0,5	0,2
— Für Orte in CEN-Mitgliedstaaten mit einer Höhe niedriger als 1 000 m ü. NN	0,5	0,2	0
Windlasten im Hochbau (siehe EN 1991-1-4)	0,6	0,2	0
Temperaturanwendungen (ohne Brand) im Hochbau, siehe EN 1991-1-5	0,6	0,5	0
ANMERKUNG Die Festlegung der Kombinationsbeiwerte erfolgt im Nationalen Anhang.			
[a] Bei nicht ausdrücklich genannten Ländern sollten die maßgebenden örtlichen Bedingungen betrachtet werden.			

Tabelle 6: Kombinationsbeiwerte gemäß EN 1990 (aus [10], Tab. A.1.1)

Auf zugelassene Vereinfachungen wird an entsprechender Stelle bei der Durchführung der Nachweise eingegangen.

3.3.3.2 Temperaturabhängige Werkstoffkennwerte

Wichtige Grundlagen jeder Heißbemessung sind die temperaturabhängigen Werkstoffkennwerte. Sie sind in EC 3, Teil 1-2 [14] als Rechenwertfunktionen angegeben.

Zu den mechanischen Materialeigenschaften von Stahl gehören neben der konstanten Dichte $\rho_a = 7850\ kg/m^3$ Festigkeits- und Verformungseigenschaften.

Über Abminderungsfaktoren werden die Werte zur Beschreibung der Spannungs- Dehnungsbeziehungen unter erhöhter Temperatur relativ zu den entsprechenden Größen bei 20°C angegeben (siehe auch Tabelle 7 und Bilder 4 und 5):

- effektive Streckgrenze, relativ zur Streckgrenze bei 20°C:
  $k_{y,\theta} = f_{y,\theta} / f_y$ (Gl. 7)
  (bzw. $k_{x,\theta} = f_{x,\theta} / f_y$ bei Verformungskriterien) (Gl. 8)
- Proportionalitätsgrenze, relativ zur Streckgrenze bei 20°C:
  $k_{p,\theta} = f_{p,\theta} / f_y$ (Gl. 9)
- Steigung im elastischen Bereich, relativ zu der Steigung bei 20°C:
  $k_{E,\theta} = E_{a,\theta} / E_a$ (Gl. 10)

Alternativ zu den in Bild 4 dargestellten Beziehungen darf auch eine Verfestigung gemäß [14], Anhang B bei Temperaturen über 400°C angenommen werden (vorausgesetzt lokales Beulen und Biegedrillknicken kann ausgeschlossen werden).

Stahl-temperatur θ_a	Abminderungsfaktor bei Temperatur θ_a relativ zu dem Wert f_y oder E_a bei 20 °C			
	Abminderungsfaktor (relativ zu f_y) für die effektive Streckgrenze $k_{y,\theta} = f_{y,\theta}/f_y$	Modifizierter Faktor (relativ zu f_y) für die Erfüllung von Verformungskriterien $k_{x,\theta} = f_{x,\theta}/f_y$	Abminderungsfaktor (relativ zu f_y) für die Proportionalitätsgrenze $k_{p,\theta} = f_{p,\theta}/f_y$	Abminderungsfaktor (relativ zu E_a) für die Steigung im elastischen Bereich $k_{E,\theta} = E_{a,\theta}/E_a$
20 °C	1,000	1,000	1,000	1,000
100 °C	1,000	1,000	1,000	1,000
200 °C	1,000	0,922	0,807	0,900
300 °C	1,000	0,845	0,613	0,800
400 °C	1,000	0,770	0,420	0,700
500 °C	0,780	0,615	0,360	0,600
600 °C	0,470	0,354	0,180	0,310
700 °C	0,230	0,167	0,075	0,130
800 °C	0,110	0,087	0,050	0,090
900 °C	0,060	0,051	0,0375	0,0675
1000 °C	0,040	0,034	0,0250	0,0450
1100 °C	0,020	0,017	0,0125	0,0225
1200 °C	0,000	0,000	0,0000	0,0000

ANMERKUNG: Zwischenwerte dürfen linear interpoliert werden.

Tabelle 7: Abminderungsfaktoren für die Spannungs-Dehnungsbeziehung von Stahl unter erhöhter Temperatur (aus [14], Tabelle 3.1)

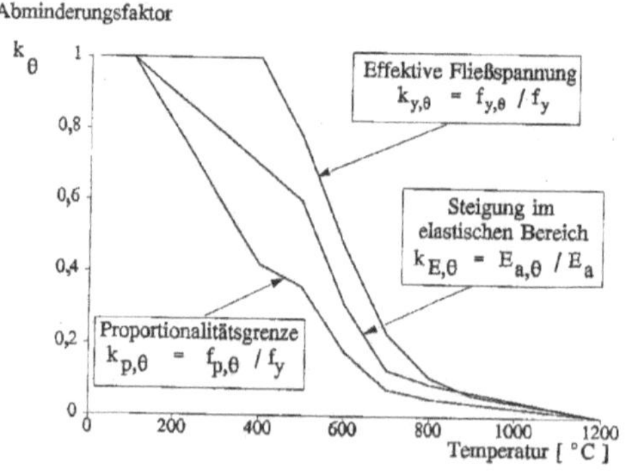

Bild 4: Abminderungsfaktoren für die Spannungs-Dehnungsbeziehungen von Stahl unter erhöhter Temperatur (gemäß [14], Bild 3.2)

Dehnungsbereich	Spannung σ	Tangentenmodul
$\varepsilon \leq \varepsilon_{p,\theta}$	$\varepsilon E_{a,\theta}$	$E_{a,\theta}$
$\varepsilon_{p,\theta} < \varepsilon < \varepsilon_{y,\theta}$	$f_{p,\theta} - c + (b/a)\left[a^2 - (\varepsilon_{y,\theta} - \varepsilon)^2\right]^{0,5}$	$\dfrac{b(\varepsilon_{y,\theta} - \varepsilon)}{a\left[a^2 - (\varepsilon_{y,\theta} - \varepsilon)^2\right]^{0,5}}$
$\varepsilon_{y,\theta} \leq \varepsilon \leq \varepsilon_{t,\theta}$	$f_{y,\theta}$	0
$\varepsilon_{t,\theta} < \varepsilon < \varepsilon_{u,\theta}$	$f_{y,\theta}\left[1 - (\varepsilon - \varepsilon_{t,\theta})/(\varepsilon_{u,\theta} - \varepsilon_{t,\theta})\right]$	-
$\varepsilon = \varepsilon_{u,\theta}$	0,00	-
Parameter	$\varepsilon_{p,\theta} = f_{p,\theta}/E_{a,\theta}$ $\varepsilon_{y,\theta} = 0{,}02$	$\varepsilon_{t,\theta} = 0{,}15$ $\varepsilon_{u,\theta} = 0{,}20$
Funktionen	$a^2 = (\varepsilon_{y,\theta} - \varepsilon_{p,\theta})(\varepsilon_{y,\theta} - \varepsilon_{p,\theta} + c/E_{a,\theta})$ $b^2 = c(\varepsilon_{y,\theta} - \varepsilon_{p,\theta})E_{a,\theta} + c^2$ $c = \dfrac{(f_{y,\theta} - f_{p,\theta})^2}{(\varepsilon_{y,\theta} - \varepsilon_{p,\theta})E_{a,\theta} - 2(f_{y,\theta} - f_{p,\theta})}$	

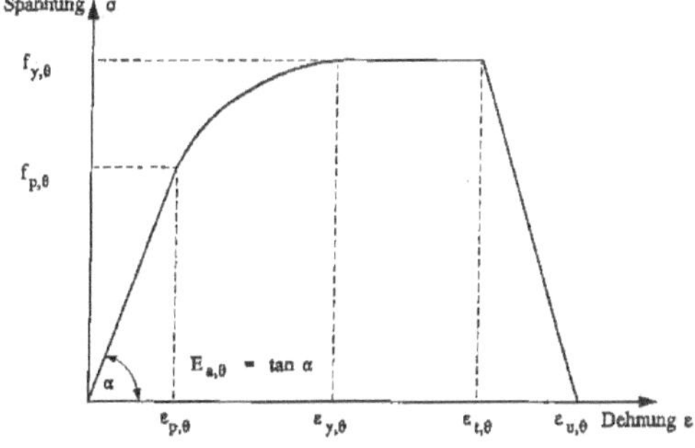

Dabei ist:

$f_{y,\theta}$ effektive Fließgrenze;

$f_{p,\theta}$ Proportionalitätsgrenze;

$E_{a,\theta}$ Steigung im elastischen Bereich;

$\varepsilon_{p,\theta}$ Dehnung an der Proportionalitätsgrenze;

$\varepsilon_{y,\theta}$ Fließdehnung;

$\varepsilon_{t,\theta}$ Grenzdehnung für die Streckgrenze;

$\varepsilon_{u,\theta}$ Bruchdehnung;

Bild 5: Spannungs-Dehnungsbeziehung von Stahl unter erhöhter Temperatur (aus [14], Bild 3.1)

Bei den thermischen Materialeigenschaften von Stahl können bei dem vereinfachten Rechenverfahren (siehe [14], Abschnitt 3.3.1) Konstanten herangezogen werden:

- thermische Dehnung
  $\Delta l / l = 14 * 10^{-6} * (\theta_a - 20)$ (Gl. 11)
- spezifische Wärme
  $c_a = 600$ J/kgK (Gl. 12)
- Wärmeleitfähigkeit
  $\lambda_a = 45$ W/mK (Gl. 13)

Für eine Berechnung mit dem allgemeinen Rechenverfahren müssen die thermischen Materialeigenschaften in Abhängigkeit von der Temperatur ermittelt werden. Hierzu wird auf die Ausführungen in Kapitel 4.3.2.2.2 verwiesen.

Die Eigenschaften und das Verhalten von Brandschutzmaterialien sind durch Versuche zu bestimmen.

3.3.3.3 Berechnung der Temperatur im Stahlbauteil

3.3.3.3.1 Allgemeines

Auf die Erwärmung von Stahlbauteilen hat die Massigkeit des Profils entscheidenden Einfluss. Je massiger ein Stahlbauteil ist, desto mehr Energie kann gespeichert werden, was bei gleicher Oberfläche niedrigere Stahltemperaturen zur Folge hat. Die Massigkeit wird durch den Profilfaktor, der das Verhältnis von brandbeanspruchter Oberfläche zum Volumen des Stahlbauteils pro Längeneinheit beschreibt, bestimmt. Dabei sind bei der Berechnung der Stahltemperatur unterschiedliche Vorgehensweisen für bekleidete und unbekleidete Querschnitte erforderlich.
Des weiteren ist bei der Lage des Bauteils noch zu differenzieren, ob es sich abgeschirmt oder unabgeschirmt im Gebäudeinneren oder außerhalb eines Gebäudes befindet. In den nachfolgenden Ausführungen wird nur auf Bauteile im Gebäudeinneren näher eingegangen.

3.3.3.3.2 Ungeschützte Stahlkonstruktion im Gebäudeinneren

Für eine äquivalente konstante Temperatur im Querschnitt darf der Temperaturanstieg während eines Zeitinkrementes Δt gemäß [14] wie folgt berechnet werden:

$$\Delta\theta_{a,t} = \frac{A_m / V}{c_a * \rho_a} * \dot{h}_{net,d} * \Delta t \quad [°C] \qquad \text{(Gl. 14)}$$

Dabei ist

A_m/V der Profilfaktor des ungeschützten Stahlbauteils (s. a. Tabelle 8);

A_m die dem Brand ausgesetzte Oberfläche des Bauteils pro Längeneinheit;

V das Bauteilvolumen pro Längeneinheit;

c_a die spezifische Wärme von Stahl; vereinfacht 600 [J/kgK];

$\dot{h}_{net,d}$ der flächenbezogene Bemessungswert des Nettowärmestroms [W/m^2];

Δt das Zeitintervall [s], sollte $\leq$ 5s gewählt werden;

ρ_a die Dichte von Stahl mit 7850 [kg/m^3].

Die Nettowärmestromdichte wird nach Eurocode 1, Teil 1-2, 3.1 [11] anhand der Gleichung (15) ermittelt:

$$\dot{h}_{net} = \dot{h}_{net,c} + \dot{h}_{net,r} \qquad \text{(Gl. 15)}$$

Dabei ist

$$\dot{h}_{net,c} = \alpha_c * (\theta_g - \theta_m) \qquad \text{(Gl. 16)}$$

der konvektive Anteil des Netto- Wärmestroms und

$$\dot{h}_{net,r} = \Phi * \varepsilon_m * \varepsilon_f * \sigma * \left[(\theta_r + 273)^4 - (\theta_m + 273)^4\right] \qquad \text{(Gl. 17)}$$

der Netto- Wärmestrom, der durch Strahlung bestimmt wird.

Erläuterung der Variablen:

α_c = 25 (für ETK und Außenbrandkurve) bzw. 50 für Hydrokarbon-Brandkurve; Wärmeübergangskoeffizient für Konvektion [W/m^{2}K],

θ_g Gastemperatur in der Umgebung des Bauteils [°C],

θ_m Oberflächentemperatur des Bauteils [°C],

Φ = 1,0 (vereinfachte Annahme); Konfigurationsfaktor,

ε_m = 0,80 (gemäß EC3-1-2, 4.2.5.1, [14]); baustoffabhängige Emissivität der Bauteiloberfläche,

ε_f = 0,625 (gemäß EC3-1-2, 4.2.5.1, [14]) ; baustoffabhängige E-missivität des Feuers,

σ = 5,67*10^{-8} [W/m^{2}K]; Stephan- Boltzmann- Konstante,

θ_r wirksame Strahlungstemperatur des Brandes [°C]; wenn das Bauteil vollständig in Flammen eingeschlossen ist, gilt $\theta_r = \theta_g$ (vereinfachte Annahme)

Bei konkaven Bauteile (z. B. Doppel- T- Profile), die vollständig in Flammen gehüllt sind, wird ein Teil der Strahlung abgeschirmt. Dies resultiert aus der Profilform. Leider findet ein entsprechender Korrekturfaktor, der den Abschattungseffekt berücksichtigen würde, keinen Eingang in das aktuelle Normenwerk (siehe hierzu auch die Ausführungen in [34]).

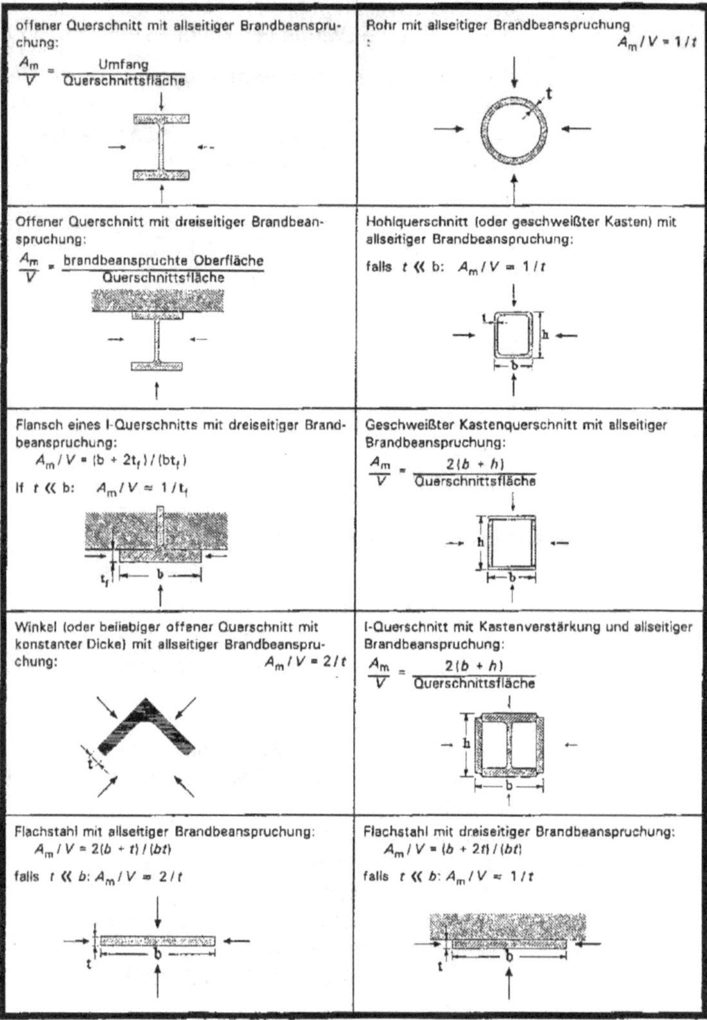

offener Querschnitt mit allseitiger Brandbeanspruchung: $\frac{A_m}{V} = \frac{\text{Umfang}}{\text{Querschnittsfläche}}$	Rohr mit allseitiger Brandbeanspruchung: $A_m/V = 1/t$
Offener Querschnitt mit dreiseitiger Brandbeanspruchung: $\frac{A_m}{V} = \frac{\text{brandbeanspruchte Oberfläche}}{\text{Querschnittsfläche}}$	Hohlquerschnitt (oder geschweißter Kasten) mit allseitiger Brandbeanspruchung: falls $t \ll b$: $A_m/V = 1/t$
Flansch eines I-Querschnitts mit dreiseitiger Brandbeanspruchung: $A_m/V = (b + 2t_f)/(bt_f)$ If $t \ll b$: $A_m/V \approx 1/t_f$	Geschweißter Kastenquerschnitt mit allseitiger Brandbeanspruchung: $\frac{A_m}{V} = \frac{2(b+h)}{\text{Querschnittsfläche}}$
Winkel (oder beliebiger offener Querschnitt mit konstanter Dicke) mit allseitiger Brandbeanspruchung: $A_m/V = 2/t$	I-Querschnitt mit Kastenverstärkung und allseitiger Brandbeanspruchung: $\frac{A_m}{V} = \frac{2(b+h)}{\text{Querschnittsfläche}}$
Flachstahl mit allseitiger Brandbeanspruchung: $A_m/V = 2(b+t)/(bt)$ falls $t \ll b$: $A_m/V \approx 2/t$	Flachstahl mit dreiseitiger Brandbeanspruchung: $A_m/V = (b+2t)/(bt)$ falls $t \ll b$: $A_m/V \approx 1/t$

Tabelle 8: Profilfaktor A_m / V für ungeschützte Stahlbauteile (gemäß [14], Tabelle 4.2)

In [25] wurde eine Näherung zur Erwärmungsfunktion von Stahlbauteilen als Funktion der Branddauer t [min] unter der Einheitstemperaturzeitkurve ermittelt. In Bild 6 wurde auf Basis dieser Näherungsfunktion eine Kurvenschar mit verschiedenen Profilfaktoren A_m/V dargestellt, die verdeutlicht, dass nur sehr massige Bauteile sich langsam genug erwärmen, sodass sie in ungeschütztem Zustand eine Feuerwiderstandsdauer von 30 Minuten erreichen können.

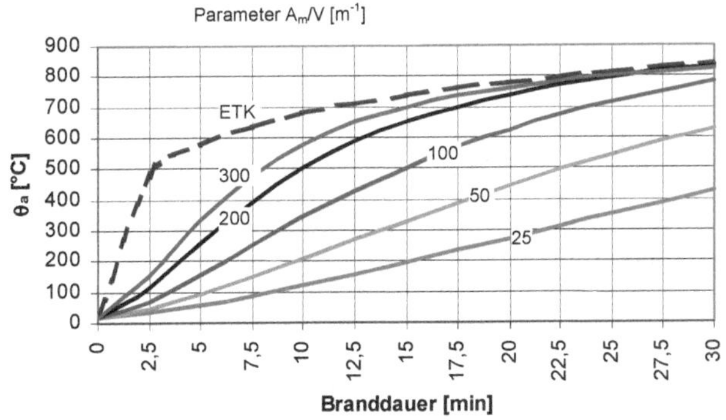

Bild 6: Erwärmungskurven ungeschützter Stahlquerschnitte unter Einheitstemperaturzeitkurve

Zur Orientierung werden an dieser Stelle in Tabelle 9 und 10 für unterschiedliche Brandbeanspruchungen die Profilfaktoren für im Hochbau gängige Profile wiedergegeben.

Profil	**A_m/V [m^{-1}] für 4- seitige Brandbeanspruchung**	**A_m/V [m^{-1}] für 3- seitige Brandbeanspruchung**	**Gewicht des Profils [kg/m]**
IPE 300	216	188	42,2
HEA 300	153	126	88,3
HEB 300	116	96	117
HEM 300	60	50	238

Tabelle 9: Profilfaktor A_m / V für Profile mit ungefähr gleicher Bauhöhe

Profil	**A_m/V [m^{-1}] für 4- seitige Brandbeanspr.**	**A_m/V [m^{-1}] für 3- seitige Brandbeanspr.**	**Widerstandsmoment W_y [cm^3]**	**Gewicht des Profils [kg/m]**
IPE 300	216	188	557	42,2
HEA 220 (240)	195 (178)	161 (147)	515 (675)	50,5 (60,3)
HEB 200	147	122	570	61,3
HEM 160	100	83	566	76,2

Tabelle 10: Profilfaktor A_m / V für Profile mit ähnlichem Widerstandsmoment W_y

3.3.3.3.3 *Bekleidete Stahlkonstruktion im Gebäudeinneren*

Für eine konstante Temperaturverteilung im Stahlquerschnitt darf der Temperaturanstieg während eines Zeitinkrementes Δt gemäß [14] wie folgt berechnet werden:

$$\Delta\theta_{a,t} = \frac{\lambda_p * A_p / V}{d_p * c_a * \rho_a} \frac{(\theta_{g,t} - \theta_{a,t})}{(1 + \Phi/3)} * \Delta t - \left(e^{\Phi/10} - 1\right) * \Delta\theta_{g,t} \qquad [°C] \qquad (Gl.\ 18)$$

jedoch $\Delta\theta_{a,t} \geq 0$

mit:

$$\Phi = \frac{c_p * \rho_p}{c_a * \rho_a} * d_p * A_p / V$$

Dabei ist

A_p/V	der Profilfaktor des bekleideten Stahlbauteils (s. a. Tabelle 11);
A_p	die Fläche des Brandschutzmaterials, bezogen auf die Bauteil-Länge;
V	das Bauteilvolumen bezogen auf die Bauteillänge;
c_a	die spezifische Wärme von Stahl; vereinfacht 600 [J/kgK];
c_p	die spezifische Wärme des Brandschutzmaterials [J/kgK];
d_p	die Dicke des Brandschutzmaterials;
Δt	das Zeitintervall [s], sollte $\leq$ 30s gewählt werden;
$\theta_{a,t}$	die Stahltemperatur zum Zeitpunkt t [°C];
$\theta_{g,t}$	die Temperatur der umgebende Luft zum Zeitpunkt t [°C];
$\Delta\theta_{g,t}$	der Anstieg der Umgebungstemperatur während des Zeit-intervalls Δt [°C];
λ_p	die Wärmeleitfähigkeit des Brandschutzmaterials [W/mK];
ρ_a	die Dichte von Stahl mit 7850 [kg/m^3];
ρ_p	die Dichte des Brandschutzmaterials [kg/m^3].

Skizze	Beschreibung	Profilfaktor (A_p / V)
	profilfolgende Bekleidung konstanter Dicke	$\frac{\text{Stahlumfang}}{\text{Stahlfläche}}$
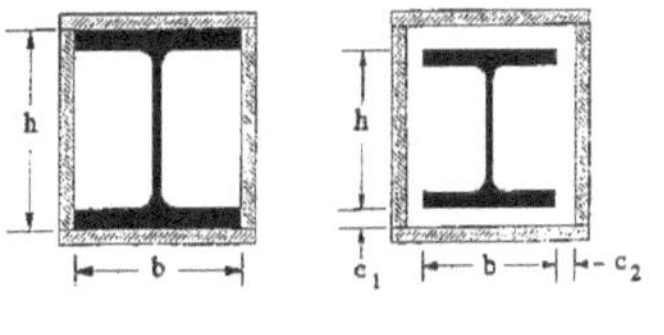 h, b, c_1, c_2	Kastenverkleidung[1] konstanter Dicke	$\frac{2(b+h)}{\text{Stahlfläche}}$
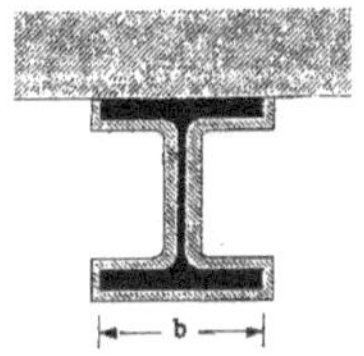 b	profilfolgende Bekleidung konstanter Dicke mit dreiseitiger Brandbeanspruchung	$\frac{\text{Stahlumfang} - b}{\text{Stahlfläche}}$
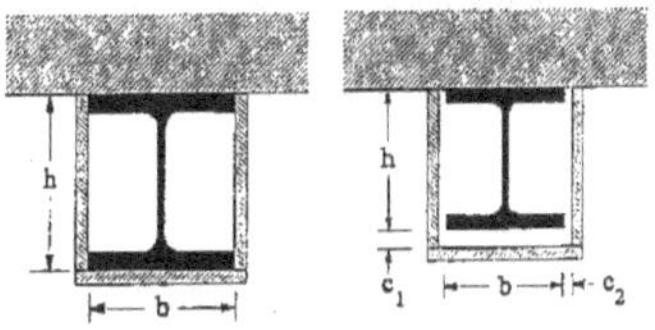 h, b, c_1, c_2	Kastenverkleidung[1] konstanter Dicke mit dreiseitiger Brandbeanspruchung	$\frac{2h + b}{\text{Stahlfläche}}$

[1] Die Größe der Zwischenräume c_1 und c_2 sollten $h/4$ nicht überschreiten.

Tabelle 11: Profilfaktor A_p / V von durch Brandschutzbekleidungen geschützten Stahlbauteilen (aus [14], Tabelle 4.3)

Gleichung (18) enthält so viele teils temperaturabhängige Parameter, dass eine übersichtliche Lösungsfunktion wie bei den ungeschützten Querschnitten nicht möglich ist. In [25] vernachlässigt der Verfasser aus diesem Grund die Energieaufnahme in der Bekleidung, setzt also $\Phi = 0$, und erhält daraus folgende Funktion:

$$\Delta\theta_{a,t} = \frac{\lambda_p * A_p / V * (\theta_{g,t} - \theta_{a,t})}{d_p * c_a * \rho_a} * \Delta t \qquad [°C] \qquad \text{(Gl. 19)}$$

In [25] wurde eine Näherung zu der vereinfachten Erwärmungsfunktion nach Gl. (19) von geschützten Stahlbauteilen als Funktion der Branddauer t [min] unter der Einheitstemperaturzeitkurve ermittelt. In Bild 7 ist auf Basis dieser Näherungsfunktion eine Kurvenschar mit verschiedenen Werten $A_p/V*\lambda_p/d_p$ erstellt worden.

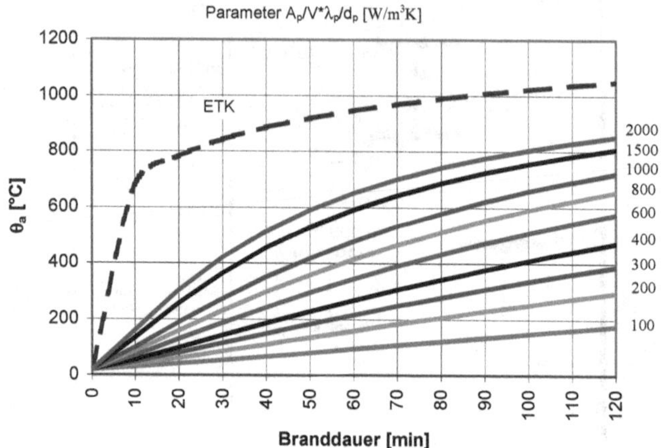

Bild 7: Vereinfachte Erwärmungskurven geschützter Stahlquerschnitte unter der Einheitstemperaturzeitkurve

In Tabelle 12 sind die Näherungsfunktionen aus [25] zur Information wiedergegeben.

Allgemeiner Ansatz: $\theta_{a,t} = \frac{c_1 \cdot c_2 + c_3 \cdot t^{c_4}}{c_2 + t^{c_4}}$ [°C]; mit t in min

	Ungeschützter Stahlbauteile Kurvenparameter: Profilfaktor $\left(\frac{A_m}{V}\right)$ $[m^{-1}]$	bekleidete Stahlbauteile Kurvenparameter: $\left(\frac{A_p}{V} \cdot \frac{\lambda_p}{d_p}\right) \left[\frac{W}{m^3K}\right]$
$c_1 =$	20°C	
$c_2 =$	$15780 \cdot \left(\frac{A_m}{V}\right)^{-1,13}$	$47827 \cdot \left(\frac{A_p}{V} \cdot \frac{\lambda_p}{d_p}\right)^{-0,7517}$ für: $100 \leq \frac{A_p}{V} \cdot \frac{\lambda_p}{d_p} \leq 400$ $133685 \cdot \left(\frac{A_p}{V} \cdot \frac{\lambda_p}{d_p}\right)^{0,9233}$ für: $400 < \frac{A_p}{V} \cdot \frac{\lambda_p}{d_p} < 2000$
$c_3 =$	$\frac{10000}{0,3 + 1,896 \cdot \ln\left(\frac{A_m}{V}\right)}$	$286,23 \cdot \ln\left(\frac{A_p}{V} \cdot \frac{\lambda_p}{d_p}\right) - 421,87$ für: $100 \leq \frac{A_p}{V} \cdot \frac{\lambda_p}{d_p} \leq 400$ $-0,1755 \cdot \left(\frac{A_p}{V} \cdot \frac{\lambda_p}{d_p}\right) + 1363,3$ für: $400 < \frac{A_p}{V} \cdot \frac{\lambda_p}{d_p} \leq 1500$ 1100 für: $1500 < \frac{A_p}{V} \cdot \frac{\lambda_p}{d_p} \leq 2000$
$c_4 =$	$1,248 + 0,069 \cdot \ln\left(\frac{A_m}{V}\right)$	$-8,368 \cdot 10^{-11} \cdot \left(\frac{A_p}{V} \cdot \frac{\lambda_p}{d_p}\right)^3 + 2,696 \cdot 10^{-7} \cdot \left(\frac{A_p}{V} \cdot \frac{\lambda_p}{d_p}\right)^2$ $-0,00019 \cdot \left(\frac{A_p}{V} \cdot \frac{\lambda_p}{d_p}\right) + 1,22268$
	Gültigkeitsgrenzen:	
	Kurvenparameter: $25\ m^{-1} \leq A_m/V \leq 300\ m^{-1}$	$100 \frac{W}{m^3K} \leq \frac{A_p}{V} \cdot \frac{\lambda_p}{d_p} < 2000 \frac{W}{m^3K}$
	Branddauer: $t \leq 30$ min	$t \leq 120$ min
	Stahltemperatur: $\theta_a \leq 700$ °C	

Tabelle 12: Näherungslösungen der Erwärmungsfunktionen (gemäß [25], Tab. 4-6)

3.3.3.4 Nachweis auf Temperaturebene

Wie bereits in 3.3.2 erläutert wird hier die maximale Temperatur im Stahlbauteil verglichen mit einer sogenannten kritischen Stahltemperatur (siehe auch Gl. (1)).

Allerdings eignet sich dieses Nachweisverfahren nur dann, wenn Verformungskriterien keine Rolle spielen.

Gemäß [14], Gleichung 4.18 ergibt sich die kritische Temperatur zu

$$\theta_{a,cr} = 39{,}19 * \ln\left[\frac{1}{0{,}9674 * \mu_0^{3{,}833}} - 1\right] + 482 \qquad [°C] \qquad \text{(Gl. 20)}$$

mit dem Ausnutzungsgrad

$$\mu_0 = \frac{E_{fi,d}}{R_{fi,d,0}} \qquad \text{(Gl. 21)}$$

Dabei ist

$R_{fi,d,0}$ der Bauteilwiderstand im Brandfall zum Zeitpunkt t = 0 und

$E_{fi,d}$ der Bemessungswert der maßgebenden Einwirkung im Brandfall gemäß [11], siehe auch Gl. (4).

Der Ausnutzungsgrad kann vereinfacht auch nach [14] mit Gleichung (22) für Bauteile ermittelt werden, bei denen Biegedrillknicken als maßgebliche Versagensform ausgeschlossen werden kann:

$$\mu_0 = \eta_{fi} \frac{\gamma_{M,fi}}{\gamma_{M,1}} \qquad \text{(Gl. 22)}$$

mit

$\gamma_{M,fi}$ = 1,0 für thermische Materialeigenschaften und

$\gamma_{M,1}$ = 1,0 für mechanische Eigenschaften

gemäß [14], 2.3 (2)

Der Abminderungsfaktor η_{fi} ergibt sich nach [14], 2.4.3 zu:

$$\eta_{fi} = \frac{\gamma_{GA} * G_k + \psi_{1,1} * Q_{k,1}}{\gamma_G * G_k + \gamma_{Q,1} * Q_{k,1}} \qquad \text{(Gl. 23)}$$

Dabei ist

G_k die ständige Einwirkung,

$Q_{k,1}$ die größte veränderliche Einwirkung,

γ_{GA} = 1,0; der Teilsicherheitsbeiwert für ständige Einwirkung in der außergewöhnlichen Bemessungssituation,

$\psi_{1,1}$ der Kombinationsbeiwert für häufige Einwirkung (s. a. Tab. 6)

γ_G = 1,35; der Teilsicherheitsbeiwert für ständige Einwirkung im Gebrauchszustand und

$\gamma_{Q,1}$ = 1,50; der Teilsicherheitsbeiwert für die veränderliche Einwirkung im Gebrauchszustand.

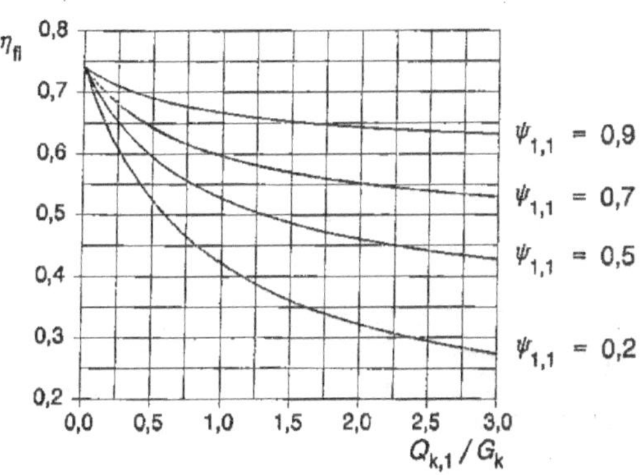

Bild 8: Abhängigkeit des Abminderungsfaktors η_{fi} von dem Lastverhältnis $Q_{k,1}/G_k$ (aus [14], Bild 2.1)

Vereinfachend darf μ_0 = 0,59 für den allgemeinen Hochbau angenommen werden. Dies entspricht einer kritischen Temperatur von 557°C.

Allerdings schreibt hier das NAD, DIN- FB 93 [14] vor, dass statt Gleichung (23) vereinfacht η_{fi} = 0,65 ohne genaueren Nachweis gesetzt werden muss. Damit ergibt sich die kritische Temperatur bereits zu 453°C.

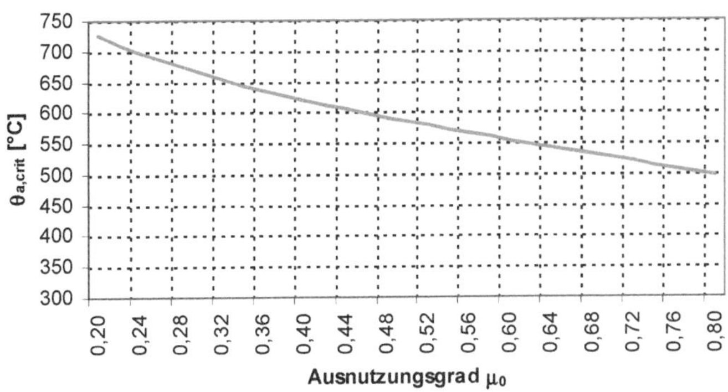

Bild 9: kritische Temperatur in Abhängigkeit vom Ausnutzungsgrad

Für Bauteile der Querschnittsklasse 4, die keine Zugglieder sind, kann davon ausgegangen werden, dass der Nachweis erbracht ist, wenn die Bauteiltemperatur zu keinem Zeitpunkt größer als 350°C ist; dies entspricht einem Ausnutzungsfaktor von 1,0.

3.3.3.5 Nachweis auf Tragfähigkeitsebene

Die maßgebliche Einwirkung im Brandfall muss kleiner gleich dem Bauteilwiderstand sein (s. a. Gleichung (2)).

Die Bauteilwiderstände werden analog der Kaltbemessung berechnet. Allerdings muss der Einfluss der Temperatur auf die Werkstoffkenngrößen berücksichtigt werden. In [14], 4.2.3 ist der Rechengang beschrieben und wird hier kurz wiedergegeben.

3.3.3.5.1 Zugbeanspruchte Bauteile

- ungleichförmige Temperaturverteilung über den Querschnitt

$$N_{fi,t,Rd} = \sum_{i\geq 1}^{n} A_i * k_{y,\theta,i} * f_y / \gamma_{M,fi} \qquad \text{(Gl. 24)}$$

mit

A_i Teilfläche des Querschnitts mit der Temperatur θ_i,
$k_{y,\theta,i}$ Abminderungsfaktor der Streckgrenze (s. a. Tab. 7),
θ_i Temperatur der Teilfläche A_i.

- konstante Temperaturverteilung über den Querschnitt

$$N_{fi,\theta,Rd} = k_{y,\theta} * N_{Rd} * \frac{\gamma_{M,1}}{\gamma_{M,fi}} \qquad \text{(Gl. 25)}$$

mit

N_{Rd} Bemessungswert der Tragfähigkeit des Bruttoquerschnitts unter Normaltemperatur ($N_{pl,Rd}$) gemäß [13],
$k_{y,\theta}$ Abminderungsfaktor der Streckgrenze (s. a. Tab. 7),
$\gamma_{M,fi}$ = 1,0 für thermische Materialeigenschaften,
$\gamma_{M,1}$ = 1,0 für mechanische Eigenschaften.

3.3.3.5.2 *Druckbeanspruchte Bauteile mit Querschnitten der Klasse 1, 2 oder 3*

$$N_{b,fi,t,Rd} = \frac{\chi_{fi}}{1,2} * A * k_{y,\theta,max} * \frac{f_y}{\gamma_{M,fi}} \qquad \text{(Gl. 26)}$$

mit

χ_{fi} Abminderungsfaktor für Biegeknicken unter Brandbeanspruchung,

$k_{y,\theta,max}$ Abminderungsfaktor der Streckgrenze unter max. Stahltemperatur $\theta_{a,max}$ (s. a. Tab. 7),

$\gamma_{M,fi}$ = 1,0 für thermische Materialeigenschaften und

χ_{fi} Abminderungsfaktor für Biegeknicken unter Brandbeanspruchung.

Für χ_{fi} sollte der kleinere der beiden Werte nach EC3-1-1, 6.3.1 [13] genommen werden, es sei denn, es werden

- die Knickspannungslinie c unabhängig vom Querschnittstyp und der Knickrichtung,
- die Knicklänge l_{fi} für die Brandbemessung anstelle von l (Die Knicklänge l_{fi} im Brandfall kann gegenüber der Knicklänge bei Normaltemperatur je nach System und Art der Trennung der Brandabschnitte ggf. vermindert werden; siehe auch Bild 10) und
- die bezogene Schlankheit für die Temperatur $\theta_{a,max}$

$$\bar{\lambda}_\theta = 1,2 * \bar{\lambda} \qquad \text{(Gl. 27)}$$

(gemäß NAD, DIN- FB 93, [14])

verwendet.

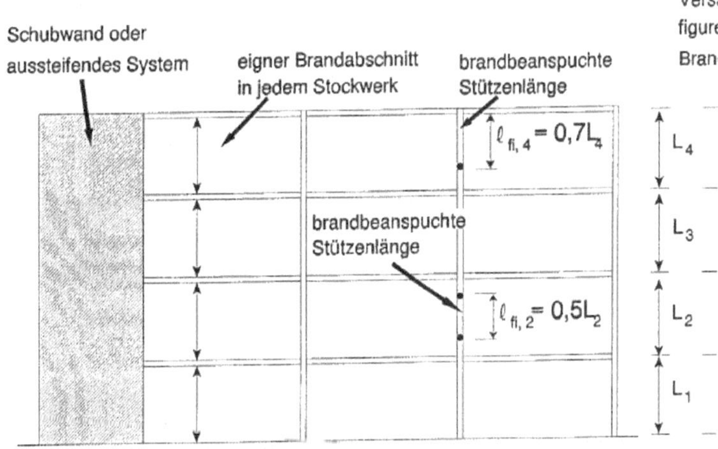

Bild 10: Knicklängen l_{fi} von Stützen in ausgesteiften Rahmen (aus [11], Bild 4.1)

3.3.3.5.3 *Träger mit Querschnitten der Klasse 1 und 2*

- ungleichförmige Temperaturverteilung über den Querschnitt

Momententragfähigkeit

$$M_{fi,t,Rd} = \sum_{i \geq 1}^{n} A_i * z_i * k_{y,\theta,i} * f_{y,i} / \gamma_{M,fi} \qquad \text{(Gl. 28)}$$

mit

z_i Abstand der Schwerachse der Teilfläche von der plast. Nulllinie,

A_i Teilfläche des Querschnitts mit der Temperatur θ_i,

$k_{y,\theta,i}$ Abminderungsfaktor der Streckgrenze (s. a. Tab. 7),

θ_i Temperatur der Teilfläche A_i .

Die plastische Nulllinie ist die Senkrechte auf die Biegefläche, die die folgende Bedingung erfüllt:

$$\sum_{i \geq 1}^{n} A_i * k_{y,\theta,i} * f_{y,i} = 0 \qquad \text{(Gl. 29)}$$

Vereinfacht kann die Momententragfähigkeit auch mit Gleichung (30) ermittelt werden:

$$M_{fi,t,Rd} = \frac{M_{fi,\theta,Rd}}{\kappa_1 * \kappa_2} \qquad \text{(Gl. 30)}$$

mit

$M_{fi,\theta,Rd}$ Bemessungswert der Momententragfähigkeit bei konstanter Temperatur θ_a im Querschnitt (wobei $\theta_a = \theta_{a,max}$ zum Zeitpunkt t),

κ_1 Anpassungsfaktor für veränderliche Temperatur über den Querschnitt:
bei vierseitiger Brandbeanspruchung: 1,0
bei dreiseitiger Brandbeanspruchung und einer Betonplatte auf der vierten Seite: 1,0 (gemäß NAD, DIN- FB 93),

κ_2 Anpassungsfaktor für veränderliche Temperatur entlang des Trägers:
für statisch unbestimmt gelagerte Balken: 0,8
für alle sonstigen Fälle: 1,0.

Querkrafttragfähigkeit

$$V_{fi,t,Rd} = k_{y,\theta,max} * V_{Rd} * \frac{\gamma_{M,1}}{\gamma_{M,fi}} * \frac{1}{\kappa_1 * \kappa_2} \qquad \text{(Gl. 31)}$$

mit

V_{Rd} Querkrafttragfähigkeit des Bruttoquerschnitts unter Normaltemperatur gemäß [13]

$k_{y,\theta,max}$ Abminderungsfaktor der Streckgrenze (s. a. Tab. 7)

$\gamma_{M,fi}$ = 1,0 für thermische Materialeigenschaften

$\gamma_{M,1}$ = 1,0 für mechanische Eigenschaften

κ_1, κ_2 siehe Erläuterungen zu Gleichung (30)

- konstante Temperaturverteilung über den Querschnitt

Momententragfähigkeit

$$M_{fi,\theta,Rd} = k_{y,\theta} * M_{Rd} * \frac{\gamma_{M,1}}{\gamma_{M,fi}} \qquad \text{(Gl. 32)}$$

mit

M_{Rd} plastische Momententragfähigkeit des Bruttoquerschnitts $M_{pl,Rd}$ unter Normaltemperatur gemäß [13]; ggf. sind Schubbeanspruchungen zu berücksichtigen,

$k_{y,\theta}$ Abminderungsfaktor der Streckgrenze (s. a. Tab. 7),

$\gamma_{M,fi}$ = 1,0 für thermische Materialeigenschaften,

$\gamma_{M,1}$ = 1,0 für mechanische Eigenschaften.

Eine Biegedrillknickuntersuchung ist erforderlich, wenn der gedrückte Flansch zum Zeitpunkt t unter maximaler Temperatur $\theta_{a,com}$ eine bezogene Schlankheit $\bar{\lambda}_{LT,\theta,com}$ von mehr als 0,4 hat.

Dann sollte der Bemessungswert der Momententragfähigkeit nach Gleichung (33) ermittelt werden.

$$M_{b,fi,t,Rd} = \frac{\chi_{LT,fi}}{1{,}2} * W_{pl,y} * k_{y,\theta,com} * \frac{f_y}{\gamma_{M,fi}} \qquad \text{(Gl. 33)}$$

mit

$\chi_{LT,fi}$ Abminderungsfaktor für das Biegedrillknicken gemäß [13] im Brandfall unter Verwendung der bezogenen Schlankheit nach Gleichung (34),

$k_{y,\theta,com}$ Abminderungsfaktor der Streckgrenze (s. a. Tab. 7),

$\gamma_{M,fi}$ = 1,0 für thermische Materialeigenschaften.

Auf der sicheren Seite liegend kann für $\theta_{a,com}$ die maximal im Querschnitt auftretende Temperatur $\theta_{a,max}$ verwendet werden.

Ermittlung der bezogenen Schlankheit:

$$\bar{\lambda}_{\theta,max} = 1{,}2 * \bar{\lambda} \qquad \text{(Gl. 34)}$$

(gemäß NAD, DIN- FB 93)

3.3.3.5.4 *Träger mit Querschnitten der Klasse 3*

Momentragfähigkeit

$$M_{fi,t,Rd} = k_{y,\theta,max} * M_{Rd} * \frac{\gamma_{M,1}}{\gamma_{M,fi}} * \frac{1}{\kappa_1 * \kappa_2} \qquad \text{(Gl. 35)}$$

mit

M_{Rd} plastische Momententragfähigkeit des Bruttoquerschnitts $M_{pl,Rd}$, unter Normaltemperatur gemäß [13]; ggf. sind Schubbeanspruchungen zu berücksichtigen ,

$k_{y,\theta,max}$ Abminderungsfaktor der Fließgrenze unter max. Temperatur $\theta_{a,max}$,

$\gamma_{M,fi}$ = 1,0 für thermische Materialeigenschaften,

$\gamma_{M,1}$ = 1,0 für mechanische Eigenschaften,

κ_1, κ_2 siehe Erläuterungen zu Gleichung (30).

Eine Biegedrillknickuntersuchung ist erforderlich, wenn der gedrückte Flansch zum Zeitpunkt t unter maximaler Temperatur $\theta_{a,com}$ eine bezogene Schlankheit $\bar{\lambda}_{LT,\theta,com}$ von mehr als 0,4 hat.

Dann sollte der Bemessungswert der Momententragfähigkeit nach Gleichung (36) ermittelt werden.

$$M_{b,fi,t,Rd} = \frac{\chi_{LT,fi}}{1{,}2} * W_{el,y} * k_{y,\theta,com} * \frac{f_y}{\gamma_{M,fi}} \qquad \text{(Gl. 36)}$$

mit

$\chi_{LT,fi}$ siehe Erläuterungen zu den Gleichungen (33) und (34)

Querkrafttragfähigkeit

$$V_{fi,t,Rd} = k_{y,\theta,max} * V_{Rd} * \frac{\gamma_{M,1}}{\gamma_{M,fi}} * \frac{1}{\kappa_1 * \kappa_2} \qquad \text{(Gl. 37)}$$

mit

V_{Rd} Querkrafttragfähigkeit des Bruttoquerschnitts unter Normaltemperatur gemäß [13],

$k_{y,\theta,max}$ Abminderungsfaktor der Streckgrenze (s. a. Tab. 7),

$\gamma_{M,fi}$ = 1,0 für thermische Materialeigenschaften,

$\gamma_{M,1}$ = 1,0 für mechanische Eigenschaften,

κ_1, κ_2 siehe Erläuterungen zu Gleichung (30).

3.3.3.5.5 Auf Biegung und axialen Druck beanspruchte Bauteile der Querschnittsklassen 1, 2 oder 3

Die Bemessungswerte der Tragfähigkeit im Brandfall werden analog Eurocode 3-1-1 (siehe [13]) ermittelt. Die in Tabelle 13 dargestellten Werte auf der Widerstandsseite müssen jedoch abgeändert werden.

	Kaltbemessung	Brandfall	Hinweis
Abminderungsfaktor Biegeknicken	χ_y	$\chi_{y,fi}$ **/ 1,2**	siehe 3.3.3.5.2
Abminderungsfaktor Biegeknicken	χ_z	$\chi_{z,fi}$ **/ 1,2**	siehe 3.3.3.5.2
Abminderungsfaktor Biegedrillknicken	χ_{LT}	$\chi_{LT,fi}$ **/ 1,2**	siehe 3.3.3.5.3
Abminderung Streckgrenze	f_y	$k_{y,\theta,max}\ f_y$	siehe 3.3.3.5.2
Teilsicherheitsbeiwert für thermische Materialeigenschaften	γ_{M1}	$\gamma_{M,fi}$	

Tabelle 13: Abminderungsfaktoren, Teilsicherheitsbeiwert im Brandfall

3.4 Nachweis mit dem allgemeinen (genauem) Rechenver-fahren

3.4.1 Anwendungsmöglichkeiten und –grenzen, bauordnungsrechtliche Aspekte

Das allgemeine Berechnungsverfahren nach Eurocode 3, Teil 1-2 [14] kann für Einzelbauteile, Teil- und Gesamttragwerke mit beliebiger Querschnittsart und –form angewendet werden. Voraussetzung ist auch hier, dass die Dimensionierung im Gebrauchszustand (Kaltbemessung) nach Eurocode 3 erfolgt.

Die Bemessung kann entweder anhand eines Normbrandes oder eines natürlichen Brandes erfolgen.

Unabhängig von der verwendeten Temperaturzeitkurve ist hier eine Genehmigung durch die Bauaufsichtsbehörde grundsätzlich erforderlich. Die Nachweise müssen durch einen Prüfingenieur mit einschlägiger Erfahrung geprüft werden.

3.4.2 Bestandteile des Nachweisverfahrens

Die Untersuchung sollte als Grundlage physikalische Gesetzmäßigkeiten berücksichtigen, die eine zuverlässige Annäherung an das erwartete Tragverhalten der Bauteile bieten. Prinzipiell darf das allgemeine Berechnungsverfahren für jede Aufheizkurve angewendet werden, sofern die Materialeigenschaften für die maßgeblichen Temperaturbereiche hinreichend bekannt sind.
Der brandschutztechnisch Nachweis darf getrennt für die thermische und die mechanische Analyse geführt werden.

3.4.3 Thermische Analyse

3.4.3.1 Allgemeines

Ausgehend von den Heißgastemperaturen im Brandraum, die als thermische Einwirkung vorgegeben werden, wird die Temperatur im Bauteilquerschnitt ermittelt. Um die Temperatur im Bauteil zu ermitteln, ist es selbstverständlich erforderlich die temperaturabhängigen thermischen Materialkennwerte des Bauteilquerschnitts und ggf. der Schutzschichten zu berücksichtigen. Der Untersuchung des thermischen Materialverhaltens ist die Theorie der Wärmeübertragung zu Grunde zu legen. Die günstigen Einflüsse aus ungleichmäßiger Temperaturbeanspruchung und der Wärmetransport in angrenzende Bauteile dürfen ggf. berücksichtigt werden. Auf der sicheren Seite liegend, darf der Feuchtegehalt im Brandschutzmaterial vernachlässigt werden.

3.4.3.2 Thermische Einwirkungen

Die thermischen Einwirkungen sind mit Eurocode 1-1-2 [11] bekannt. Eine Ermittlung der Heißgastemperatur ist auf Basis von Normbrandkurven oder Naturbrandkurven möglich.

Auf detaillierte Ausführungen wird an dieser Stelle verzichtet und stattdessen auf die Abschnitte 3.3.3.1.1 (Normbrandkurven) und 5 (Realbrandkurven) verwiesen.

3.4.3.3 Temperaturentwicklung im Bauteil

Die Ermittlung der Temperatur im Stahlbauteil erfolgt grundsätzlich nach dem in Kapitel 3.3.3.3 erläuterten Verfahren.
Die dort getroffenen und von den Vorschriften legitimierten Vereinfachungen für Normbrandkurven werden auch für Naturbrandkurven als grobe Näherung angenommen (siehe auch [24], Abschnitt 4.5.2.1).

Bei den Vereinfachungen handelt es sich im Einzelnen um

- den Ansatz des Konfigurationsfaktors mit $\Phi = 1$ für ungeschützt Stahlbauteile,
- der Annahme, dass die wirksame Strahlungstemperatur θ_r gleich der Heißgastemperatur θ_g ist, sofern das Bauteil vollständig in Flammen gehüllt ist,
- der Emissionsgrad des Brandraums $\varepsilon_t = 0{,}80$ ist,
- der Emissionsgrad der Bauteiloberfläche $\varepsilon_m = 0{,}625$ ist und
- die Anteile aus konvektiver und radiativer Wärmestromdichte addiert werden dürfen.

3.4.4 Mechanische Analyse

3.4.4.1 Allgemeines

Gegenstand der mechanischen Analyse ist die Untersuchung des Trag- und teilweise auch des Verformungsverhaltens der brandbeanspruchten Konstruktion.
Auf der Einwirkungsseite sind die Einflüsse aus der Belastung, der behinderten thermischen Verformungen (Zwängungen) und ggf. nichtlinearer geometrischer Effekte einzubeziehen. Auf Seiten des Bauteilwiderstandes sind die Einflüsse aus dem thermo- mechanischen nichtlinearem Baustoffverhalten und den thermischen Dehnungen zu berücksichtigen. Nicht beachtet zu werden braucht die sog. Resttragfähigkeit im wieder erkalteten Zustand, also das Tragverhalten nach dem Abkühlen der Konstruktion. Thermisches Kriechen darf vernachlässigt werden, sofern die Spannungs- Dehnungsbeziehungen nach ENV 1993-1-2, 3.2 [14] (siehe auch 3.3.3.2, Bild 5) der Berechnung zugrunde gelegt werden.

Neben der durch die Temperatureinwirkung auftretenden Abminderung der Tragfähigkeit, bedingt durch die Abnahme der Fließgrenze und des Elastizitätsmoduls, und dem damit signifikanter werdenden Einfluss der Effekte aus Theorie II. Ordnung ergibt sich aber auch ein positiver Effekt durch die geringere Zunahme von indirekten Einwirkungen infolge der Temperatur.

Die Berechnung eines Teiltragwerks ist verbunden mit der Bedingung, dass die Wechselwirkungen zu den angrenzenden Tragwerksteilen annähernd konstant bleiben.

Alle Versagensformen, die durch das allgemeine Berechnungsverfahren nicht hinreichend erfasst werden, müssen durch entsprechende erweiterte mechanische Modelle berücksichtigt werden. Hierzu zählen insbesondere Nachweise des Biegedrillknickens und des Schubversagens.

Die im Grenzzustand der Tragfähigkeit ermittelten Verformungen sind zu begrenzen, um das Zusammenwirken aller Tragwerksteile sicherzustellen und einem Verlust der Auflagerung einzelner Bauteile entgegenzuwirken. Es ist also durchaus möglich, dass Verformungen ein maßgebliches Kriterium für den Grenzzustand der Tragfähigkeit werden.

3.4.4.2 Mechanische Einwirkungen

Siehe hierzu die Ausführungen im Kapitel 3.3.3.1.2

3.4.4.3 Temperaturabhängige Werkstoffkennwerte

Siehe hierzu die Ausführungen im Kapitel 3.3.3.2

4. BRANDSCHUTZTECHNISCHE BEMESSUNGSVERFAHREN IM STAHLVERBUNDBAU

4.1 Mögliche Nachweisverfahren

Analog zum Stahlbau besteht derzeit auch im Stahlverbundbau die Möglichkeit die brandschutztechnischen Nachweise nach DIN 4102 [3] oder nach den Brandschutzteilen der Eurocodes 1 [11] und 4 [16] zu führen.

Es sei an dieser Stelle nur auf die wesentlichen Punkte, die bereits in Kapitel 3.1 näher ausgeführt und im Bild 1 schematisch dargestellt wurden, verwiesen:

- Die Nachweise für die Kalt- und Heißbemessung müssen nach Vorschriften der gleichen Normenfamilie bzw. –generation geführt werden.
- Es steht ein dreistufiges Nachweisverfahren (Klassifizierung anhand von Tabellen, vereinfachtes und allgemeines Rechenverfahren) für die Brandschutzbemessung zur Verfügung.

4.2 Klassifizierung bzw. Bemessung mit tabellarischen Daten

4.2.1 Anwendungsmöglichkeiten und –grenzen, Grundlagen

Die im Eurocode 4-1-2 [16], Abschnitt 4.2 hinterlegten Tabellen für Verbundträger und –stützen wurden weitestgehend von DIN 4102 [3] übernommen. Sie sind für den Nachweis von Einzelbauteilen unter Normbrandbeanspruchung geeignet. Anhand der Tabellen erfolgt die Einstufung des betreffenden Bauteils in die jeweilige Feuerwiderstandsklasse R30, R60, R90, R120, R180 oder R240.

Die Klassifizierung von Einzelbauteilen setzt voraus, dass die lastabtragenden und die aussteifenden Bauteile mindestens die gleiche Feuerwiderstandsfähigkeit haben.

4.2.2 Vorgehensweise beim Nachweis

Bei der Bemessung ist nachzuweisen, dass der Bemessungswert der Einwirkung im Brandfall $E_{fi,d,t}$ kleiner gleich dem Bemessungswiderstand $R_{fi,d,t}$ ist:

$$E_{fi,d,t} \leq R_{fi,d,t} \qquad \text{(Gl. 39)}$$

Der Bemessungswert der Einwirkung im Brandfall $E_{fi,d,t}$ ermittelt sich aus dem Bemessungswert der Beanspruchungen aus der Grundkombination und dem sog. Ausnutzungsfaktor η_{fi} bei Normaltemperatur E_d:

$$E_{fi,d,t} = E_{fi,d} = \eta_{fi} * E_d \qquad \text{(Gl. 40)}$$

mit

$$\eta_{fi} = \frac{\gamma_{GA} * G_k + \psi_{1,1} * \xi}{\gamma_G * G_k + \gamma_{Q,1} * \xi} \qquad \text{(Gl. 41)}$$

Dabei ist:

G_k	die ständige Einwirkung;
γ_{GA}	= 1,0; der Teilsicherheitsbeiwert für ständige Einwirkung in der außergewöhnlichen Bemessungssituation;
$\psi_{1,1}$	der Kombinationsbeiwert für häufige Einwirkung (s. a. Tab. 6)
γ_G	= 1,35; der Teilsicherheitsbeiwert für ständige Einwirkung im Gebrauchszustand;
$\gamma_{Q,1}$	= 1,50; der Teilsicherheitsbeiwert für die veränderliche Einwirkung im Gebrauchszustand;
$\xi = Q_{k,1}/G_k$	globales Verhältnis zwischen der führenden veränderlichen und der ständigen Einwirkung.

Laut dem Nationalen Anwendungsdokument [16] darf η_{fi} ohne weiteren Nachweis zu 0,7 angenommen werden.

Der Bemessungswiderstand im Brandfall $R_{fi,d,t}$ wird aus dem Bemessungswiderstand bei Normaltemperatur R_d und dem Abminderungsfaktor $\eta_{fi,t}$ ermittelt:

$$R_{fi,d,t} = R_{fi,d} = \eta_{fi,t} * R_d \qquad \text{(Gl. 42)}$$

Der für die tabellarische Brandbemessung als Eingangswert erforderliche Ausnutzungsfaktor $\eta_{fi,t}$ ergibt sich mit Hilfe der Gleichungen 39 bis 42 zu:

$$\eta_{fi,t} \geq E_{fi,d}/R_d = \eta_{fi} * E_d/R_d = 0,7 * E_d/R_d \qquad \text{(Gl. 43)}$$

Vereinfacht dürfen die Auswirkungen der Einwirkungen an den Lagern und Rändern von Bauteilen, bezogen auf den Zeitpunkt $t = 0$, während der Brandbeanspruchung als unveränderlich angenommen werden. Lediglich die Auswirkungen temperaturbedingter Verformungen infolge vom Temperaturgradienten sind zu berücksichtigen.

4.2.3 Verbundträger mit ausbetonierten Kammern

Bei der Klassifizierung von kammerbetonierten Verbundträgern nach Tabelle 14 in Verbindung mit Gl. (42) sind folgende Randbedingungen zu beachten (Erläuterung der einzelnen Variablen siehe Tab. 14):

- Statisches System: Einfeldträger
- Stahlträger und Stahlbetondecke sind schubfest miteinander verbunden
- $e_w \leq b/15$
- $e_f \leq 2 * e_w$
- $h_c \geq 120mm$
- $A_s / (A_c + A_s) \leq 0{,}05$
- $b_{eff} \leq 5m$ (gemäß EC 4-1-1 [15])
- Betonstahlgüte S 500
- Baustahl Fe 510 (bzw. S 355); bei anderer Stahlgüte ist der Mindestquerschnitt der Zulagebewehrung mit dem Verhältnis der Streckgrenzen der Baustähle zu multiplizieren
- bei Erfordernis von Zulagebewehrung sind die Mindestachsabstände von der Betonoberfläche gemäß Tabelle 15 einzuhalten.

Besitzt der Kammerbeton keine tragende, sondern nur isolierende Funktion, so wird ein ausreichender Feuerwiderstand R30 bis R180 bei Einhaltung der Betondeckung c nach Tabelle 16 erreicht.

Die Werte der Tabellen 14 und 15 dürfen auch für Träger verwendet werden, die mit Stahlprofilblech- Verbunddecken schubfest verbunden sind, wenn mindestens 90% der Oberseite des Stahlprofils durch das Blech bedeckt sind oder alternativ die Öffnungen durch geeignetes Brandschutzmaterial (Baustoffklasse A nach DIN 4102-1 [3], Rohdichte ≥ 30 kg/m^3, Schmelzpunkt ≥ 1000°C) geschlossen werden.

		Feuerwiderstandsklasse			
		R30	R60	R90	R120
1	für den Ausnutzungsfaktor $\eta_{fi,t} = 0,3$				
	min b [mm] und min (A_s/ A_f)				
1.1	h ≥ 0,9 x min b	70/0,0	100/0,0	170/0,0	200/0,0
1.2	h ≥ 1,5 x min b	60/0,0	100/0,0	150/0,0	180/0,0
1.3	h ≥ 2,0 x min b	60/0,0	100/0,0	150/0,0	180/0,0
2	für den Ausnutzungsfaktor $\eta_{fi,t} = 0,5$				
	min b [mm] und min (A_s/ A_f)				
2.1	h ≥ 0,9 x min b	80/0,0	170/0,0	250/0,4	270/0,5
2.2	h ≥ 1,5 x min b	80/0,0	150/0,0	200/0,2	240/0,3
2.3	h ≥ 2,0 x min b	70/0,0	120/0,0	180/0,2	220/0,3
2.4	h ≥ 3,0 x min b	60/0,0	100/0,0	170/0,2	200/0,3
3	für den Ausnutzungsfaktor $\eta_{fi,t} = 0,7$				
	min b [mm] und min (A_s/ A_f)				
3.1	h ≥ 0,9 x min b	80/0,0	270/0,4	300/0,6	-
3.2	h ≥ 1,5 x min b	80/0,0	240/0,3	270/0,4	300/0,6
3.3	h ≥ 2,0 x min b	70/0,0	190/0,3	210/0,4	270/0,5
3.4	h ≥ 3,0 x min b	70/0,0	170/0,2	190/0,4	270/0,5

Tabelle 14: Mindestquerschnittsabmessungen min b und erforderliche Verhältnisse min (A_s/A_f) von Zulagebewehrung zur Untergurtfläche (aus [16], Tabelle 4.1]

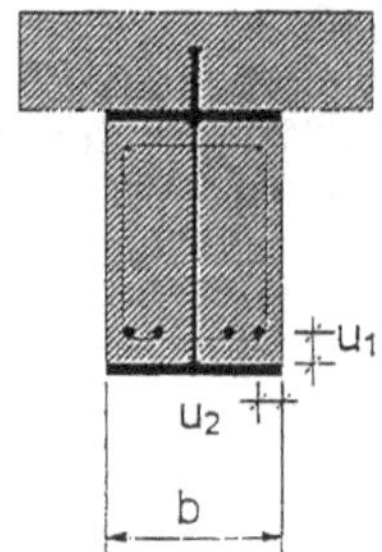

Profil-breite	Mindest-achsabst.	Feuerwiderstandsklas		
b [mm]	u_1, u_2 [mm]	R60	R90	R120
170	u_1	100	120	-
	u_2	45	60	-
200	u_1	80	100	120
	u_2	40	55	60
250	u_1	60	75	90
	u_2	35	50	60
≥ 300	u_1	40	50	70
	u_2	(25)	45	60

Tabelle 15: Mindestachsabstände der Zulagebewehrung (aus [16], Tabelle 4.2]

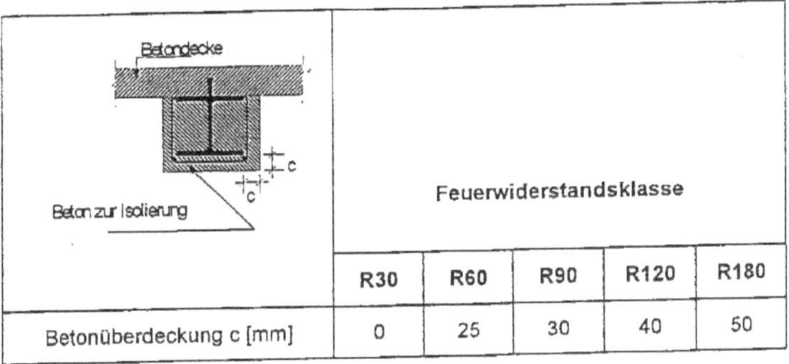

	Feuerwiderstandsklasse				
	R30	R60	R90	R120	R180
Betonüberdeckung c [mm]	0	25	30	40	50

Tabelle 16: Betonüberdeckung bei nichttragendem Kammerbeton (aus [16], Tabelle 4.3]

4.2.4 Verbundstützen

4.2.4.1 Allgemeines

Die nachfolgenden Tabellen für Verbundstützen sind nur unter Einhaltung der nachfolgenden Bedingungen anwendbar:

- Die Stützen befinden sich in ausgesteiften Tragwerken.
- Die betrachtete Stütze ist biegesteif an die darüber bzw. darunter liegende Stütze oder ggf. an das Fundament angeschlossen.
- Der Brand ist auf ein Geschoß begrenzt.
- Die Stützenlänge beträgt maximal das 30- fache der minimalen äußeren Querschnittsabmessungen.
- Exzentrizitäten sind bei der Berechnung des Bemessungswertes R_d bei Normaltemperatur zu berücksichtigen.

Unter Einhaltung der oben genannten Voraussetzungen ergibt sich u. a. die Knicklänge der Stütze im Brandfall zur 0,5- fachen geometrischen Stützenlänge. D. h. die Knicklänge, die dem Modell der Tabellen zugrunde liegt, beträgt im Kaltbemessungsfall zur Ermittlung von R_d das Doppelte des entsprechenden Wertes im Brandfall.

4.2.4.2 Verbundstützen mit vollständig einbetoniertem Stahlquerschnitt

Bei Verwendung der Bemessungstabelle 17 gelten neben den in 4.2.4.1 beschriebenen Grundlagen folgende Randbedingungen:

- Einbau von mindestens 4 Bewehrungsstäben
- Durchmesser der Behwehrungsstäbe ≥ 12mm
- Der minimale Prozentsatz der Längsbewehrung sollte wie in EC 1994-1-1 Abschn. 4.8.2.5 (3) [15] 0,3% der Betonfläche betragen.
- Der maximale Prozentsatz der Längsbewehrung sollte analog EC 1994-1-1 Abschn. 4.8.3.1 (3e) [15] 4% des Betonquerschnitts nicht überschreiten.

Besitzt der umschließende Beton keine tragende, sondern nur isolierende Funktion, so wird ein ausreichender Feuerwiderstand R30 bis R180 bei Einhaltung der Betondeckung c nach Tabelle 18 erreicht. Bei nur isolierender Funktion des Betons sollten (außer bei R30) Betonstahlmatten mit maximalen Stababständen von 250mm in beide Richtungen gemäß EC 4-1-2, Abschnitt 5.1 (6) [16] eingebaut werden. Um Abplatzungen zu vermeiden ist die Betondeckung zwischen 20 und 50mm zu wählen. Bei einer Anforderung R30 braucht der Beton nur zwischen den Flanschen des Stahlquerschnittes angeordnet zu werden und kann unbewehrt bleiben.

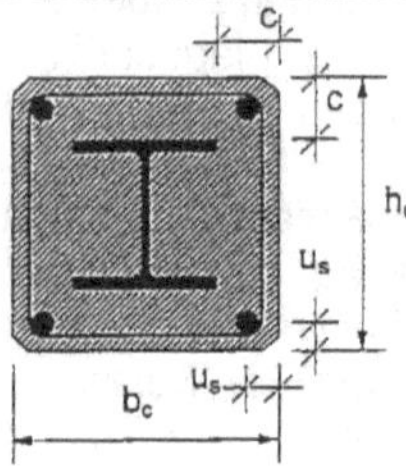

		Feuerwiderstandsklasse					
		R30	R60	R90	R120	R180	R240
1.1	min h_c und min b_c [mm]	150	180	220	300	350	400
1.2	min c [mm]	40	50	50	75	75	75
1.3	min u_s [mm]	(20)	30	30	40	50	50
	oder						
2.1	min h_c und min b_c [mm]	-	200	250	350	400	-
2.2	min c [mm]	-	40	40	50	60	-
2.3	min u_s [mm]	-	(20)	(20)	30	40	-

Tabelle 17: Mindestquerschnittsabmessungen min h_c und min b_c, Mindestbetonüberdeckung min c des Stahlquerschnitts und Mindestachsabstand der Bewehrungsstäbe min u_s Stahlquerschnitt (aus [16], Tabelle 4.4]

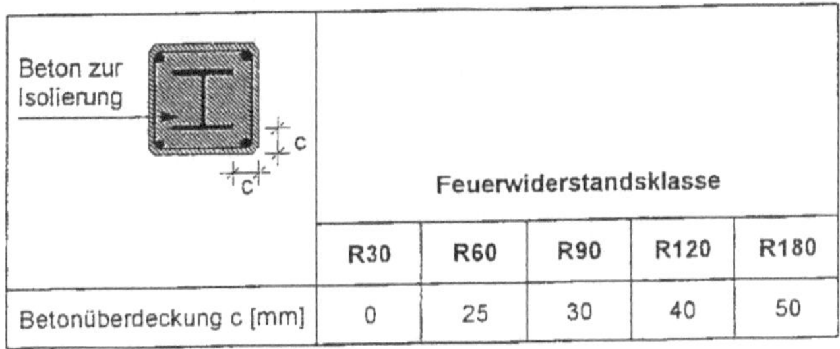

Beton zur Isolierung	Feuerwiderstandsklasse				
	R30	R60	R90	R120	R180
Betonüberdeckung c [mm]	0	25	30	40	50

Tabelle 18: Betonüberdeckung bei nur isolierendem Beton (aus [16], Tabelle 4.5]

4.2.4.3 Verbundstützen mit Kammerbeton

Bei Verwendung der Bemessungstabelle 19 gelten neben den in 4.2.4.1 beschriebenen Grundlagen folgende Randbedingungen:

- Bei der Berechnung von R_d und $R_{fi,d,t}$ sollten Bewehrungsgrade $A_s/(A_s+A_c)$ kleiner 1% oder größer 6% nicht berücksichtigt werden.
- Verwendete Baustahlgüten: Fe 360, Fe 430, Fe 510 sowie S 275 und S 355
- Wenn die Profilhöhe mindestens 350mm und der Bewehrungsgrad $A_s/(A_c+A_s)$ mindestens 3% beträgt, so darf der Mindestwert von e_w/e_f anstelle von 0,7 zu 0,6 angenommen werden.

		Feuerwiderstandsklasse			
	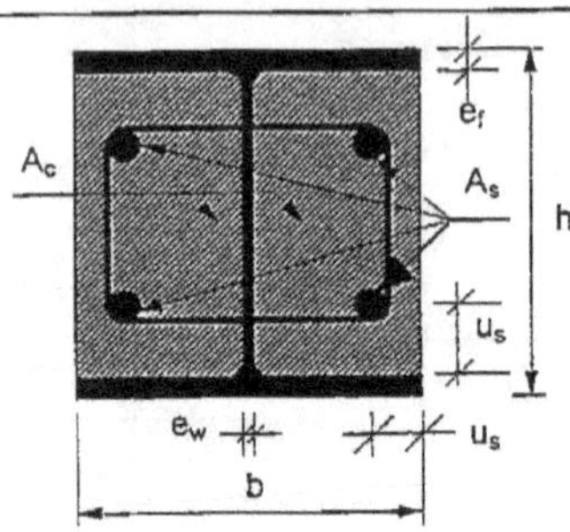	R30	R60	R90	R120
1	für den Ausnutzungsfaktor $\eta_{fi,t}$ = **0,3**				
1.1	**min h** und **min b** [mm]	160	260	300	300
1.2	**min u_s** [mm]	40	40	50	60
1.3	min (e_w / e_f)	0,6	0,5	0,5	0,7
2	für den Ausnutzungsfaktor $\eta_{fi,t}$ = **0,5**				
2.1	**min h** und **min b** [mm]	200	300	300	-
2.2	**min u_s** [mm]	35	40	50	-
2.3	**min (e_w / e_f)**	0,6	0,6	0,7	-
3	für den Ausnutzungsfaktor $\eta_{fi,t}$ = **0,7**				
3.1	**min h** und **min b** [mm]	250	300	-	-
3.2	**min u_s** [mm]	30	40	-	-
3.3	min (e_w / e_f)	0,6	0,7	-	-

Tabelle 19: Mindestquerschnittsabmessungen min h und min b, Mindestachsabstand min u_s der Bewehrung und Mindestverhältnis von Steg- zu Flanschdicke min (e_w/e_f) (aus [16], Tabelle 4.6]

4.2.4.4 Verbundstützen aus betongefüllten Hohlprofilen

Bei der Berechnung von R_d und $R_{fi,d,t}$ in Verbindung mit Tabelle 20 sind neben den in 4.2.4.1 beschriebenen Regeln folgende Randbedingungen zu beachten:

- Unabhängig von der eingesetzten Stahlgüte ist die nominelle Streckgrenze mit 235 N/mm^2 anzusetzen.
- Die Wanddicke des Hohlprofilquerschnitts darf maximal mit b/25 bzw. d/25 in Rechnung gestellt werden.
- Bewehrungsgrade $A_s/(A_s+A_c)$, die größer als 3% sind, dürfen nicht berücksichtigt werden.

- Die Betonfestigkeit wird wie bei der Bemessung unter Normaltemperatur angenommen.
- Betonstahlgüte S 500

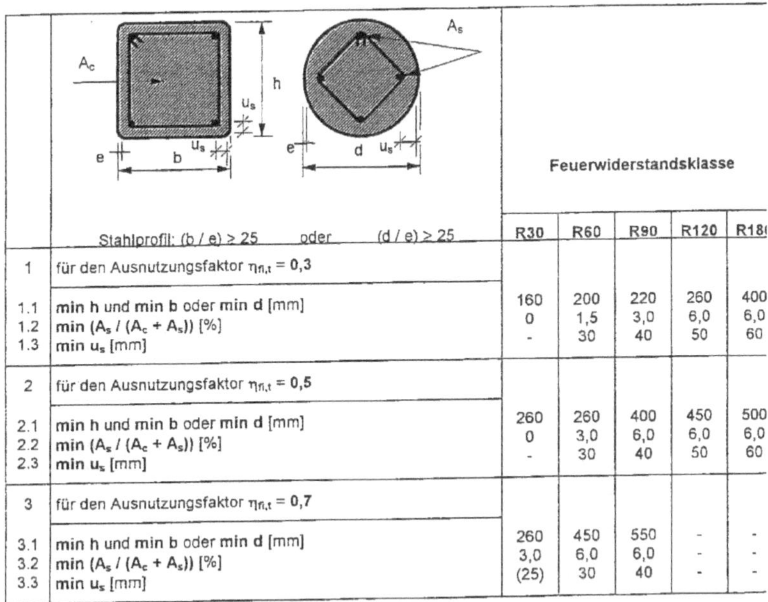

	Stahlprofil: $(b / e) \geq 25$ oder $(d / e) \geq 25$	Feuerwiderstandsklasse				
		R30	R60	R90	R120	R18
1	für den Ausnutzungsfaktor $\eta_{fi,t} = 0,3$					
1.1	**min h** und **min b** oder **min d** [mm]	160	200	220	260	400
1.2	**min** $(A_s / (A_c + A_s))$ [%]	0	1,5	3,0	6,0	6,0
1.3	**min** u_s [mm]	-	30	40	50	60
2	für den Ausnutzungsfaktor $\eta_{fi,t} = 0,5$					
2.1	**min h** und **min b** oder **min d** [mm]	260	260	400	450	500
2.2	**min** $(A_s / (A_c + A_s))$ [%]	0	3,0	6,0	6,0	6,0
2.3	**min** u_s [mm]	-	30	40	50	60
3	für den Ausnutzungsfaktor $\eta_{fi,t} = 0,7$					
3.1	**min h** und **min b** oder **min d** [mm]	260	450	550	-	-
3.2	**min** $(A_s / (A_c + A_s))$ [%]	3,0	6,0	6,0	-	-
3.3	**min** u_s [mm]	(25)	30	40	-	-

Tabelle 20: Mindestquerschnittsabmessungen min h und min b oder min d, Mindestbewehrungsgrade $A_s/(A_c+A_s)$, Mindestachsabstand min u_s der Bewehrungsstäbe zur Profilinnenseite (aus [16], Tabelle 4.7)

4.3 Nachweis mit dem vereinfachten Rechenverfahren

4.3.1 Anwendungsmöglichkeiten und –grenzen, bauordnungsrechtliche Aspekte

Das vereinfachte Berechnungsverfahren nach Eurocode 4, Teil 1-2 [16] kann nur für Teile eines Tragwerks angewendet werden. Voraussetzung ist, dass die Bemessung im Gebrauchszustand (Kaltbemessung) auch nach Eurocode 4 erfolgt.

Es handelt sich hier um ein Näherungsverfahren, das z. B von brandreduzierten Querschnitten ausgeht, die auf Basis von vereinfachten Annahmen ermittelt werden.

Grundlage der Bemessung ist eine Normbrandbeanspruchung. Als Bemessungswert wird im allgemeinen die Traglast für das betrachtete Bauteil oder Teiltragwerk ermittelt. Die Traglast entspricht der geforderten Feuerwiderstandsdauer.

Behandelt werden Verbunddecken, -träger, -stützen und Stahlträger mit Kammerbeton.

Werden Schutzsysteme (z. B. Anstriche) verwendet, so bedürfen diese einer allgemeinen bauaufsichtlichen Zulassung.

4.3.2 Werkstoffeigenschaften

4.3.2.1 Allgemeines

Die in den folgenden Abschnitten angegebenen Werkstoffeigenschaften sind als charakteristische Werte zu betrachten und sind demzufolge durch einen Teilsicherheitsbeiwert gemäß den Gleichungen (44) bis (46) zu dividieren.

- Festigkeits- und Verformungseigenschaften für die Tragwerksberechnung
  $X_{fi,d} = k_\theta * X_k / \gamma_{M,fi}$ (Gl. 44)
- Thermische Eigenschaften für die Temperaturberechnung
  - falls ein Zuwachs der Werte die Sicherheit erhöht
    $X_{fi,d} = X_{k,\theta} / \gamma_{M,fi}$ (Gl. 45)
  - falls ein Zuwachs der Werte die Sicherheit verringert
    $X_{fi,d} = \gamma_{M,fi} * X_{k,0}$ (Gl. 46)

Dabei ist:

$X_{fi,d}$ Bemessungswert einer Werkstoffeigenschaft im Brandfall,

$X_{k,\theta}$ charakteristischer Wert einer Werkstoffeigenschaft bei der Bemessung im Brandfall,

X_k charakteristischer Wert einer Festigkeits- oder Verformungseigenschaft bei der Bemessung für Normaltemperatur (i. a. Streckgrenze f_k oder Elastizitäts-modul E_k) gemäß EC 4-1-1 [15],

k_θ Reduktionsfaktor einer Festigkeits- oder Verformungseigenschaft in Abhängigkeit von der Werkstofftemperatur,

$\gamma_{M,fi}$ = 1,0 gemäß EC 4-1-2, 2.3 [16]; Teilsicherheitsfaktor für die maßgebende Werkstoffeigenschaft bei der Bemessung im Brandfall.

4.3.2.2 Baustahl

4.3.2.2.1 Mechanische Eigenschaften

Für die Festigkeits- und Verformungseigenschaften von Baustahl bei erhöhten Temperaturen gelten die Festlegungen gemäß EC 3-1-2 [14], siehe auch Tabelle 21.

Stahltemperatur θ_a [°C]	$k_{E,\theta} = \frac{E_{a,\theta}}{E_{a,20°C}}$	$k_{p,\theta} = \frac{f_{ap,\theta}}{f_{ay,20°C}}$	$k_{max,\theta} = \frac{f_{amax,\theta}}{f_{ay,20°C}}$	$k_{u,\theta} = \frac{f_{au,\theta}}{f_{ay,20°C}}$
20	1,00	1,00	1,00	1,25
100	1,00	1,00	1,00	1,25
200	0,90	0,807	1,00	1,25
300	0,80	0,613	1,00	1,25
400	0,70	0,42	1,00	
500	0,60	0,36	0,78	
600	0,31	0,18	0,47	
700	0,13	0,075	0,23	
800	0,09	0,05	0,11	
900	0,0675	0,0375	0,06	
1000	0,045	0,025	0,04	
1100	0,0225	0,0125	0,02	
1200	0,00	0,00	0,00	

Tabelle 21: Reduktionsfaktoren k_θ für Spannungs- Dehnungsbeziehungen von Baustahl unter erhöhten Temperaturen (aus [16], Tabelle 3.2)

Verfestigungsbereiche dürfen optional berücksichtigt werden, sofern örtliches Versagen (z. B. lokales Beulen, Schubversagen, etc.) bei großen Dehnungen ausgeschlossen ist.
Die Angaben gemäß Tabelle 21 dürfen auch für die Abkühlphase als hinreichend genau angenommen werden (relevant für Naturbrandmodelle).

4.3.2.2.2 Thermische Eigenschaften

Die thermische Dehnung des Baustahls wird in Abhängigkeit von der Temperatur nach den Gleichungen (47) bis (49) bzw. Bild 11 ermittelt:

- für 20°C ≤ θ_a ≤ 750°C
  $\Delta l / l = -2{,}416 * 10^{-4} + 1{,}2*10^{-5} * \theta_a + 0{,}4 * 10^{-8} * \theta_a^2$ (Gl. 47)
- für 750°C < θ_a ≤ 860°C
  $\Delta l / l = 11 * 10^{-3}$ (Gl. 48)
- für 860°C < θ_a ≤ 1200°C
  $\Delta l / l = -6{,}2 * 10^{-3} + 2*10^{-5} * \theta_a$ (Gl. 49)

Dabei ist

l Länge des Stahlteiles bei 20°,

Δl temperaturbedingte Verlängerung des Stahlteiles,

θ_a Stahltemperatur in [°C].

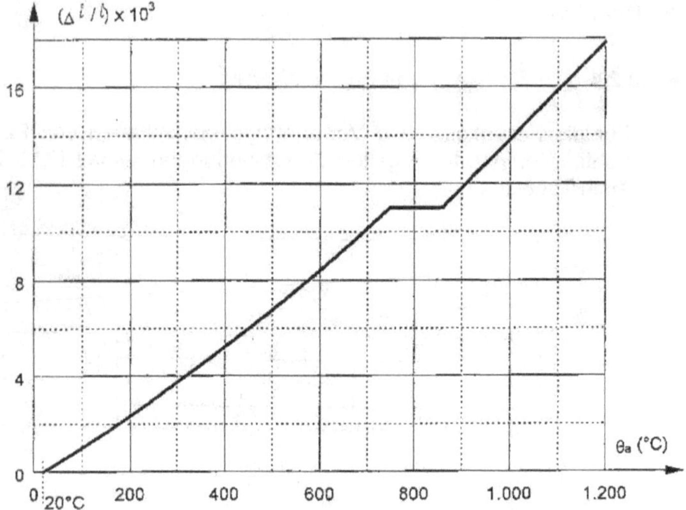

Bild 11: Thermische Dehnung von Stahl in Abhängigkeit von der Temperatur (aus [16], Bild 3.3)

Im vereinfachten Berechnungsverfahren darf die Temperaturdehnung gemäß Gleichung (50) proportional zur Stahltemperatur angesetzt werden:

$$\Delta l / l = 14 * 10^{-6} * (\theta_a - 20) \qquad \text{(Gl. 50)}$$

Die spezifische Wärme von Stahl c_a [J/kgK] darf gemäß den Gleichungen (51) bis (54) bzw. Bild 12 ermittelt werden:

- für $20°C \leq \theta_a \leq 600°C$
  $$c_a = 425 + 7{,}73*10^{-1}*\theta_a - 1{,}69*10^{-3}*\theta_a^2 + 2{,}22*10^{-6}*\theta_a^3 \qquad \text{(Gl. 51)}$$
- für $600°C < \theta_a \leq 735°C$
  $$c_a = 666- \{13002/ (\theta_a - 738)\} \qquad \text{(Gl. 52)}$$
- für $735°C < \theta_a \leq 900°C$
  $$c_a = 545- \{17820/ (\theta_a - 731)\} \qquad \text{(Gl. 53)}$$
- für $900°C < \theta_a \leq 1200°C$
  $$c_a = 650 \qquad \text{(Gl. 54)}$$

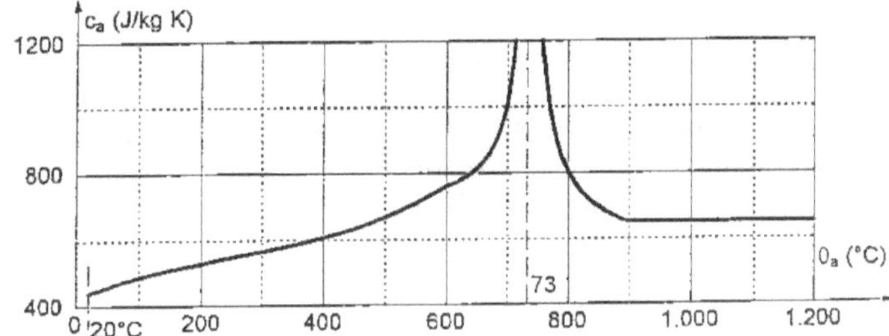

Bild 12: Spezifische Wärme von Stahl in Abhängigkeit von der Temperatur (aus [16], Bild 3.4)

Im vereinfachten Berechnungsverfahren darf die spezifische Wärme als konstanter Durchschnittswert gemäß Gl. (55) angesetzt werden:

$$c_a = 600 \text{ [J/kgK]} \qquad \text{(Gl. 55)}$$

Die Wärmeleitfähigkeit von Stahl λ_a [W/mK] darf gemäß den Gleichungen (56) bis (57) bzw. Bild 13 ermittelt werden:

- für $20°C \leq \theta_a \leq 800°C$
  $$\lambda_a = 54 - 3{,}33 \cdot 10^{-2} \cdot \theta_a \qquad \text{(Gl. 56)}$$
- für $800°C < \theta_a \leq 1200°C$
  $$\lambda_a = 27{,}3 \qquad \text{(Gl. 57)}$$

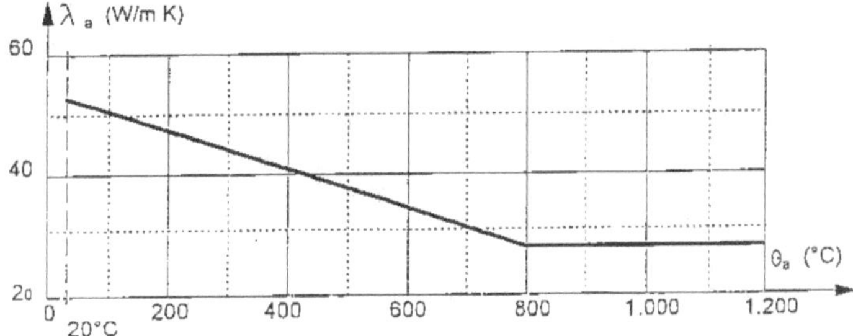

Bild 13: Wärmeleitfähigkeit von Stahl in Abhängigkeit von der Temperatur (aus [16], Bild 3.5)

Im vereinfachten Berechnungsverfahren darf die Wärmeleitfähigkeit als unabhängig von der Stahltemperatur betrachtet werden. Es ist ein Durchschnittswert gemäß Gl. (58) in Ansatz zu bringen:

$$\lambda_a = 45 \text{ [W/mK]} \qquad \text{(Gl. 58)}$$

4.3.2.3 Beton

4.3.2.3.1 Mechanische Eigenschaften

Für die Festigkeits- und Verformungseigenschaften einachsig beanspruchten Betons bei erhöhten Temperaturen gelten die Festlegungen gemäß EC 2-1-2 [17], siehe auch Tabelle 22.

Betontemperatur θ_c [°C]	$k_{c,\theta} = f_{c,\theta} / f_{c,20°C}$		$\varepsilon_{cu,\theta} \times 10^3$
	NC	LC	NC
20	1	1	2,5
100	0,95	1	3,5
200	0,90	1	4,5
300	0,85	1	6,0
400	0,75	0,88	7,5
500	0,60	0,76	9,5
600	0,45	0,64	12,5
700	0,30	0,52	14,0
800	0,15	0,40	14,5
900	0,08	0,28	15,0
1000	0,04	0,16	15,0
1100	0,01	0,04	15,0
1200	0	0	15,0

Tabelle 22: Werte für die zwei Hauptparameter der Spannungs- Dehnungsbeziehungen von Normalbeton (NC) und Leichtbeton (LC) bei erhöhten Temperaturen (aus [16], Tabelle 3.3)

Im Falle einer Naturbrandsimulation insbesondere im Abkühlungsbereich sollte das mathematische Modell für Spannungs- Dehnungsbeziehungen gemäß EC 4-1-2, Bild 3.2 [16] modifiziert werden (siehe hierzu auch EC 4-1-2, Anhang C).

Zugspannungen im Beton dürfen - auf der sicheren Seite liegend - vernachlässigt werden. Werden sie doch berücksichtigt, so sollten sie auf maximal 10% der zugehörigen Druckfestigkeiten begrenzt werden. Bei Betonzugspannungen sollten Modelle mit abfallender Spannungs- Dehnungskurve wie in EC 4-1-2, Bild 3.2 [16] Anwendung finden.

4.3.2.3.2 Thermische Eigenschaften

Die nachfolgenden Gleichungen beschränken sich auf Normalbeton. Bei Anwendung von Leichtbeton findet man in EC 4-1-2, 3.3.3 die entsprechenden Angaben.

Die thermische Dehnung von Normalbeton wird in Abhängigkeit von der Temperatur nach den Gleichungen (59) bis (60) bzw. Bild 14 ermittelt:

- für $20°C \leq \theta_c \leq 700°C$
  $\Delta l / l = -1{,}8 * 10^{-4} + 9*10^{-6} * \theta_c + 2{,}3 * 10^{-11} * \theta_c^2$ (Gl. 59)
- für $700°C < \theta_c \leq 1200°C$
  $\Delta l / l = 14 * 10^{-3}$ (Gl. 60)

Dabei ist

l	Länge des Betonteiles bei 20°
Δl	temperaturbedingte Verlängerung des Betonteiles
θ_c	Betontemperatur in [°C]

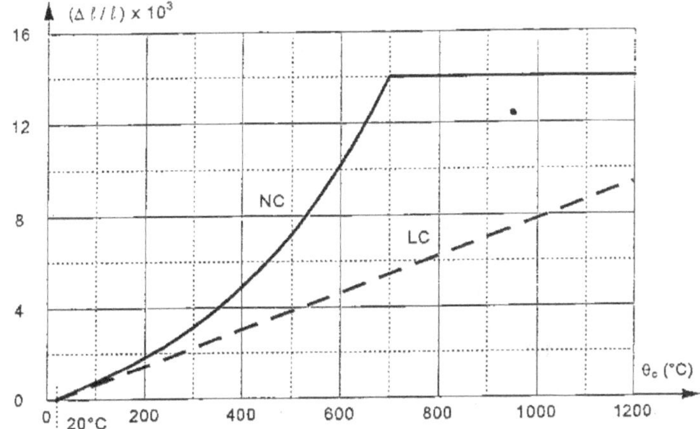

Bild 14: Thermische Dehnung von Normalbeton (NC) und Leichtbeton (LC) in Abhängigkeit von der Temperatur (aus [16], Bild 3.6)

Im vereinfachten Berechnungsverfahren darf die Temperaturdehnung gemäß Gleichung (61) proportional zur Betontemperatur angesetzt werden:

$$\Delta l / l = 18 * 10^{-6} * (\theta_c - 20) \quad \text{(Gl. 61)}$$

Die spezifische Wärme von Normalbeton c_c [J/kgK] darf gemäß Gleichung (62) bzw. Bild 15 für den Temperaturbereich $20°C \leq \theta_c \leq 1200°C$ ermittelt werden.

$$c_c = 900 + 80*(\theta_c / 120) - 4*(\theta_c / 120)^2 \quad \text{(Gl. 62)}$$

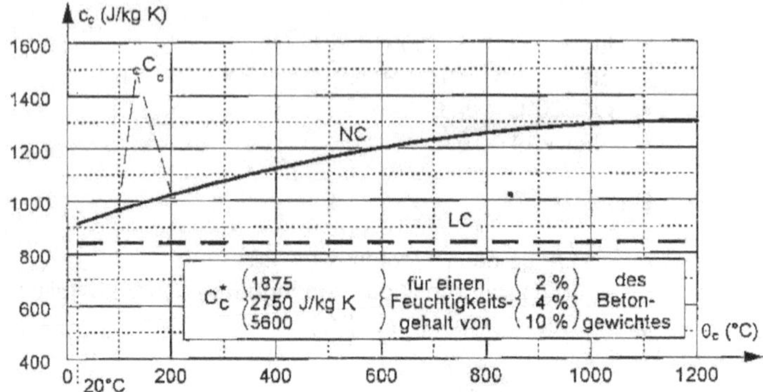

Bild 15: Spezifische Wärme von Normalbeton (NC) und Leichtbeton (LC) in Abhängigkeit von der Temperatur (aus [16], Bild 3.7)

Im vereinfachten Berechnungsverfahren darf die spezifische Wärme als konstanter Durchschnittswert gemäß Gl. (63) angesetzt werden:

$$c_c = 1000 \text{ [J/kgK]} \qquad \text{(Gl. 63)}$$

Die Wärmeleitfähigkeit von Normalbeton λ_c [W/mK] darf gemäß Gleichung (63) bzw. Bild 16 für den Temperaturbereich 20°C ≤ θ_c ≤ 1200°C ermittelt werden.

$$\lambda_c = 2 - 0{,}24 * (\theta_c / 120) + 0{,}012 * (\theta_c / 120)^2 \qquad \text{(Gl. 64)}$$

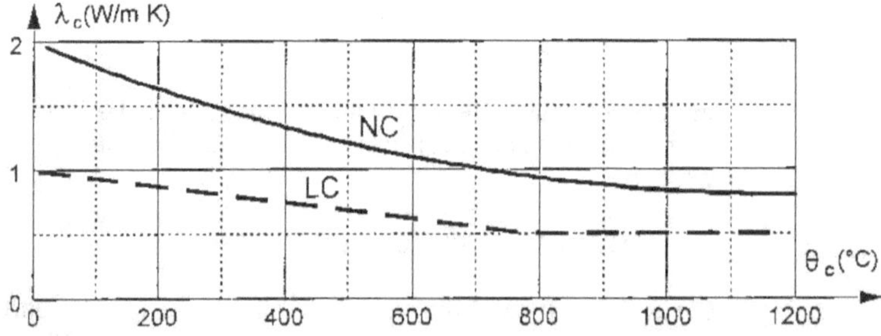

Bild 16: Wärmeleitfähigkeit von Normalbeton (NC) und Leichtbeotn (LC) in Abhängigkeit von der Temperatur (gemäß [16], Bild 3.8)

Im vereinfachten Berechnungsverfahren darf die Wärmeleitfähigkeit als unabhängig von der Stahltemperatur betrachtet werden. Es ist ein Durchschnittswert gemäß Gl. (65) in Ansatz zu bringen:

$$\lambda_c = 1{,}6 \text{ [W/mK]} \qquad \text{(Gl. 65)}$$

4.3.2.4 Betonstahl

4.3.2.4.1 Mechanische Eigenschaften

Für die Festigkeits- und Verformungseigenschaften von warmgewalztem Betonstahl bei erhöhten Temperaturen gelten die Festlegungen für Baustahl gemäß Tabelle 21 analog.

Wird kaltverformter Betonstahl verwendet, so findet Tabelle 23 Anwendung

Stahl-temperatur θ_s [°C]	$\frac{\bar{E}_{s,\theta}}{E_{s,20°C}}$	$\frac{f_{sp,\theta}}{f_{sy,20°C}}$	$\frac{f_{smax,\theta}}{f_{sy,20°C}}$
20	1,00	1,00	1,00
100	1,00	0,96	1,00
200	0,87	0,92	1,00
300	0,72	0,81	1,00
400	0,56	0,63	0,94
500	0,40	0,44	0,67
600	0,24	0,26	0,40
700	0,08	0,08	0,12
800	0,06	0,06	0,11
900	0,05	0,05	0,08
1000	0,03	0,03	0,05
1100	0,02	0,02	0,03
1200	0,00	0,00	0,00

Tabelle 23: Werte für die drei Hauptparameter der Spannungs- Dehnungsbeziehung von kaltverformten Betonstahl unter erhöhten Temperaturen (aus [16], Tabelle 3.4)

4.3.2.4.2 Thermische Eigenschaften

Es gelten die gleichen Annahmen wie für Baustahl (siehe Ausführungen in Kapitel 4.3.2.2.2).

4.3.3 Verbunddecken

4.3.3.1 Ungeschützte Verbunddecken

4.3.3.1.1 Allgemeines

Die nachfolgenden Bemessungsregeln gelten für die Bestimmung der Feuerwiderstandsdauer von einfeldrigen oder durchlaufenden Verbunddecken mit bewehrten Stahlprofilblechen unter Normbrandbedingungen (siehe Bild 17).

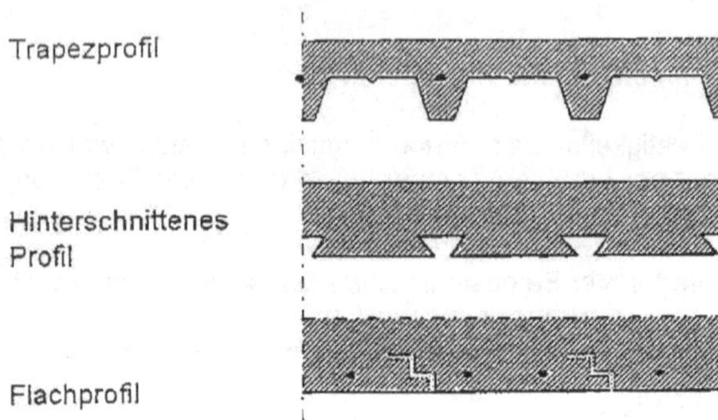

Bild 17: Typische Verbunddeckenquerschnitte (aus [16], Bild 1.1)

Das Verfahren gilt nur für direkt beflammte ungeschützte Stahlprofilbleche und Verbunddecken ohne Wärmeisolierung zwischen Decke und Estrich. Mögliche Auswirkungen von Längsdehnungen auf die Feuerwiderstandsdauer sind nicht berücksichtigt.

Die Feuerwiderstandsdauer der betrachteten Deckentypen (mit oder ohne zusätzliche Bewehrung) beträgt beim Nachweiskriterium „R" mindestens 30 min, sofern sie den Anforderungen des EC 4-1-1 [15] genügen.
Für den Nachweis des Wärmedämmkriteriums „E" gilt EC 4-1-2, Abschnitt 4.3.1.2 [16]; das Raumabschlusskriterium „I" gilt ohne weiteren Nachweis als erfüllt.

4.3.3.1.2 Beanspruchbarkeit - Berechnungsgrundlagen

Die Anforderungen an die Feuerwiderstandsdauer (Nachweiskriterium „R") gelten als erfüllt, wenn der Bemessungswert der Einwirkungen $E_{fi,d,t}$ den Bauteilwiderstand $R_{fi,d,t}$ im Brandfall nicht überschreitet. Die Gleichungen (39) bis (43), die bereits in Kapitel 4.2.2 erläutert wurden, gelten hier gleichermaßen.

Bei der nachfolgenden plastischen Bemessung wird ausgenutzt, dass der Beton bei erhöhter Temperatur sein sprödes Verhalten aufgibt und verformbarer wird. Um eine ausreichende Rotationsfähigkeit von durchlaufenden Decken sicherzustellen, sollten die Anforderungen des EC 2-1-2, Abschnitt 4.2.7.3, Satz (2) und (3) [17] eingehalten werden.

Die Auswirkungen der Betonzugfestigkeit und der Festigkeit des Stahlprofilbleches dürfen vernachlässigt werden.

4.3.3.1.3 Berechnung der positiven Momententragfähigkeit $M_{fi,Rd}^+$

Die Betondruckfestigkeit sollte wie bei Raumtemperatur zu $0{,}85 * f_{c,20°}$ angenommen werden. Dies setzt allerdings die Einhaltung der in EC 4-1-2, Tabel-

le 4.8 [16] geforderten Mindestwerte der wirksamen Deckendicken h_{eff} voraus.
Die Temperatur θ_s im Betonstahl wird in Abhängigkeit der erforderlichen Feuerwiderstandsklasse nach Tabelle 24 in Verbindung mit Gl. (44) ermittelt. Für die Achsabstände des Bewehrungsstahls vom Stahlprofilblech nach Bild 12 sind u_1 und $u_2 \geq 50mm$ und $u_3 \geq 35mm$ einzuhalten.

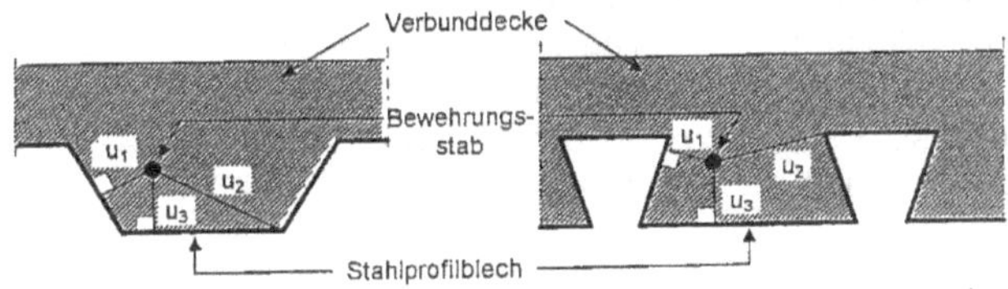

Bild 18: Lage des Bewehrungsstahls (aus [16], Bild 4.2)

Feuerwiderstandsklasse	Temperatur des Bewehrungsstahles [°C]
R60	$\theta_s = 1175 - 350\,z \leq 810°C$ für $(z \leq 3{,}3)$
R90	$\theta_s = 1285 - 350\,z \leq 880°C$ für $(z \leq 3{,}6)$
R120	$\theta_s = 1370 - 350\,z \leq 930°C$ für $(z \leq 3{,}8)$
R180	$\theta_s = 1490 - 350\,z \leq 1000°C$ für $(z \leq 4{,}0)$
R240	$\theta_s = 1575 - 350\,z \leq 1050°C$ für $(z \leq 4{,}2)$

Tabelle 24: Temperatur des Bewehrungsstahles in Abhängigkeit von der Feuerwiderstandsklasse (aus [16], Tabelle 4.9)

Der Parameter z errechnet sich nach Gleichung (66). Dabei sind die Achsabstände u in [mm] einzusetzen.

$$\frac{1}{z} = \frac{1}{\sqrt{u_1}} + \frac{1}{\sqrt{u_2}} + \frac{1}{\sqrt{u_3}} \qquad \text{(Gl. 66)}$$

4.3.3.1.4 Berechnung der negativen Momententragfähigkeit M_{fi,Rd^-}

Die Ermittlung der negativen Momenttragfähigkeit erfolgt unter Berücksichtigung einer reduzierten Betondruckfestigkeit in den Rippen.

Vereinfacht darf die Verbunddecke durch eine Platte mit einer konstanten Dicke h_{eff} gemäß den Gleichunge (67) und (68) sowie Bild 19 ermitelt werden.

$$h_{eff} = h_1 + 0{,}5 * h_2 * \left(\frac{l_1 + l_2}{l_1 + l_3}\right) \qquad \text{für } h_2/h_1 \leq 1{,}5 \text{ und } h_1 > 40mm \qquad \text{(Gl. 67)}$$

$$h_{eff} = 1 + 0{,}75 * \left(\frac{l_1 + l_2}{l_1 + l_3}\right) \qquad \text{für } h_2/h_1 > 1{,}5 \text{ und } h_1 > 40mm \qquad \text{(Gl. 68)}$$

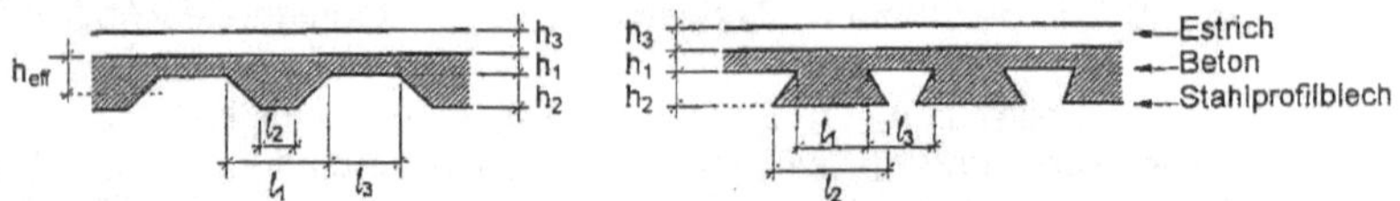

Bild 19: Querschnittsabmessungen der Decke (aus [16], Bild 4.1)

Die Temperaturen des Betons in der Platte können in Abhängigkeit von den Normbranddauern aus Tabelle 25 entnommen werden. Die Betonstahltemperatur θ_s wird gleich der Betontemperatur θ_c gesetzt. Mit diesem Ansatz lässt sich das maximale Spannungsniveau $f_{smax,\theta}$ des in der Zugzone der Decke liegenden Bewehrungsstahls ermitteln.

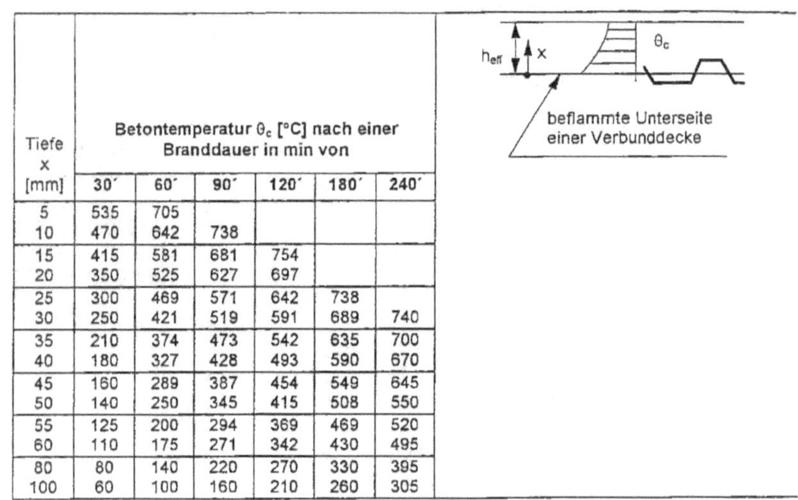

Tiefe x [mm]	Betontemperatur θ_c [°C] nach einer Branddauer in min von					
	30´	60´	90´	120´	180´	240´
5	535	705				
10	470	642	738			
15	415	581	681	754		
20	350	525	627	697		
25	300	469	571	642	738	
30	250	421	519	591	689	740
35	210	374	473	542	635	700
40	180	327	428	493	590	670
45	160	289	387	454	549	645
50	140	250	345	415	508	550
55	125	200	294	369	469	520
60	110	175	271	342	430	495
80	80	140	220	270	330	395
100	60	100	160	210	260	305

Tabelle 25: Temperaturverteilung einer ungeschützten massiven Betondecke mit 100mm Dicke (aus [16], Tabelle 4.10)

4.3.3.1.5 Geschützte Verbunddecken

Werden Schutzsysteme auf das Stahlprofilblech angebracht, so erhöht sich die Feuerwiderstandsdauer der Verbunddecke, weil die Wärmeübertragung zur Verbunddecke vermindert wird. Die brandschutztechnischen Eigenschaften der verwendeten Schutzsysteme (z. B. Anstriche, Bekleidungen) müssen durch allgemeine bauaufsichtliche Zulassungen auf Basis der DIN 4102-2, Abschnitt 6 [3] verifiziert sein.

Ohne weiteren Nachweis gilt das Traglastkriterium „R“ als erfüllt, wenn die Temperatur des von unten durch Normbrand beflammten Stahlprofilbleches der Verbunddecke nicht mehr als 350° beträgt.

4.3.4 Verbundträger

4.3.4.1 Verbundträger ohne Betonüberdeckung des Stahlquerschnitts

4.3.4.1.1 Allgemeines

Folgende Randbedingungen bzw. Vereinfachungen sind bei der Anwendung des Verfahrens zu beachten:

- statisches System: gelenkig gelagerter Einfeldträger
- die Anforderungen der Querschnittsklasse 1 und 2 gemäß EC 3-1-2 [14] müssen eingehalten werden
- gedrückte Flansche der Querschnittsklasse 3 dürfen wie Klasse 2 behandelt werden
- für Querschnitte der Klasse 4 gilt EC 3-1-2, 4.2.2 [14]

4.3.4.1.2 Erwärmung des Querschnitts

Bei der Berechnung der Temperaturermittlung im Stahlquerschnitt darf der Gesamtquerschnitt gemäß Bild 20 unterteilt werden.
Zur Ermittlung der Stahltemperatur in ungeschützten Querschnitten wird auf die Ausführungen des Kapitels 3.3.3.3.2 und für geschützte Querschnitte auf Kapitel 3.3.3.3.3 verwiesen. Es ist jedoch zu beachten, dass gemäß EC 4-1-2 [16] bei der Ermittlung des Netto- Wärmestroms die Emissivitätsfaktoren mit $\varepsilon_{res} = \varepsilon_m * \varepsilon_f = 0{,}70*1{,}0 = 0{,}70$ anzusetzen sind (statt $\varepsilon_{res} = 0{,}8*0{,}625 = 0{,}5$ gemäß EC 3-1-2 [14]).

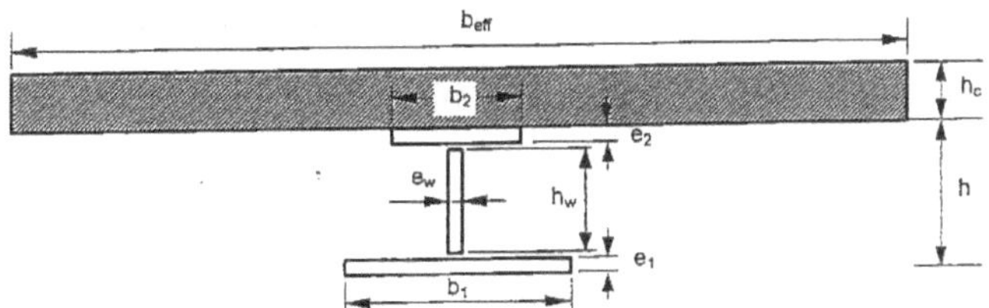

Bild 20: Aufteilung des Gesamtquerschnitts (aus [16], Bild 4.3)

Alternativ zu einer rechnerischen Ermittlung der Temperatur in geschützten Stahlquerschnitten dürfen auch Bemessungsdiagramme verwendet werden, die auf Basis von Brandprüfungen ermittelt wurden (siehe auch [3]).

Die nachstehenden Regeln zur Ermittlung der Temperatur im Beton dürfen für Betondecken und Verbunddecken mit hinterschnittenen oder trapezförmigen Stahlprofilblechen mit Wärmedämmung im Bereich der Rippen oberhalb des oberen Flansches angewendet werden:

- konstante Temperatur über die mittragende Breite b_{eff}

- Temperaturermittlung gemäß Tabelle 25
- für $\theta_c < 250°$ braucht keine Festigkeitsminderung berücksichtigt zu werden.

4.3.4.1.3 Tragverhalten – Modell der kritischen Temperatur

Die folgenden Annahmen bzw. Anwendungsgrenzen sind bei Anwendung dieser Bemessungsmethode zu beachten:

- konstante Stahltemperatur über den gesamten Querschnitt
- symmetrische Querschnitte mit einer max. Höhe von 500mm und mit einer Plattendicke h_c von mindestens 120mm; ansonsten ist das Tragverhalten über das Modell der Momententragfähigkeit gemäß 4.3.4.1.4 zu verifizieren
- Ermittlung der Stahltemperatur gemäß 4.2.4.1.2 mit einem Profilfaktor A_m/V für dreiseitige Brandbeanspruchung

Die Ermittlung der kritischen Temperatur θ_{cr} erfolgt nach Gleichung (69) aus dem Lastausnutzungsgrad $\eta_{fi,t}$ für den Verbundquerschnitt und aus dem von der Stahltemperatur abhängigem maximalen Spannungsniveau $f_{amax,\theta cr}$.

$$0{,}90 * \eta_{fi,t} = \frac{f_{a\,max,\theta_{cr}}}{f_{ay,20°}} \qquad \text{(Gl. 69)}$$

Die Ermittlung von $h_{fi.t}$ erfolgt gemäß den Erläuterungen in Abschnitt 4.2.2.

4.3.4.1.4 Tragverhalten – Modell der Momententragfähikgkeit

Die Momententragfähigkeit wird nach der Plastizitätstheorie unter Berücksichtigung temperaturabhängiger Werkstoffkennwerte ermittelt.

Die Zugkraft wird nach Gleichung (70) und ihre Lage nach Gleichung (71) ermittelt (s. a. Bild 21):

$$T = [f_{amax,\theta 1}*b_1*e_1+f_{amax,\theta w}*h_w*e_w+f_{amax,\theta 2}*b_2*e_2]/\gamma_{M,fi,a} \leq N * P_{fi,Rd} \quad \text{bzw.} \leq F \qquad \text{(Gl. 70)}$$

$$y_T = [f_{amax,\theta 1}*b_1*e_1^2/2 + f_{amax,\theta w}*h_w*e_w*(e_1+h_w/2) + f_{amax,\theta 2}*b_2*e_2*(h-e_2/2)] / (T*\gamma_{M,fi,a}) \qquad \text{(Gl. 71)}$$

mit $\gamma_{M,fi,a}$ = 1,0
N Dübelanzahl auf der halben Länge des gelenkig gelagerten Einfeldträgers
$P_{fi,Rd}$ gemäß Gleichung (78), Abschnitt 4.3.4.1.5

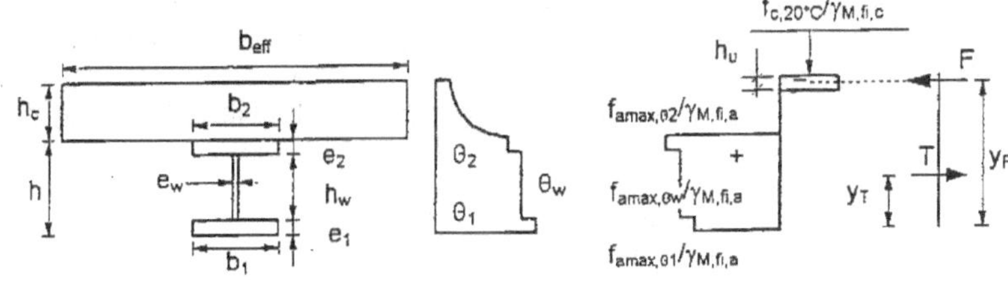

Bild 21: Verbundträgerquerschnitt mit Spannungs- und Temperaturverteilung (aus [16], Bild D.1)

Die Höhe der Druckzone h_u, die resultierende Druckkraft F und ihre Lage im Querschnitt y_F werden aus den folgenden Gleichungen bestimmt:

$$F = T \qquad \text{(Gl. 72)}$$

$$h_u = T / (b_{eff} * f_{c,20°} / \gamma_{M,fi,c}) \qquad \text{(Gl. 73)}$$

$$y_F \approx h + h_c - (h_u/2) \qquad \text{(Gl. 74)}$$

mit $\gamma_{M,fi,c}$ = 1,0
b_{eff} mittragende Plattenbreite nach EC 4-1-2, 4.2.2 [15]
$f_{c,20°}$ Betondruckfestigkeit bei Raumtemperatur

Dabei sind zwei Fälle zu unterscheiden:

- $(h_c\text{-}h_u) \geq h_{cr}$
  h_{cr} erforderliche Dicke X entspr. Tabelle 25, um Betontemperaturen unterhalb 250°C zu erhalten und somit keine Festigkeitsminderung des Betons berücksichtigen zu müssen
- $(h_c\text{-}h_u) \leq h_{cr}$
  Hier haben einige Betonschichten höhere Temperaturen als 250°C. Daher ist eine Abminderung der Betondruckfestigkeit nach 4.3.2.3.1 zu berücksichtigen. Dies darf iterativ unter Annahme von Durchschnittstemperaturen für Schichtdicken von 10mm auf Grundlage der Tabelle 25 und Gleichung (75) und (76) erfolgen:

$$T = F = \frac{(h_c - h_{cr}) b_{eff} f_{c,20°} + \sum_{i=2}^{n-1} (10 b_{eff} f_{c,\theta i}) + (h_{u,n} b_{eff}) f_{c,\theta n}}{\gamma_{M,fi,c}} \qquad \text{(Gl. 75)}$$

mit
$h_u = (h_c\text{-}h_{cr}) + 10\,(n\text{-}2) + h_{u,n}$ [mm] (Gl. 76)
n Gesamtzahl der gedrückten Betonschichten, einschließlich der obersten Schicht $(h_c\text{-}h_{cr})$ mit einer Temperatur unter 250°C

Die positive Momentragfähigkeit ergibt sich aus Gleichung (77):

$$M_{fi,Rd}+ = T * (y_F - y_T) \qquad \text{(Gl. 77)}$$

Liegen Verbunddecken mit Stahlprofilblechen vor, so darf das beschriebene Verfahren unter folgenden Bedingungen ebenfalls angewendet werden:

- h_c wird durch h_{eff} gemäß Gleichungen (67) bzw. (68) ersetzt
- h_u wird auf h_1 gemäß Bild 19 begrenzt

Dieses Verfahren darf auch für das Modell der kritischen Temperatur nach Abschnitt 4.3.1.4.3 angewendet werden, wenn $\theta_1 = \theta_w = \theta_2 = \theta_{cr}$ gesetzt wird.

Für den Fall, dass die Nulllinie nicht in der Betonplatte, sondern im Stahlträger liegt, darf das Verfahren analog angewendet werden.

4.3.4.1.5 *Nachweis der Dübeltragfähigkeit*

Unter der Annahme, dass die Temperatur der automatisch aufgeschweißten Kopfbolzen θ_v im Brandfall 80% und die Betontemperatur θ_c 40% der Stahltemperatur des oberen Flansches beträgt, ergibt sich der Bemessungswert der Tragfähigkeit nach Gleichung (78).

$$P_{fi,Rd} = \min \begin{Bmatrix} 0{,}8 * f_u * \dfrac{\pi * d^2}{4} * \dfrac{1}{\gamma_V} * k_{max,\theta} \\ 0{,}29 * \alpha * d^2 * \sqrt{f_{ck} * E_{cm}} * \dfrac{1}{\gamma_V} * k_{c,\theta} \end{Bmatrix} \qquad \text{Gl. (78)}$$

Dabei ist

f_u Zugfestigkeit des Bolzenmaterials bei 20° (jedoch $\leq$ 500 N/mm²),

d Schaftdurchmesser des Bolzens,

α = 0,2*[(h/d)+1] für $3 \leq h/d \leq 4$
= 1,0 für $h/d > 4$
mit h = Gesamtlänge des Bolzens,

f_{ck} charakteristischer Wert der Zylinderdruckfestigkeit des Betons bei 20°,

E_{cm} Mittelwert des Sekantenmoduls des Betons bei 20° (siehe EC 4-1-1, 3.1.4.1 [15]),

γ_V = 1,25 (gemäß EC 4-1-1, 6.3.2.1 [15]),

$k_{max,\theta}$ Reduktionsfaktor Baustahl bei erhöhten Temperaturen gemäß Tab. 21,

$k_{c,\theta}$ Reduktionsfaktor Beton bei erhöhten Temperaturen gemäß Tab. 22.

4.3.4.2 Verbundträger mit kammerbetonierten Stahlträgern

4.3.4.2.1 *Allgemeines*

Die nachfolgend beschriebene Methode erlaubt die Eingliederung eines kammerbetonierten Stahlträgers (siehe Bild 22) in die Feuerwiderstandsklassen R30 bis R180.

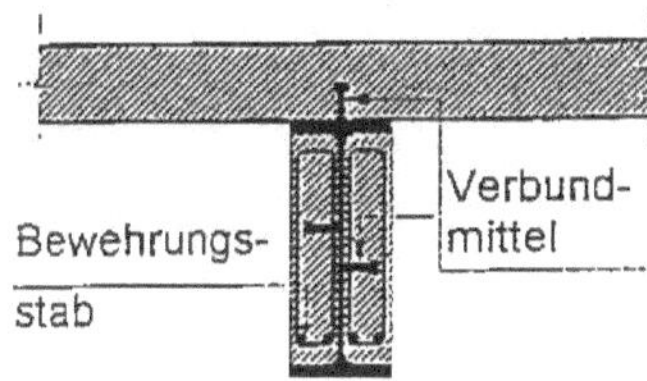

Bild 22: Verbundträger mit Kammerbeton (aus [16], Bild 1.3)

Folgende Randbedingungen bzw. Vereinfachungen sind bei der Anwendung des Verfahrens zu beachten:

- Kammerbetonierter Träger liegt im Verbund mit einer Betondecke
- Werden keine hinterschnittenen Stahlprofilblechtafeln verwendet, so sind die Hohlräume über dem oberen Flansch des Stahlträgers mit Wärmedämmung zu versehen.
- Anwendung der Plastizitätstheorie im Brandfall unter Berücksichtigung verminderter Festigkeiten
- Bezüglich der Mindestdeckendicke h_c ist Tabelle 26 einzuhalten.
- Die Mindestwerte gemäß Tabelle 27 bezüglich der Höhe h des Stahlquerschnitts, der Breite b_c und der Fläche $h*b_c$ sind einzuhalten (siehe auch Bild 24).
- $e_w \leq b_c/10$ (s. a. Bild 24)
- $e_f \leq h/8$ (s. a. Bild 24)

Feuerwiderstandsklasse	Mindestdicke der Decke h_c [mm]
R30	60
R60	80
R90	100
R120	120
R180	150

Tabelle 26: Mindestdicke der Decke in Abhängigkeit von der Feuerwiderstandsklasse (aus [16], Tabelle 4.11)

Feuerwiderstandsklasse	Mindestprofilhöhe h und Mindestbreite b_c [mm]	Mindestfäche $h \cdot b_c$ [mm^2]
R30 R60 R90 R120 R180	120 150 170 200. 250	17500 24000 35000 50000 80000

Tabelle 27: Mindestabmessungen h, b_c und $h*b_c$ in Abhängigkeit von der Feuerwiderstandsklasse (aus [16], Tabelle 4.12)

4.3.4.2.2 Erwärmung des Querschnitts

Die Erwärmung des Querschnitts und die damit verbundenen Auswirkungen auf die Werkstoffkennwerte kann entweder durch

- eine Reduktion der charakteristischen mechanischen Kennwerte nach EC 4-1-2, Anhang E [16] oder
- durch eine Reduktion einzelner Querschnittsteile

erfolgen.

Dabei darf eine ungeminderte Dübeltragfähigkeit vorausgesetzt werden, solange die Dübel innerhalb der wirksamen Breite des oberen Flansches befestigt sind (s. a. Ausführungen in den nachfolgenden Abschnitten).

4.3.4.2.3 Tragverhalten

Für das prinzipielle Tragverhalten eines kammerbetonierten Stahlträgers im Brandfall gelten folgende Annahmen bzw. sind folgende Grundlagen zu beachten:

- Für Einfeld- und Durchlaufträger unter positiver Momentenbeanspruchung gilt Abschnitt 4.3.4.2.4 unter Berücksichtigung von Bild 24.
- Die negative Momententragfähigkeit am Auflager von Durchlaufträgern ist nach 4.3.4.2.5 unter Berücksichtigung von Bild 25 zu ermitteln.
- Träger, die unter Normaltemperatur als Einfeldträgerkette dimensioniert wurden, dürfen im Brandfall als durchlaufend angenommen werden, sofern die Deckenbewehrung eine Durchlaufwirkung gewährleisten kann und die Druckkraftübertragung in der Stahlverbindung sichergestellt ist (siehe Bild 23). Bei einer Spaltbreite < 10mm können sich Stützmomente immer ausbilden. Bei einer Spaltbreite zwischen 10 und 15mm bei einer Anforderung von R30 bis R180 und Stützweiten größer 5m ebenso.

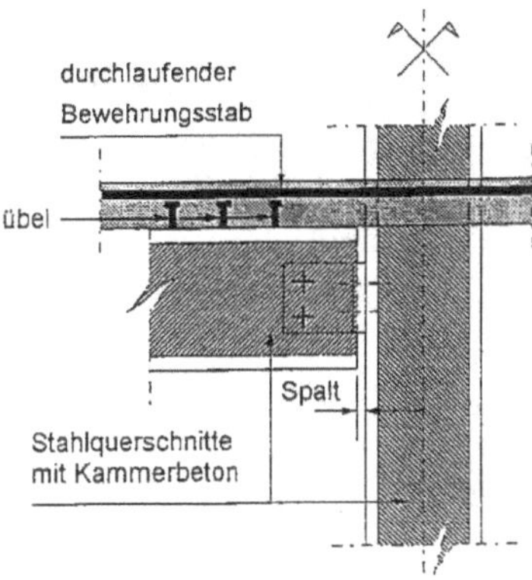

Bild 23: Anforderungen für die Ausbildung eines Stützmomentes im Brandfall (aus [16], Bild 5.3)

Dabei dürfen die folgenden mechanischen Kennwerte nach EC 4-1-2, Anhang E [16] angesetzt werden (s. a. Ausführungen zu 4.3.4.2.4 und 4.3.4.2.5):

- für Stahlquerschnitte die Streckgrenze $f_{ay,20°C}$, ggf. reduziert
- für Bewehrungsstahl die reduzierte Streckgrenze $k_r*f_{ry,20°C}$ oder $k_s*f_{sy,20°}$
- für Beton die Zylinderdruckfestigkeit $f_{c,20°C}$

4.3.4.2.4 Positive Momententragfähigkeit $M_{fi,Rd}$+

Folgende Voraussetzungen zur Verwendung des Verfahrens sollten eingehalten werden:

- Bestimmung der mitwirkenden Breite b_{eff} nach EC 4-1-1, 4.2.2 [15]
- Vernachlässigung des zugbeanspruchten Decken- und Kammerbetons

Zur Ermittlung der Spannungsverteilung im Querschnitt darf Bild 24 herangezogen werden.

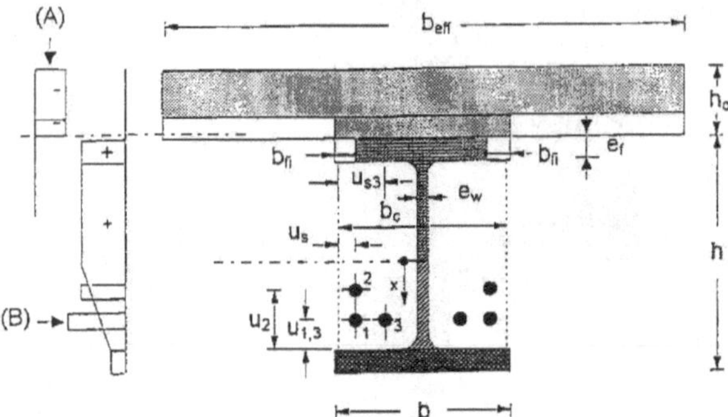

Bild 24: Spannungsverteilung im Querschnitt bei positiver Momentenbeanspruchung: (A) für Beton, (B) für Stahl (aus [16], Bild 4.4)

Der Querschnitt der Betondecke wird gemäß Bild 25 und Tabelle 28 reduziert; dabei wird die Betondruckfestigkeit mit $f_{c,20°C}/\gamma_{M,fi,c}$ angenommen (also wie bei Normaltemperatur). Die Temperatur θ_c der Betonschicht $h_{c,fi}$ direkt über dem oberen Flansch darf mit 20°C angesetzt werden.

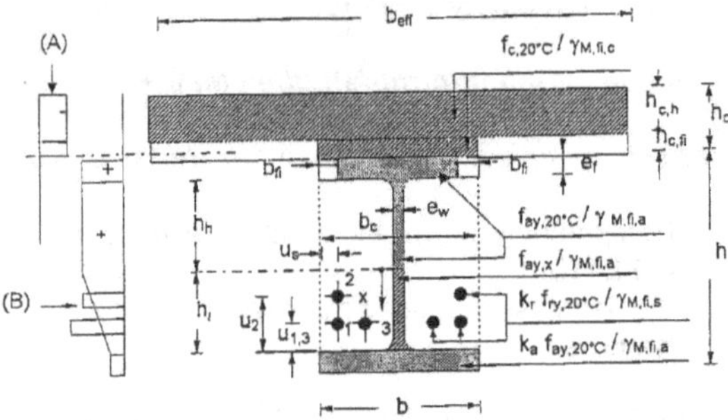

Bild 25: Spannungsverteilung im Querschnitt bei positiver Momentenbeanspruchung: (A) für Beton, (B) für Stahl (aus [16], Bild E.1)

Feuerwiderstands-klasse	Dickenreduzierung der Betondecke $h_{c,fi}$ [mm]
R 30	10
R 60	20
R 90	30
R 120	40
R 180	55

Tabelle 28: Dickenreduzierung $h_{c,fi}$ der Betondecke (aus [16], Tabelle E.1)

Bei Verbunddecken mit trapezförmigen oder hinterschnittenen Stahlprofilblechen sollte die Dicke $h_{c,fi}$ mindestens auf die Rippenhöhe h_2 reduziert werden.

Die wirksame Breite des oberen Flansches vom Stahlquerschnitt wird gemäß Tabelle 29 ermittelt. Der Bemessungswert der Streckgrenze kann mit $f_{ay,20°C}/\gamma_{M,fi}$ angesetzt werden.

Feuerwiderstandsklasse	Breitenreduzierung b_{fi} des oberen Flansches [mm]
R 30	$(e_f/2) + (b-b_c) / 2$
R 60	$(e_f/2) + 10 + (b-b_c) / 2$
R 90	$(e_f/2) + 30 + (b-b_c) / 2$
R 120	$(e_f/2) + 40 + (b-b_c) / 2$
R 180	$(e_f/2) + 60 + (b-b_c) / 2$

Tabelle 29: Breitenreduzierung des oberen Flansches (aus [16], Tabelle E.2)

Die Stegunterteilung ergibt sich gemäß Gleichung (79) in Verbindung mit Tabelle 30:

$$h_l = a_1 / b_c + a_2 * e_w / (b_c * h) \quad \text{(Gl. 79)}$$

	Feuerwiderstandsklasse	a_1 [mm²]	a_2 [mm²]	$h_{\ell,min}$ [mm]
$h/b_c \leq 1$	R 30	3 600	0	20
	R 60	9 500	20 000	30
	R 90	14 000	160 000	40
	R 120	23 000	180 000	45
	R 180	35 000	400 000	55
$h/b_c \geq 2$	R 30	3 600	0	20
	R 60	9 500	0	30
	R 90	14 000	75 000	40
	R 120	23 000	110 000	45
	R 180	35 000	250 000	55
$1 < h/b_c < 2$	R 30	$h_\ell = 3\,600 / b_c$		20
	R 60	$h_\ell = 9\,500 / b_c + 20\,000 (e_w / b_c h) (2 - h / b_c)$		30
	R 90	$h_\ell = 14\,000 / b_c + 75\,000 (e_w / b_c h) + 85\,000 (e_w / b_c h) (2 - h / b_c)$		40
	R 120	$h_\ell = 23\,000 / b_c + 110\,000 (e_w / b_c h) + 70\,000 (e_w / b_c h) (2 - h / b_c)$		45
	R 180	$h_\ell = 35\,000 / b_c + 250\,000 (e_w / b_c h) + 150\,000 (e_w / b_c h) (2 - h / b_c)$		55

Tabelle 30: Höhe des unteren Stegabschnittes h_l [mm] und $h_{l,min}$ [mm], mit $h_{l,max} = h-2*e_f$ (aus [16], Tabelle E.3)

Für den oberen Stegabschnitt der Höhe h_h wird der Bemessungswert der Streckgrenze mit $f_{ay,20°C}/\gamma_{M,fi,a}$ angesetzt. Beim unteren Teil ist Gleichung (80) zu berücksichtigen (siehe auch Bild 25):

$$f_{ay,x} = f_{ay,20°C} *[1 - x*(1-k_a) / h_l] \quad \text{(Gl. 80)}$$

Dabei ist der Reduktionsfaktor k_a für die Streckgrenze im unteren Flansch nach Tabelle 31 zu ermitteln.

Feuerwiderstands-klasse	Reduktionsfaktor k_a	$k_{a,min}$	$k_{a,max}$
R 30	$[1{,}12 - 84 / b_c + h / 22b_c]\, a_0$	0,5	0,8
R 60	$[0{,}21 - 26 / b_c + h / 24b_c]\, a_0$	0,12	0,4
R 90	$[0{,}12 - 17 / b_c + h / 38b_c]\, a_0$	0,06	0,12
R 120	$[0{,}1 - 15 / b_c + h / 40b_c]\, a_0$	0,05	0,10
R 180	$[0{,}03 - 3 / b_c + h / 50b_c]\, a_0$	0,03	0,06

Tabelle 31: Reduktionsfaktor k_a für die Streckgrenze im unteren Flansch mit $a_0 = (0{,}018 \cdot e_f + 0{,}7)$ (aus [16], Tabelle E.4)

Die in Abhängigkeit der Temperatur und der Lage im Querschnitt sinkende Streckgrenze des Bewehrungsstahls ist nach Tabelle 32 und den Gleichungen (81) bis (83) festzulegen.

$k_r = (ua_3 + a_4)\, a_5 / \sqrt{(A_m / V)}$				$k_{r,min}$	$k_{r,max}$
Feuerwiderstandsklasse	a_3	a_4	a_5		
R 30	0,062	0,16	0,126	0,1	1
R 60	0,034	- 0,04	0,101		
R 90	0,026	- 0,154	0,090		
R 120	0,026	- 0,284	0,082		
R 180	0,024	- 0,562	0,076		

Tabelle 32 Reduktionsfaktor k_r der Streckgrenze eines Bewehrungsstabes (aus [16], Tabelle E.5)

$$A_m = 2 \cdot h + b_c \quad [mm] \qquad \text{(Gl. 81)}$$

$$V = h \cdot b_c \quad [mm^2] \qquad \text{(Gl. 82)}$$

$$u = \frac{1}{\frac{1}{u_i} + \frac{1}{u_{si}} + \frac{1}{b_c - e_w - u_{si}}} \qquad \text{(Gl. 83)}$$

(Definition der Achsabstände siehe Bild 25)

Die Betondeckung der Bewehrungsstäbe sollte zwischen 20 und 50mm liegen.
Es ist zu gewährleisten, dass der Kammerbeton die Schubbeanspruchung aus der Querkraft alleine aufnehmen kann.

4.3.4.2.5 Negative Momententragfähigkeit $M_{fi,Rd}$-

Folgende Voraussetzungen bei Verwendung des Verfahrens sollten eingehalten werden:

- Beschränkung der mitwirkenden Breite b_{eff} auf 3*b (siehe Bild 26)
- Deckenbewehrung, gedrückter Kammerbeton und der obere Stahlflansch dürfen bei Beachtung der nachfolgenden Abminderungen in Rechnung gestellt werden
- Mitwirkung der Bewehrung im Kammerbeton auf Druck zulässig bei durchlaufender Bewehrung am Auflager und ausreichender Querbewehrung zur Vermeidung örtlichen Ausknickens

- Bei Einfeldträgern wird der obere Flansch, sofern er auf Zug beansprucht ist, vernachlässigt.
- Vernachlässigung des zugbeanspruchten Deckenbetons, des Steges (Querkraftübertragung) und des unteren Stahlflansches
- Biegedrillknickversagen kammerbetonierter Träger im Brandfall darf ausgeschlossen werden.
- Bestimmung der neutralen Achse auf Grundlage der maßgebenden Gleichgewichtsbedingungen und der Plastizitätstheorie

Zur Ermittlung der Spannungsverteilung im Querschnitt darf Bild 26 herangezogen werden.

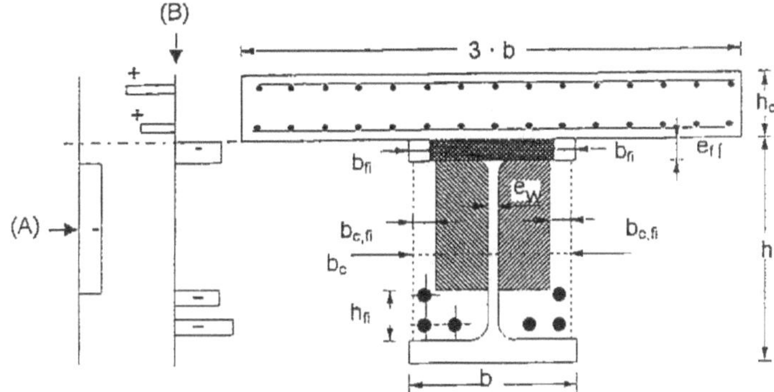

Bild 26: Spannungsverteilung im Querschnitt bei negativer Momentenbeanspruchung: (A) für Beton, (B) für Stahl (aus [16], Bild 4.5)

Der Querschnitt des Kammerbetons wird gemäß Bild 27 reduziert; dabei wird die Betondruckfestigkeit mit $f_{c,20°C}/\gamma_{M,fi,c}$ angenommen (also wie bei Normaltemperatur). Die Reduktionswerte für die Breite $b_{c,fi}$ und die Höhe h_{fi} sind in Tabelle 33 angegeben.

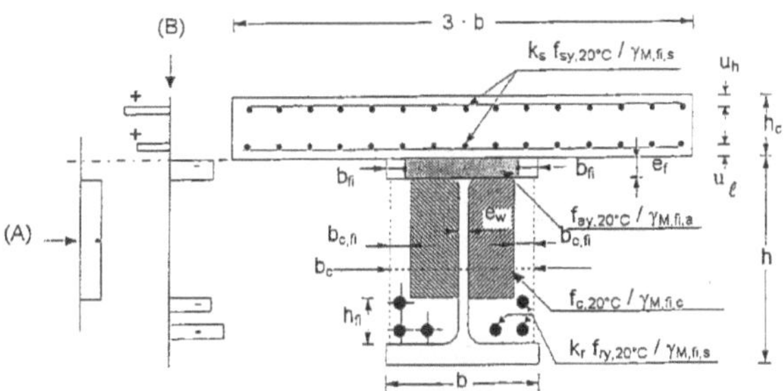

Bild 27: Spannungsverteilung im Querschnitt bei negativer Momentenbeanspruchung: (A) für Beton, (B) für Stahl (aus [16], Bild E.2)

Feuerwiderstands-klasse	h_{fi} [mm]	$h_{fi,min}$ [mm]
R 30	25	25
R 60	165 - 0,4b_c - 8 h / b_c	30
R 90	220 - 0,5b_c - 8 h / b_c	45
R 120	290 - 0,6b_c - 10 h / b_c	55
R 180	360 - 0,7b_c - 10 h / b_c	65

Feuerwiderstands-klasse	$b_{c,fi}$ [mm]	$b_{c,fi,min}$ [mm]
R 30	25	25
R 60	60 - 0,15 b_c	30
R 90	70 - 0,1 b_c	35
R 120	75 - 0,1 b_c	45
R 180	85 - 0,1 b_c	55

Tabelle 33: Reduktion des Kammerbetons (aus [16], Tabelle E.7)

Die Streckgrenze der Bewehrungsstäbe in der Platte ist mit dem Reduktionsfaktor k_s gemäß Tabelle 34 abzumindern.

Feuerwiderstands-klasse	Reduktionsfaktor k_s	$k_{s,min}$	$k_{s,max}$
R 30	1	0	1
R 60	0,022 · u + 0,34		
R 90	0,0275 · u - 0,1		
R 120	0,022 · u - 0,2		
R 180	0,018 · u - 0,26		

Tabelle 34: Reduktionsfaktor k_s für die Streckgrenze der Bewehrungsstäbe im Kammerbeton, Achsabstände zur Deckenunterkante siehe Bild 27 (aus [16], Tabelle E.6)

Für den oberen Flansch gelten die Festlegungen nach Tabelle 29, für die Bewehrung im Kammerbeton Tabelle 32.

4.3.5 Stahlträger mit Kammerbeton

Für kammerbetonierte Stahlträger ohne schubfeste Verbindung zu einer Betondecke gemäß Bild 28 darf die Bemessung wie in 4.3.4.2 für kammerbetonierte Verbundträger dargestellt, erfolgen, sofern die Tragfähigkeit der Decke nicht in Rechnung gestellt wird.

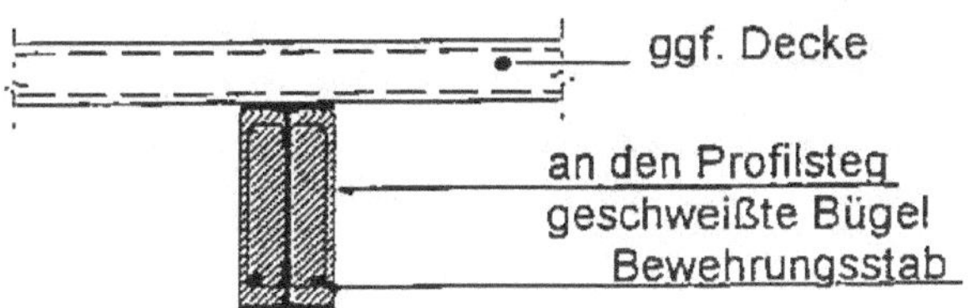

Bild 28: Stahlträger mit Kammerbeton (aus [16], Bild 1.3)

Das Verfahren nach 4.3.4.2 darf auch für Stahlträger mit Kammerbeton angewendet werden, wenn keine Betondecke auf dem Oberflansch aufliegt; der obere Flansch muss jedoch durch Wärmedämmung geschützt sein.

4.3.6 Verbundstützen

4.3.6.1 Allgemeines zum Tragverhalten

Die aufgeführten Berechnungsverfahren dürfen nur für Stützen in ausgesteiften Tragwerken verwendet werden.

Der Bemessungswert der Grenznormalkraft $N_{fi,Rd}$ im Brandfall ermittelt sich nach Gleichung (84):

$$N_{fi,Rd} = \chi * N_{fi,pl,Rd} \qquad \text{(Gl. 84)}$$

Dabei ist

χ Reduktionsfaktor für Knickspannungslinie c gemäß EC 3-1-1, 6.3.1.2 [13] in Abhängigkeit vom bez. Schlankheitsgrad $\bar{\lambda}_\theta$ (siehe Gl. (86))

$N_{fi,pl,Rd}$ Bemessungswert der plastischen Grenznormalkraft im Brandfall (siehe Gl.(85)); zusammengesetzt aus den Traganteilen für Baustahl, Bewehrungsstahl und Beton; sämtliche $\gamma_{M,fi} = 1,0$

$$N_{fi,pl,Rd} = \sum_j (A_{a,\theta} * f_{amax,\theta}) / \gamma_{M,fi,a} + \sum_k (A_{s,\theta} * f_{asmax,\theta}) / \gamma_{M,fi,as} + \sum_m (A_{c,\theta} * f_{c,\theta}) / \gamma_{M,fi,c} \qquad \text{(Gl. 85)}$$

$$\bar{\lambda}_\theta = \sqrt{N_{fi,pl,Rd} / N_{fi,cr}} \qquad \text{(Gl. 86)}$$

mit der Euler- Knicklast im Brandfall gemäß Gl. (87)

$$N_{fi,cr} = \frac{\pi^2 * (E * I)_{fi,eff}}{l_\theta^2}$$ (Gl. 87)

Dabei ist

$(E*I)_{fi,eff}$ die effektive Steifigkeit im Brandfall gemäß Gl. (88),

l_θ die Knicklänge der betrachteten Stütze im Brandfall;

$$(E * I)_{fi,eff} = \sum_j (\varphi_{a,\theta} * \bar{E}_{a,\theta} * I_{a,\theta}) + \sum_k (\varphi_{s,\theta} * \bar{E}_{s,\theta} * I_{s,\theta}) + \sum_m (\varphi_{c,\theta} * \bar{E}_{c,sec,\theta} * I_{c,\theta})$$

(Gl. 88)

mit

$I_{i,\theta}$ Trägheitsmoment des reduzierten Querschnittsteiles i um die betrachtete Achse,

$\varphi_{i,\theta}$ Reduktionskoeffizienten zur Erfassung temperaturbedingter Zwängungsspannungen gemäß EC 4-1-2, F.6(1) [16], s. a. Tab. 35

Feuerwiderstands-klasse	$\varphi_{f,\theta}$	$\varphi_{w,\theta}$	$\varphi_{c,\theta}$	$\varphi_{s,\theta}$
R 30	1,0	1,0	0,8	1,0
R 60	0,9	1,0	0,8	0,9
R 90	0,8	1,0	0,8	0,8
R 120	1,0	1,0	0,8	1,0

Tabelle 35: Reduktionskoeffizienten $\varphi_{i,\theta}$ (aus [16], Tabelle F.7)

Stützen, die vollständig an die darüber- und darunter liegenden Stützen angeschlossen sind, darf im Brandfall als eingespannt betrachtet werden, sofern die Feuerwiderstandsklasse der raumabschließenden Bauteile, die die Stockwerke trennen, mindestens der der Stütze entsprechen. Stützen im obersten Stockwerk haben im Brandfall eine Knicklänge, die der 0,7- fachen geometrischen Länge entspricht (siehe hierzu auch Bild 10 im Abschnitt 3.3.3.5.2)

4.3.6.2 Stahlquerschnitte mit Kammerbeton

4.3.6.2.1 Allgemeines

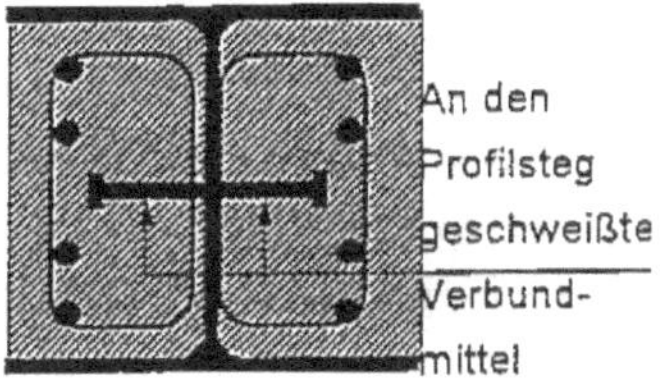

Bild 29: Kammerbetonierte Stützen (aus [16], Bild 1.7)

Das nachfolgend beschriebene Verfahren für Stützen gemäß Bild 29 darf nur unter Einhaltung folgender Bedingungen verwendet werden:

- Knicklänge $l_\theta \leq 13{,}5{*}b$
  (bei R60 und 230mm ≤ b < 300mm gilt $l_\theta \leq 10{*}b$;
  bei R90 und R120 für h/b > 3 gilt $l_\theta \leq 10{*}b$)
- Biegung nur um die schwache Achse des Stahlquerschnitts
- 230mm ≤ h ≤ 1100mm
- 230mm ≤ b ≤ 500mm
- 1% ≤ Bewehrungsgehalt ≤ 6%
- Feuerwiderstandsklasse ≤ R120
- Einhaltung von Konstruktionsdetails gemäß EC 4-1-2, 5.1, 5.3.1 und 5.4 [16]

Auf der Grundlage von einem vorher berechneten Temperaturfeld im Verbundquerschnitt wird die plastische Grenznormalkraft, ggf. auch unter Berücksichtigung einer Exzentrizität, ermittelt.

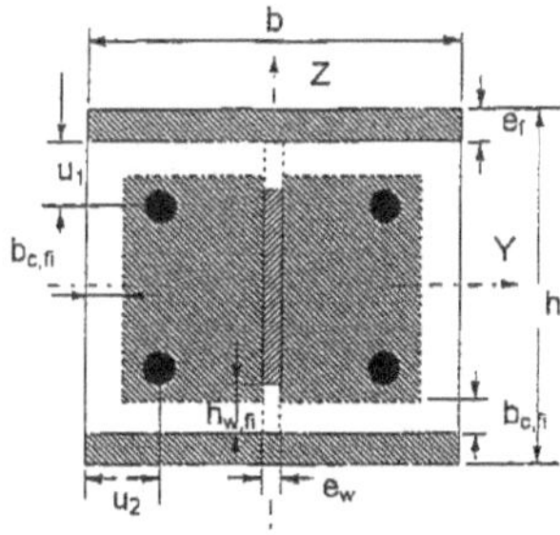

Bild 30: Reduzierter Querschnitt (aus [16], Bild F.1)

4.3.6.2.2 *Flansche des Stahlquerschnitts*

Zentraler Eingangswert für die Berechnung der plastischen Grenznormalkraft nach Gl. (89) bzw. der effektiven Steifigkeit nach Gl. (90) ist die durchschnittliche Flanschtemperatur gemäß Gl. (91).

$N_{fi,pl,Rd,f} = 2*(b*e_f*f_{amax,f,t})/\gamma_{M,fi,a}$ (Gl. 89)

$(E*I)_{fi,f,z} = \bar{E}_{a,f,t} *(e_f*b^3/6)$ (Gl. 90)

$\theta_{f,t} = \theta_{0,t} + k_t* (A_m/V)$ (Gl. 91)

Die Temperatur $\theta_{0,t}$ und der empirische Koeffizient könne Tabelle 36 entnommen werden.

Feuerwiderstands-klasse	$\theta_{o,t}$ [°C]	k_t [m °C]
R 30	550	9,65
R 60	680	9,55
R 90	805	6,15
R 120	900	4,65

Tabelle 36: Temperatur $\theta_{o,t}$ und empirische Koeffizient k_t (aus [16], Tabelle F.1)

Anhand der Temperatur $\theta_{f,t}$ kann nun das zugehörige Spannungsniveau nach Gl. (92) und der Elastizitätsmodul nach Gl. (93) ermittelt werden.

$f_{amax,f,t} = f_{ay,f,20°C}*k_{max,\theta}$ (Gl. 92)

$\bar{E}_{a,f,t} = E_{a,f,20°C} * k_{E,\theta}$ (Gl. 93)

($k_{max,\theta}$ und $k_{E,\theta}$ siehe Tabelle 21)

4.3.6.2.3 *Steg des Stahlquerschnitts*

Der Teil des Steges mit der Höhe $h_{w,fi}$ gemessen von der Innenkante des Flansches sollte vernachlässigt werden (siehe auch Bild 30 und Tabelle 37):

$h_{w,fi} = 0{,}5*(h-2e_f)*(1-[1-0{,}16*(H_t/h)]^{0,50})$ (Gl. 94)

Feuerwiderstands-klasse	H_t [mm]
R 30	350
R 60	770
R 90	1100
R 120	1250

Tabelle 37: H_t (aus [16], Tabelle F.2)

Mit Gleichung (95) kann nun das maximale Spannungsniveau und damit die plastische Grenznormalkraft nach Gleichung (96) und die effektive Biegesteifigkeit nach Gleichung (97) ermittelt werden.

$f_{amax,w,t} = f_{ay,w,20°C}*[1-0,16*H_t/h)]^{0,50}$ (Gl. 94)
$N_{fi,pl,Rd,w} = e_w*(h-2*e_f-2*h_{w,fi})*f_{amax,w,t}/\gamma_{M,fi,a}$ (Gl. 95)
$(E*I)_{fi,w,z} = E_{a,w,20°C}*(h-2*e_f-2*h_{w,fi})*e_w^3/12$ (Gl. 96)

4.3.6.2.4 Kammerbeton

Der zu vernachlässigende Teil des äußeren Kammerbetons mit der Breite $b_{c,fi}$ kann in Abhängigkeit von der Feuerwiderstandsdauer anhand Tabelle 38 ermittelt werden, die Betontemperatur nach Tabelle 39.

Mit $\theta = \theta_{c,t}$ und unter Verwendung von Tabelle 22 ergibt sich der Sekantenmodul nach Gl. (97).

$E_{c,sec} = f_{c,\theta}/\varepsilon_{cu,\theta} = f_{c,20°C}*k_{c,\theta}/\varepsilon_{cu,\theta}$ (Gl. 97)

Feuerwiderstands-klasse	$b_{c,fi}$ [mm]
R 30	4,0
R 60	15,0
R 90	0,5 (A_m/V) + 22,5
R 120	2,0 (A_m/V) + 24,0

Tabelle 38: $b_{c,fi}$ (aus [16], Tabelle F.3)

R 30		R 60		R 90		R 120	
A_m/V [m^{-1}]	$\theta_{c,t}$ [°C]	A_m/V [m^{-1}]	$\theta_{c,t}$ [°C]	A_m/V [m^{-1}]	$\theta_{c,t}$ [°C]	A_m/V [m^{-1}]	$\theta_{c,t}$ [°C]
4	136	4	214	4	256	4	265
23	300	9	300	6	300	5	300
46	400	21	400	13	400	9	400
-	-	-	-	54	800	38	800
-	-	-	-	-	-	41	900
-	-	-	-	-	-	43	1000

Tabelle 39: $\theta_{c,t}$(aus [16], Tabelle F.4)

Die plastische Grenznormalkraft wird nach Gleichung (98) und die effektive Biegesteifigkeit nach Gleichung (99) ermittelt. Es ist zu beachten, dass A_s der Querschnitt der Bewehrungsstäbe und $I_{s,z}$ das Trägheitsmoment der Bewehrungsstäbe bezogen auf den Schwerpunkt Z des Verbundquerschnittes ist.

$N_{fi,pl,Rd,c} = 0,86*[(h-2*e_f-2*b_{c,fi})*(b-e_w-2*b_{c,fi}) - A_s]*f_{c,\theta}/\gamma_{M,fi,c}$ (Gl. 98)
$(E*I)_{fi,c,z} = E_{c,sec,\theta}*[*[(h-2*e_f-2*b_{c,fi})*((b-2*b_{c,fi})^3 - e_w^3)/12] - I_{s,z}]$ (Gl. 99)

4.3.6.2.5 Bewehrungsstäbe

Der Bemessungswert der plastischen Grenznormalkraft und die effektive Biegesteifigkeit werden mit den Gleichungen (100) und (101) ermittelt.

$$N_{fi,pl,Rd,s} = A_s * k_{y,t} * f_{sy,20°C} / \gamma_{M,fi,s} \qquad \text{(Gl. 100)}$$

$$(E*I)_{fi,s,z} = k_{E,t} * E_{s,20°C} * I_{s,z} \qquad \text{(Gl. 101)}$$

Die Reduktionsfaktoren $k_{y,t}$ und $k_{E,t}$ können den Tabellen 40 und 41 in Abhängigkeit von dem nach Gleichung (102) gemittelten geometrischen Achsabstand der Bewehrung entnommen werden.

$$u = \sqrt{u_1 * u_2} \qquad \text{(Gl. 102)}$$

Dabei gilt für $(u_1 - u_2) > 10mm$

$$u = \sqrt{u_2 * (u_2 + 10)} \qquad \text{(Gl. 103)}$$

und für $(u_2 - u_1) > 10mm$

$$u = \sqrt{u_1 * (u_1 + 10)} \ . \qquad \text{(Gl. 104)}$$

u [mm] / Feuerwiderstandsklasse	40	45	50	55	60
R 30	1	1	1	1	1
R 60	0,789	0,883	0,976	1	1
R 90	0,314	0,434	0,572	0,696	0,822
R 120	0,170	0,223	0,288	0,367	0,436

Tabelle 40: Reduktionsfaktor $k_{y,t}$ für die Streckgrenze (aus [16], Tabelle F.5)

u [mm] / Feuerwiderstandsklasse	40	45	50	55	60
R 30	0,830	0,865	0,888	0,914	0,935
R 60	0,604	0,647	0,689	0,729	0,763
R 90	0,193	0,283	0,406	0,522	0,619
R 120	0,110	0,128	0,173	0,233	0,285

Tabelle 41: Reduktionsfaktor $k_{E,t}$ für den Elastizitätsmodul $E_{s,20°C}$ (aus [16], Tabelle F.6)

4.3.6.3 Ungeschützte betongefüllte Hohlprofile

4.3.6.3.1 Allgemeines

Das nachfolgend beschriebene Verfahren für ungeschützte betongefüllte rechteckige oder runde Hohlprofile darf nur unter Einhaltung folgender Bedingungen verwendet werden:

- Knicklänge $l_\theta \leq 4{,}5$m
- 140mm ≤ Breite b bzw. Durchmesser ≤ 400mm
- C 20/25 ≤ Betongüte ≤ C 40/50
- 0% ≤ Bewehrungsgehalt ≤ 5%
- Feuerwiderstandsklasse ≤ R120
- Einhaltung von Konstruktionsdetails gemäß EC 4-1-2, 5.1, 5.3.2 und 5.4

Für die praktische Bemessung empfiehlt sich hier für einen Stahlquerschnitt mit gegebener Stahl- und Betongüte und einer definierten Feuerwiderstandsklasse Bemessungdiagramme in Abhängigkeit vom Bewehrungsgrad zu erstellen (siehe z. B. EC 4-1-2, Bilder G.3 und G.4 [16]) aus denen in Abhängigkeit von der Knicklänge die Grenznormalkraft im Brandfall abgelesen werden kann.

4.3.6.3.2 Temperaturfeld

Die Ermittlung der Querschnittstemperaturen beruht auf dem Bemessungswert des Nettowärmestroms gemäß EC 1-1-2, 3.1 und 3.2 [11]. Dabei werden folgende Vereinfachungen vorgenommen:

- Die Stahltemperatur des Hohlprofils ist einheitlich.
- Zwischen Hohlprofil und Beton gibt es keinen Wärmewiderstand.
- Die Temperatur der Bewehrungsstähle entspricht der des Betons an gleicher Stelle.
- In Stützenlängsrichtung ist das Temperaturfeld einheitlich.

Der Netto- Wärmestrom auf den Betonkern wird nach Gleichung (105) ermittelt:

$$\dot{h}_{net,d} = \rho_a * c_a * \left[\frac{\delta\theta_a}{\delta_t}\right] \qquad \text{(Gl. 105)}$$

Die Wärmeleitung im Betonkern ergibt sich gemäß Gleichung (106) zu:

$$c_{c,\theta,\rho_c} * \frac{\delta\theta_c}{\delta_t} = \frac{\delta}{\delta_y}(\lambda_{c,\theta}\frac{\delta\theta_c}{\delta_y}) + \frac{\delta}{\delta_z}(\lambda_{c,\theta}\frac{\delta\theta_z}{\delta_z}) \qquad \text{(Gl. 106)}$$

Bei der Berechnung mit dem finiten Differenzverfahren sollte bei

- Quadratquerschnitten der Breite b die Maschenweite m nicht größer als 2cm sein, sodaß gilt $b = n_1 * m * \sqrt{2}$ (mit n_1= Anzahl der Maschen längs der Breite b) und bei
- Kreisquerschnitten mit dem Durchmesser d die Maschenweite n zwischen zwei Kreisringen nicht größer als 2cm sein, sodass gilt $d = n_2 * n$ (mit n_2 = Zahl der Maschen längs des Durchmessers d).

4.3.6.3.3 Spannungs- Dehnungsbeziehung für Baustahl

$$\frac{\sigma_{a,\theta}}{f_{ay,\theta}} = -0{,}06 + 1{,}416 * \frac{E_{a,\theta} * \varepsilon_{a,\theta}}{f_{ay,\theta}} - 0{,}651 * \left[\frac{E_{a,\theta} * \varepsilon_{a,\theta}}{f_{ay,\theta}}\right]^2 + 0{,}103 * \left[\frac{E_{a,\theta} * \varepsilon_{a,\theta}}{f_{ay,\theta}}\right]^3$$

(Gl. 107)

$$\frac{E_{a,\theta,\sigma}}{E_{a,\theta}} = 1{,}416 - 1{,}302 * \frac{E_{a,\theta} * \varepsilon_{a,\theta}}{f_{ay,\theta}} + 0{,}309 * \left[\frac{E_{a,\theta} * \varepsilon_{a,\theta}}{f_{ay,\theta}}\right]^2 \qquad \text{(Gl. 108)}$$

mit

$$\frac{f_{ay,\theta}}{f_{ay,20°C}} = 1 + \frac{\theta}{900 * \ln\left(\frac{\theta}{1750}\right)} \qquad \text{für } \theta \leq 600°C \qquad \text{(Gl. 109)}$$

$$\frac{f_{ay,\theta}}{f_{ay,20°C}} = \frac{340 - 0{,}34 * \theta}{\theta - 240} \qquad \text{für } 600°C < \theta \leq 6100°C \qquad \text{(Gl. 110)}$$

und

$$\frac{E_{a,\theta}}{E_{a,20°C}} = 1 + \frac{\theta}{2000 * \ln\left(\frac{\theta}{1100}\right)} \qquad \text{für } 0 < \theta \leq 600°C \qquad \text{(Gl. 111)}$$

$$\frac{E_{a,\theta}}{E_{a,20°C}} = \frac{690 - 0{,}69 * \theta}{\theta - 53{,}5} \qquad \text{für } 600°C < \theta \leq 1000°C \qquad \text{(Gl. 112)}$$

4.3.6.3.4 Spannungs- Dehnungsbeziehung für Betonstahl

Für Betonstahl dürfen die Gleichungen (107) bis (112) analog verwendet werden, sofern $f_{sy,\theta}$ und $E_{s,\theta}$ nicht in Tabelle 42 enthalten sind.

Temperatur θ_s [°C]	0	400	580	750
$\frac{E_{s,\theta}}{E_{s,20°C}}$ oder $\frac{f_{sy,\theta}}{f_{sy,20°C}}$	1	1	0,15	0

Tabelle 42: Spannungs- Dehnungsbeziehungen Betonstahl (aus [16], Tabelle G.1)

4.3.6.3.5 Spannungs- Dehnungsbeziehung für Beton

Die Ermittlung erfolgt nach Gleichung (113) und (114) in Verbindung mit Tabelle 43.

$$\frac{\sigma_{c,\theta}}{f_{c,\theta}} = \frac{E_{c,\theta} * \varepsilon_{c,\theta}}{f_{c,\theta}} * \left[1 - \frac{E_{c,\theta} * \varepsilon_{c,\theta}}{4 * f_{c,\theta}}\right] \qquad \text{(Gl. 113)}$$

$$\frac{E_{c,\theta,\sigma}}{E_{c,\theta}} = 1 - \frac{E_{c,\theta} * \varepsilon_{c,\theta}}{2 * f_{c,\theta}} \qquad \text{(Gl. 114)}$$

Temperatur θ_c [°C]	0	50	200	250	400	600	1000
$\frac{f_{c,\theta}}{f_{c,20°C}}$	1	1	1	1	0,76	0,45	0
$\frac{E_{c,\theta}}{E_{c,20°C}}$	1	1	0,5	0,41	0,15	0,05	0,05

Tabelle 43: Spannungs- Dehnungsbeziehungen Beton (aus [16], Tabelle G.2)

4.3.6.3.6 Bemessungswert der Grenznormalkraft unter zentrischem Druck

Mit Hilfe des ermittelten Temperaturfeldes und der Spannungs- Dehnungsbeziehungen der einzelnen Querschnittsteile ergeben sich aus der Summe der einzelnen Elemente dy*dz die erforderlichen $E_{i,\theta,\sigma}*I_i$ und $A_i*\sigma_{i,\theta}$ mit der zugehörigen Temperatur nach der Branddauer t. Die anzusetzenden Werte $E_{i,t}$ und $s_{i,t}$ entsprechen dabei der Längsdehnung der Stütze $\varepsilon = \varepsilon_a = \varepsilon_c = \varepsilon_s$.

Der Bemessungswert der Normalkraft unter zentrischem Druck $N_{fi,Rd}$ für betongefüllte Hohlprofile ergibt sich gemäß den Gleichungen (115) bis (117):

$$N_{fi,Rd} = N_{fi,cr} = N_{fi,pl,Rd} \qquad \text{(Gl. 115)}$$

mit

$$N_{fi.cr} = \pi^2*[E_{a,\theta,\sigma}*I_a + E_{c,\theta,\sigma}*I_c + E_{s,\theta,\sigma}*I_s] / l_\theta^2 \qquad \text{(Gl. 116)}$$

und

$$N_{fi,pl,Rd} = A_a*\sigma_{a,\theta} / \gamma_{M,fi,a} + A_c*\sigma_{c,\theta} / \gamma_{M,fi,c} + A_s*\sigma_{s,\theta} / \gamma_{M,fi,s} \qquad \text{(Gl. 117)}$$

4.3.6.3.7 Exzentrizität der Belastung

Bei Lastexzentrizitäten dürfen die äquivalenten Grenznormalkräfte bei zentrischer Last N_{equ} unter Anwendung von Bemessungsdiagrammen für zentrischen Druck nach Gleichung (118) bestimmt werden.

$$N_{equ} = N_{fi,Sd} / (\varphi_s \varphi_\delta) \qquad \text{(Gl. 118)}$$

Die Korrekturkoeffizienten φ_s für Bewehrung und φ_δ für die Lastexzentrizität können den Bildern 31 und 32 entnommen werden.

Die Exzentrizität δ = M / N im Brandfall sollte dabei nicht größer als 0,5*b bzw 0,5*d sein.

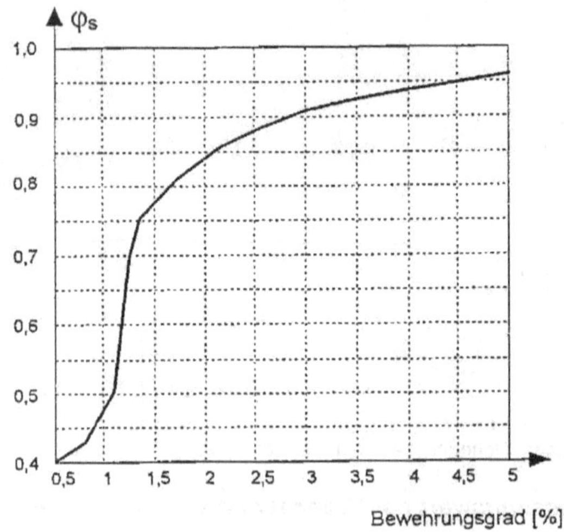

Bild 31: Korrekturkoeffizient φ_s für Bewehrung (aus [16], Bild G.1)

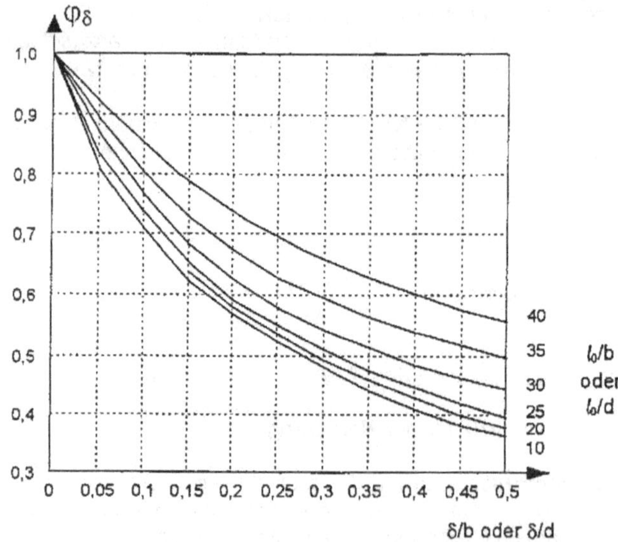

Bild 32: Korrekturkoeffizient φ_δ zur Berücksichtigung von δ = M/N (aus [16], Bild G.2)

4.3.6.4 Geschützte betongefüllte Hohlprofile

Man kann den geforderten Feuerwiderstand betongefüllter Hohlprofile durch die Applikation eines Schutzsystems auf der Stahloberfläche, das den Wärmeübergang vermindert, erreichen. Die brandschutztechnischen Eigenschaften dieser Schutzsysteme (Bekleidungen, Anstriche) sind durch einen bauaufsichtlichen Verwendbarkeitsnachweis auf Grundlage der DIN 4102-2, Abschnitt 7.3 [3] zu belegen.

Dabei gilt das Tragfähigkeitskriterium „R" als erfüllt, wenn die Temperatur des Hohlprofils niedriger als 350°C ist.

4.4 Nachweis mit dem allgemeinen (genauem) Rechenverfahren

4.4.1 Anwendungsmöglichkeiten und –grenzen, bauordnungsrechtliche Aspekte

Das allgemeine Berechnungsverfahren nach Eurocode 4, Teil 1-2 [16] kann für Einzelbauteile, Teil- und Gesamttragwerke mit beliebiger Querschnittsart und –form angewendet werden. Voraussetzung ist, dass die Dimensionierung im Gebrauchszustand (Kaltbemessung) nach Eurocode 4-1-1 [15] erfolgt.

Die Bemessung kann mit einer beliebigen Aufheizkurve erfolgen.

Das Verfahren ist zwangsläufig anzuwenden, wenn Daten zur Spannungs- und Dehnungsentwicklung, Verformungen und/ oder Temperaturfelder erforderlich sind.

Es ist zu beachten, dass mögliche Versagensformen, die nicht durch das allgemeine Bemessungsverfahren erfasst werden, durch geeignete Maßnahmen ausgeschlossen werden. Bei den Versagensformen handelt es sich insbesondere um örtliches Beulen, ungenügende Rotationskapazität, Betonabplatzungen und Schubversagen.

Grundsätzlich ist eine Genehmigung durch die Bauaufsichtsbehörde erforderlich. Die Prüfung der Nachweise hat durch einen hierfür qualifizierten Prüfingenieur zu erfolgen.

In jedem Fall ist das allgemeine Berechnungsverfahren auf seine Gültigkeit hin zu überprüfen. Es muss eine Sensibilitätsstudie der kritischen Parameter durchgeführt werden, die eine Beurteilung ermöglicht, ob das Berechnungsverfahren mit vernünftiger Ingenieurpraxis übereinstimmt.

4.4.2 Bestandteile des Nachweisverfahrens

Die Untersuchung sollte als Grundlage physikalische Gesetzmäßigkeiten berücksichtigen, die eine zuverlässige Annäherung an das erwartete Tragverhalten der Bauteile bieten, sodass eine wirklichkeitstreue Beschreibung des Tragwerks im Brandfall möglich ist.

Der brandschutztechnische Nachweis darf getrennt für die thermische und die mechanische Analyse geführt werden.

4.4.3 Thermische Analyse

Die thermische Analyse muss auf anerkannten Prinzipien und Annahmen der Theorie der Wärmeübertragung basieren.

Ausgehend von den Heißgastemperaturen im Brandraum, die als thermische Einwirkung nach EC 1-1-2 [11] vorgegeben werden, wird die Temperatur im Bauteilquerschnitt ermittelt. Um die Temperatur im Bauteil zu bestimmen, ist es selbstverständlich erforderlich die temperaturabhängigen thermischen Materialkennwerte des Bauteilquerschnitts und ggf. der Schutzschichten zu berücksichtigen (siehe hierzu die Ausführungen in 4.3.2).

Der Untersuchung des thermischen Materialverhaltens ist die Theorie der Wärmeübertragung zu Grunde zu legen. Die Einflüsse aus ungleichmäßiger Temperaturbeanspruchung und der Wärmetransport in angrenzende Bauteile darf ggf. berücksichtigt werden. Der günstige Einfluss des Feuchtegehalts im Beton und im Brandschutzmaterial darf vernachlässigt werden.

4.4.4 Mechanische Analyse

Gegenstand der mechanischen Analyse ist die Untersuchung des Trag- und teilweise auch des Verformungsverhaltens der brandbeanspruchten Konstruktion.

Auf der Einwirkungsseite sind die Einflüsse aus der Belastung, der geometrischen Imperfektionen, der behinderten thermischen Verformungen (Zwängungen) und ggf. nichtlinearer geometrischer Effekte einzubeziehen.

Auf Seiten des Bauteilwiderstandes sind die Einflüsse aus dem thermomechanischen nichtlinearem Baustoffverhalten und den thermischen Dehnungen zu berücksichtigen. Nicht beachtet zu werden braucht das sog. Hochtemperaturkriechen, sofern die Spannungs- Dehnungsbeziehungen nach ENV 1994-1-2, 3.2 [16] (siehe auch 4.3.2) der Berechnung zugrunde gelegt werden.

Die im Grenzzustand der Tragfähigkeit ermittelten Verformungen sind zu begrenzen, um das Zusammenwirken aller Tragwerksteile sicherzustellen.

5. BRANDSIMULATIONSMODELLE UND BRANDSZENARIEN

5.1 Brandsimulationsmodelle

Die Entwicklung der Rechenmodelle im Brandschutzingenieurwesen ist in den letzten Jahrzehnten soweit fortgeschritten, dass eine praktische Anwendung möglich ist. Auf Basis von wissenschaftlichen Erkenntnissen werden ingenieurmäßige Prinzipien, Regeln und Methoden entwickelt, die geeignet sind, die Brandsicherheit in einem Gebäude nachzuweisen. Neben der Quantifizierung der Brandgefahren und deren Auswirkungen spielt v. a. auch der Personenschutz, das Rettungswesen und der Schutz von Sachwerten und Kulturgütern eine wesentliche Rolle.

Die Aufgaben des Brandschutzingenieurwesens sind nach [23]

- die Ermittlung grundlegender Kenntnisse über die Entwicklung und Ausbreitung von Feuer und Rauch in Bauwerken,
- die Berechnung der Brandeinwirkungen,
- die Beurteilung des Brandverhaltens von Baustoffen, Produktions- und Lagergütern,
- die Bemessung und Beurteilung von Räumungs- und Rettungsmaßnahmen,
- die Planung und Beurteilung des Brandmeldekonzeptes,
- die Entwicklung und Beurteilung des Brandbekämpfungskonzeptes und
- die Planung und Beurteilung der betrieblichen Brandschutzmaßnahmen.

Zu den Berechnungsmethoden zählen eine Vielzahl von expliziter bzw. analytischer Rechenverfahren. Da die Grundlagen dieser relativ überschaubaren Nachweismethoden auf Experimenten beruhen, ist darauf zu achten, dass die Anwendungsbereiche strikt eingehalten werden. Eine beliebige Skalierbarkeit ist hier nicht möglich.
Vorteilhafter sind deswegen die aufwänderigen Brandsimulationsmodelle, z. B. Wärmebilanzmodelle, deren Grundlagen die technischen und wissenschaftlichen Erkenntnisse über Strömungsmechanik und Thermodynamik bilden. Man unterscheidet vier Gruppen:

- Vollbrandmodelle (Einzonenmodelle)
- Zonenmodelle (v. a. zur Berechnung der Entrauchung von Gebäuden)
- Systemcodes (für kerntechnische Fragestellungen) und
- CFD- Modelle (Feldmodelle, v. a. für wissenschaftliche Fragestellungen).
-

Bei der Modellbildung werden sowohl physikalische Modelle als auch mathematische Modelle verwendet.

Beim physikalischen Modell wird eine reale Situation in einen kleineren Maßstab kopiert. Dabei müssen Skalierung und Ähnlichkeitsgesetze berücksichtigt werden.

Ein bekanntes Beispiel für ein physikalisches Modell im Bauwesen ist der Windkanalversuch. Die Skalierung erfolgt hier über die Reynoldszahl. Möchte man einen Brandversuch in einem Modell abbilden, so sind hier im Vergleich zum Windkanalversuch die Zusammenhänge wesentlich komplexer.

Genutzt wird das physikalische Modell vorrangig für die Untersuchung von Rauchgasströmungen in Gebäuden und die Dimensionierung von Rauchableitungseinrichtungen. Dabei sind die die Strömungsvorgänge beschreibenden Ähnlichkeiten, die sich aus den Gleichungen für Bewegung, Energieerhalt und Wärmeübertragung für freie turbulente Strömungen ableiten lassen, zu beachten.

Allerdings wird, so anschaulich die Ergebnisse hinsichtlich der Strömungsverhältnisse auch sind, die Wärmeabgabe an Konstruktionsbauteile nicht realitätsgetreu dargestellt. Für die Bauteiltemperaturbestimmung liegt keine Eignung vor. Man muss stattdessen auf mathematische Modelle zurückgreifen.

Um einen Brandprozess hinreichend genau zu modellieren, sind viele Phänomene als physikalische Vorgänge zu beschreiben. Zentrale Bedeutung für die Modellbildung haben die Geometrie, die Lüftungsbedingungen und das Brandszenario. Eine ausführliche Beschreibung kann in [23] oder [27] nachgelesen werden.

In Bild 33 sind die Brandentwicklungsphasen in Abhängigkeit von der Zeit und der Wärmefreisetzung anschaulich dargestellt.

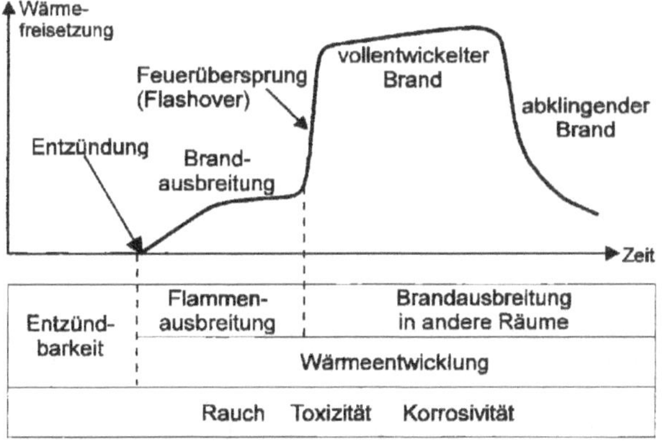

Bild 33: Brandentwicklungsphasen (aus [27], Bild 4.1)

Die Dauer eines Brandes hängt vorrangig von der Brandlast und deren Anordnung sowie von der Sauerstoffzufuhr ab. Der Verbrennungsvorgang ist mit einer Flammen- und Plumebildung (Rauchgassäule) verbunden. Die Rauchgassäule steigt bei zunehmender Brandleistung bis zur Decke auf und breitet sich dort horizontal aus (Ceiling Jet, siehe Bild 34 und 35). Diese Rauchgasschicht breitet sich solange weiter aus, bis entweder das Feuer erlischt oder eine Öffnung erreicht wird. Durch eine konvektive und radiative Wärmestrahlung aus der Rauchgasschicht heraus, erwärmen sich Decken, Wände und ggf. weitere Objekte. Da bei steigender Temperatur auch die Wärmestrahlung zunimmt, kann es zu einer weiteren Entzündung brennbarer Objekte kommen (Flash- over). Die Rauchgasschicht empfängt, genauso wie die Umfassungsbauteile, auch Wärmestrahlung aus der Flamme. Die Rauchgastemperatur bestimmt sich aus der Energiebilanz.

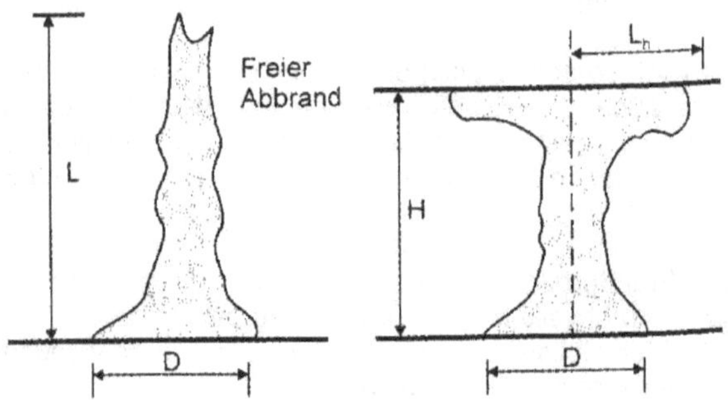

Bild 34: Flammenausbreitung frei und unter einer Decke (aus [23], Bild 21)

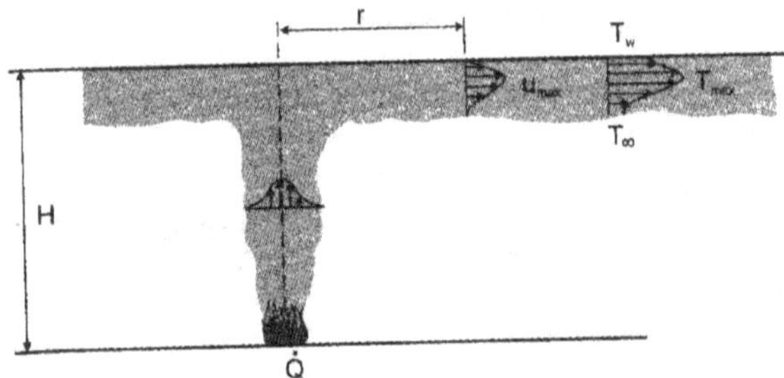

Bild 35: Ceiling Jet unter der Decke (aus [23], Bild 22)

Wie bereits beschrieben wächst die Rauchgasschicht in uneinheitlicher Konzentration solange an, bis Öffnungen erreicht werden. Der bis dahin zunehmende Druck im Brandraum teilt sich nun in einen Überdruck im Deckenbereich und einen Unterdruck im unteren Raumbereich. Beide Bereiche werden durch eine sog. neutrale Ebene getrennt (siehe Bild 36), bei der der Innendruck gleich dem Außendruck ist. Wobei allein die Vorstellung bzw. die Annahme einer Ebene einer Idealisierung entspricht. Unter dieser Ebene fließt frische Umgebungsluft durch die Öffnungen zu, die für einen weiteren Verbrennungsvorgang erforderlich ist. Man spricht in diesem Zusammenhang von einer sauerstoffkontrollierten Verbrennung, wenn der Zustrom nicht ausreichend ist, um den Verbrennungsvorgang aufrecht zu erhalten. Dabei ist zu beachten, dass die nachströmende Zuluft je nach Lage und Anordnung der Öffnungen die Rauchgasströmung sowie die Rauchgassäule beeinflussen kann.

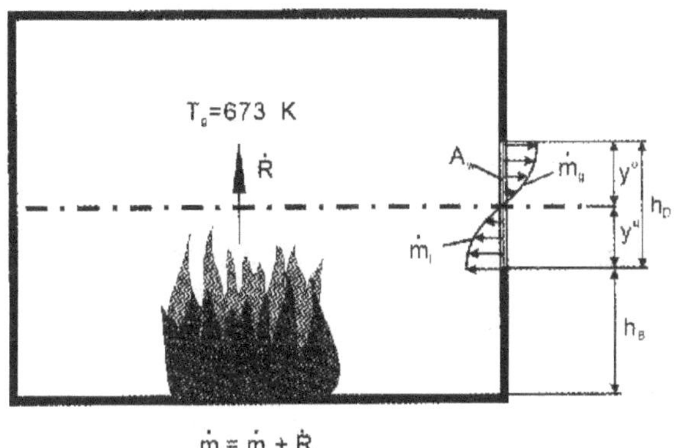

Bild 36: Berechnung der neutralen Ebene bei einem Wohnraumbrand (aus [23], Bild 4)

Praktische Anwendung findet derzeit am häufigsten das Vollbrand- und das Zonenmodell.

Insbesondere für den passiven Brandschutz in Gebäuden nimmt das Einzonenmodell, welches dem Vollbrandmodell entspricht, eine Schlüsselstellung ein. Das Kapitel 5.2. widmet sich diesem Modell.

Anschließend werden in Kapitel 5.3 lokale Brände nach EC 1-1-2, Anhang C [11] vorgestellt, die dann in Betracht gezogen werden können, wenn es unwahrscheinlich ist, dass ein Feuerüberschlag stattfinden kann.

Der Vollständigkeit halber sei hier an dieser Stelle noch erwähnt, dass der EC 1-1-2 [11] im Anhang B ein vereinfachtes Verfahren zur Ermittlung der thermischen Einwirkungen für außenliegende Bauteile anbietet.

Abschließend werden in Kapitel 5.4 aus der Literatur bekannte Brandlasten und Brandszenarien zusammengestellt.

Die nachfolgend verwendeten Begriffe orientieren sich an den Definitionen des EC 1-1-2 [11].

5.2 Bemessungsbrände für die Vollbrandphase

5.2.1 Allgemeines

Wie bereits erläutert, handelt es sich beim Brandverlauf um einen sehr komplexen physikalischen Prozess, dessen mathematische und numerische Beschreibung von vielen Parametern beeinflusst wird. Deshalb zählt die Berechnung des Brandverlaufes auch zu den anspruchvollsten Aufgaben des Brandschutzingenieurwesens.

Die nachfolgenden Kapitel widmen sich der für die Heißbemessung eines Bauteils oder Gesamttragwerks erforderlichen Grundlagenermittlung bezüglich der thermischen Einwirkungen.

Dabei wird sowohl auf Norm-, als auch auf Naturbrände eingegangen. Zur Anwendung kommt das Einzonenmodell, das gleichbedeutend mit dem Vollbrandmodell ist.

Voraussetzung für die Anwendung dieses Modells ist eine möglichst gleichmäßige Temperatur innerhalb des Brandraums. Dies ist i. a. nur in der Vollbrandphase und bei fehlender effektiver Entrauchung zutreffend. Der gesamte Brandraum wird als eine Zone betrachtet in der homogene Verhältnisse bezüglich Temperatur, Gaszusammensetzung, etc. herrschen (siehe auch [27], Kapitel 5.3.2).

Die nachfolgenden Ausführungen beschränken sich auf die Entwicklung der Gastemperatur im Brandraum. Auf die Erwärmung der Konstruktionsbauteile mit Hilfe des radiativen und konvektiven Netto- Wärmestroms wurde bereits in den vorangegangenen Kapiteln eingegangen (siehe Kapitel 3.3.3.3).

5.2.2 Normbrände

In EC 1-1-2, 3.2 [11] werden drei nominelle Temperaturzeitkurven, die bereits in Kapitel 3.3.3.1.1 näher erläutert und in Bild 3 dargestellt wurden, zur Verfügung gestellt. An dieser Stelle sollen sie nur der Vollständigkeit halber noch einmal erwähnt werden:

- Einheits- Temperaturzeitkurve (siehe Gl. (3))
- Außenbrandkurve (siehe Gl. (4))
- Hydrokarbon- Brandkurve (siehe Gl. (5)).

5.2.3 Vereinfachtes Naturbrandmodell

5.2.3.1 Allgemeines

Da die vereinfachten Brandmodelle auf definierten physikalischen Größen basieren, ist darauf zu achten, dass die Anwendungsgrenzen strikt eingehalten werden. Es wird im Vollbrandmodell von einer gleichmäßigen zeitabhängigen Temperaturverteilung im Brandraum ausgegangen.
Der konvektive Wärmeübergangskoeffizient α_c wird dabei mit 35 [W/m²K] angenommen.

Bei der Ermittlung der Gastemperaturen sind auf jeden Fall die Brandlastdichte und die Ventilationsbedingungen zu berücksichtigen.

Die nachfolgenden Ausführungen geben die Bestimmung der Gastemperatur nach EC 1-1-2, Anhang A [11] wieder.

5.2.3.2 Anwendungsgrenzen und Bestimmung der parametrischen Temperaturzeitkurve nach EC 1-1-2, Anhang A

Folgende Anwendungsgrenzen der parametrischen Temperaturzeitkurve nach EC 1-1-2, Anhang A, die davon ausgeht, dass der betrachtete Brandabschnitt vollständig ausbrennt, sind einzuhalten:

- keine Öffnungen im Brandabschnitt des Daches
- maximale Grundfläche des Brandabschnittes: 500m²
- maximale Höhe des Brandabschnittes: 4m
- Beschränkung auf überwiegend zellulose Brandlasten (es ei denn die Festlegung der Brandlast erfolgt mit Berücksichtigung des Abbrandverhaltens nach EC 1-1-2, Anhang E [11])

Die Temperaturzeitkurve gliedert sich in die Erwärmungs- und Abkühlphase (siehe auch Bild 33). Für diese beiden Zeitabschnitte werden mathematische Funktionen vorgegeben, die im wesentlichen von der Brandlast, der Gebäudegeometrie, den seitlichen Öffnungen und der spezifischen Wärmekapazität der Raumhülle abhängig sind.

Die Eingangsparameter bezüglich Gebäudegeometrie und Raumhülle sind:

A_f Grundfläche des Brandabschnitts in [m²]

A_t Gesamtfläche der Raumhülle (Wände, Decke und Boden, einschließlich der Öffnungen) in [m²]

A_v	Gesamtfläche der vertikalen Öffnungen in allen Wänden in [m²]
h_{eq}	gewichtetes Mittel der Fensterhöhen in allen Wänden in [m²]
ρ	Dichte der Raumhülle wie unter Raumtemperatur in [kg/m³]; siehe z. B. [28]
c	spezifische Wärmekapazität der Raumhülle wie unter Raumtemperatur in [J/kgK]; siehe z. B. [28]
λ	Wärmeleitfähigkeit der Raumhülle wie unter Raumtemperatur in [W/mK]; siehe z. B. [28]

Der Öffnungsfaktor O wird nach Gleichung (119) ermittelt und sollte in den Grenzen $0{,}02 \leq O \leq 0{,}20$ liegen.

$$O = A_v * \sqrt{h_{eq}} / A_t \quad \text{in } [m^{1/2}] \qquad \text{(Gl. 119)}$$

Ein weiterer Hilfswert b, der nach den Gleichungen (120.1) bzw. (120.2) ermittelt wird, dient der Berücksichtigung der wärmetechnischen Eigenschaften der Raumhülle und sollte in den Grenzen $100 \leq b \leq 2200$ liegen.

$$b = \sqrt{(\rho * c * \lambda)} \quad \text{in } [J/m^2 s^{1/2} K] \qquad \text{(Gl. 120.1)}$$

bzw. zur Berücksichtigung verschiedener b- Werte für Wände, Decke und Boden

$$b = \left(\sum (b_j * A_j)\right) / (A_t - A_v) \quad \text{in } [J/m^2 s^{1/2} K] \qquad \text{(Gl. 120.2)}$$

Dabei ist

b_j	die thermische Eigenschaft der Hüllenoberfläche j ohne Berücksichtigung von Öffnungen und
A_j	die Fläche der Hüllenoberfläche j ohne Berücksichtigung von Öffnungen.

Zur Berücksichtigung eines mehrschichtigen Aufbaus eines Teiles der Raumhülle, ist in EC 1-1-2, Anhang A, Abschnitt (5) [11] ein Verfahren angegeben.

Nun kann der dritte Hilfswert Γ (dimensionslos) nach Gleichung (121) ermittelt werden.

$$\Gamma = [O/b]^2 \;/\; (0{,}04 / 1160)^2 = 8{,}41 * 10^8 * [O/b]^2 \qquad \text{(Gl. 121)}$$

Ein weiterer wesentlicher Eingangswert ist der Bemessungswert der Brandlastdichte, der nach EC 1-1-2, Anhang E [11] ermittelt wird.

$$q_{f,d} = q_{f,k} * m * \delta_{q1} * \delta_{q2} * \delta_n \quad \text{in } [MJ/m^2] \qquad \text{(Gl. 122)}$$

Dabei ist

$q_{f,d}$	Bemessungswert der Brandlastdichte bezogen auf die Grundfläche A_f in [MJ/m²];

$q_{f,k}$	die charakteristische Brandlastdichte bezogen auf die Grundfläche A_f in [MJ/m²]; siehe z. B. Tabelle 44
m	Abbrandfaktor nach EC 1-1-2, E.3 (2); für überwiegend zellstoffhaltige Materialien gilt m = 0,80;
δ_{q1}	Faktor gemäß Tabelle 45, der die Brandentstehungsgefahr in Abhängigkeit von der Brandabschnittsgröße berücksichtigt;
δ_{q2}	Faktor gemäß Tabelle 45, der die Brandentstehungsgefahr in Abhängigkeit von der Nutzungsart berücksichtigt;
δ_n	$= \Sigma\delta_{ni}$;Faktor gemäß Tabelle 46, der verschiedene aktive Brandbekämpfungsmaßnahmen berücksichtigt.

Für die weitere Berechnung wird der Bemessungswert der Brandlastdichte bezogen auf die Gesamtfläche der Gebäudehülle benötigt, der in den Grenzen von Gleichung (123) liegen soll.

$$50 \leq q_{t,d} = q_{f,d} \cdot A_f / A_t \leq 1000 \quad \text{in [MJ/m}^2\text{]} \qquad \text{(Gl. 123)}$$

Nutzung	Mittelwert	80 %-Fraktile
Wohnung	780	948
Krankenhaus (Zimmer)	230	280
Hotel (Zimmer)	310	377
Bücherei	1 500	1 824
Büro	420	511
Klassenzimmer einer Schule	285	347
Einkaufszentrum	600	730
Theater (Kino)	300	365
Verkehr (öffentlicher Bereich)	100	122
ANMERKUNG Für die 80 %-Fraktile wird eine Gumbelverteilung angenommen.		

Tabelle 44: Brandlastdichten $q_{f,k}$ [MJ/m²] für verschiedene Nutzungen (aus [11], Tabelle E.4)

Grundfläche des Brandabschnittes A_f [m²]	Brandentstehungsgefahr δ_{q1}	Brandentstehungsgefah δ_{q2}	Beispiele für verschiedene Nutzungen
25	1,10	0,78	Kunstgalerie, Museum, Schwimmbad
250	1,50	1,00	Büro, Wohngebäude, Hotel, Papierindustrie
2 500	1,90	1,22	Fertigung von Maschinen und Motoren
5 000	2,00	1,44	Chemische Labore, Malerwerkstätten
10 000	2,13	1,66	Herstellung von Feuerwerken oder Farben

Tabelle 45: Faktoren δ_{q1}, δ_{q2} (aus [11], Tabelle E.1)

δ_n - Abhängigkeit für die Brandbekämpfung												
Automatische Brandbekämpfung				Automatische Branderkennung			Manuelle Brandbekämpfung					
Automatisches Wasser Löschsystem	Unabhängige Wasserversorgung			Automatische Branderkennung und Alarm		Automatische Alarmübermitlung zur Feuerwehr	Werksfeuerwehr	Externe Feuerwehr	Sichere Zugangswege	Geräte zur Brandbekämpfung	Rauchabzug
	0	1	2	durch Wärme	durch Rauch						
δ_{n1}	δ_{n2}			δ_{n3}	δ_{n4}	δ_{n5}	δ_{n6}	δ_{n7}	δ_{n8}	δ_{n9}	δ_{n10}
0,61	1,0	0,87	0,7	0,87 oder 0,73		0,87	0,61 oder 0,78		0,9 oder 1 oder 1,5	1,0 oder 1,5	1,0 oder 1,5

Tabelle 46: Faktoren δ_{ni} (aus [11], Tabelle E.2)

Die maximale Temperatur θ_{max} der Erwärmungsphase wird zum Zeitpunkt $t^* = t^*_{max}$ erreicht.

Dabei ist

$$t^*_{max} = t_{max} * \Gamma \qquad \text{in [h]} \qquad \text{(Gl. 124)}$$

mit

$$t_{max} = \max\begin{cases} 0{,}2 * 10^{-3} * q_{t,d} / O \\ t_{lim} \end{cases} \qquad \text{in [h]} \qquad \text{(Gl. 125)}$$

Mit t_{lim} wird die Geschwindigkeit der Brandentwicklung erfasst. Folgende Werte sind einzusetzen:

- langsame Brandentwicklung: t_{lim} = 25min = 0,417 h = 1500s
- mittelschnelle Brandentwicklung: t_{lim} = 20min = 0,333 h = 1200s
- schnelle Brandentwicklung: t_{lim} = 15min = 0,250 h = 900s

Empfehlungen für die Geschwindigkeit der Brandentwicklung sind in Tabelle 47 aufgelistet.

Nutzung	Brandentwicklung
Wohnung	Mittel
Krankenhaus (Zimmer)	Mittel
Hotel (Zimmer)	Mittel
Bibliothek	Schnell
Büro	Mittel
Klassenzimmer einer Schule	Mittel
Einkaufszentrum	Schnell
Theater (Kino)	Schnell
Verkehr (öffentlicher Bereich)	Langsam

Tabelle 47: Geschwindigkeit der Brandentwicklung (aus [11], Tabelle E.5)

Wird in Gleichung (125) t_{lim} maßgebend, dann handelt es sich um einen brandlastgesteuerten Brand und t^* wird in Gleichung (130) durch den aus Gleichung (126) resultierenden Wert ersetzt. Andernfalls handelt es sich um einen ventilationsgesteuerten Brand.

Brandlastgesteuerter Brand:

$$t^* = t * \Gamma_{lim} \qquad \text{in [h]} \qquad \text{(Gl. 126)}$$

mit

$$\Gamma_{lim} = [O_{lim}/b]^2 / (0{,}04/1160)^2 = 8{,}41*10^8 *[O_{lim}/b]^2 \quad \text{und} \qquad \text{(Gl. 127)}$$

$$O_{lim} = 0{,}1*10^{-3}*q_{t,d} / t_{lim} \qquad \text{(Gl. 128)}$$

Für den Sonderfall, dass $O > 0{,}04$ und $q_{t,d} < 75$ und $b < 1160$ ist, muss Γ_{lim} mit dem Faktor k nach Gleichung (129) multipliziert werden.

$$k = 1 + \left(\frac{O - 0{,}04}{0{,}04}\right) * \left(\frac{q_{t,d} - 75}{75}\right) * \left(\frac{1160 - b}{1160}\right) \qquad \text{(Gl. 129)}$$

Nun kann die Heißgastemperatur während der Erwärmungsphase wird nach Gleichung (130) ermittelt werden.

$$\Theta_g = 20 + 1325*(1 - 0{,}324*e^{-0{,}2t^*} - 0{,}204*e^{-1{,}7t^*} - 0{,}472*e^{-19t^*}) \qquad \text{(Gl. 130)}$$

Die Heißgastemperaturentwicklung in der Abkühlungsphase beschreiben die Gleichungen (131.1) bis (131.3) in Abhängigkeit von t^*_{max}.

$$\theta_g = \begin{cases} \theta_{max} - 625(t^* - t^*_{max} * x) & \text{für } t^*_{max} \leq 0{,}5 \qquad \text{(Gl.131.1)} \\ \theta_{max} - 250(3 - t^*_{max})(t^* - t^*_{max} * x) & \text{für } 0{,}5 < t^*_{max} < 2 \qquad \text{(Gl.131.2)} \\ \theta_{max} - 250(t^* - t^*_{max} * x) & \text{für } t^*_{max} \geq 2 \qquad \text{(Gl.131.4)} \end{cases}$$

Dabei ist

t^*	nach Gleichung (126),
t^*_{max}	nach Gleichung (124) mit t_{max} nach der oberen Zeile von Gleichung (125) und
x	nach den Gleichungen (132.1) und (132.2) zu ermitteln

$$x = \begin{cases} 1{,}0 & \text{wenn } t_{max} > t_{lim} \qquad \text{(Gl.132.1)} \\ t_{lim} * \Gamma / t^*_{max} & \text{wenn } t_{max} = t_{lim} \qquad \text{(Gl.132.2)} \end{cases}$$

5.2.3.3 Anwendungsbeispiele mit variablen Eingangsparametern

Zur Veranschaulichung und Verdeutlichung des Einflusses der verschiedenen Parameter, werden nun konkrete Beispiele näher untersucht. Dies geschieht mittels einer selbst erstellten Visual- Basic- Programmierung in Microsoft- Excel.

<u>Beispiel A.1 – Variation der Brandlast, großer Brandabschnitt:</u>

Grundfläche des Brandabschnitts $A_f = 40*12 = 480m^2$
Gesamtfläche der Raumhülle $A_t = 2*480+2*(40+12)*3,0 = 1272m^2$
Öffnungsfaktor $O = 0,10m^{1/2}$
Thermisch isolierende Wirkung der Umfassungsbauteile
$b = 1000\ J/m^2s^{1/2}K$
Brandentwicklungsgeschwindigkeit $t_{lim} = 20min$ (mittel)

Die in Bild 37 dargestellte Kurvenschar variiert über den Bemessungswert der Brandlastdichte $q_{f,d}$ bezogen auf die Grundfläche des Brandabschnitts.

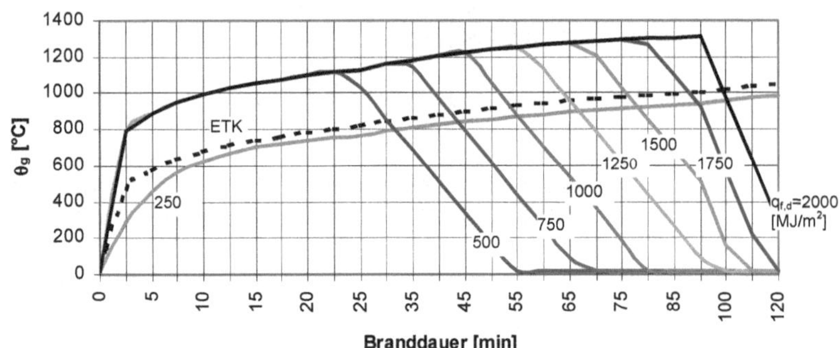

Bild 37: Parametrische Temperaturzeitkurven nach EC 1-1-2, Anhang A in Abhängigkeit von der Brandlastdichte $q_{f,d}$ [MJ/m²] mit $O = 0,10m^{1/2}$, $b = 1000\ J/m^2s^{1/2}K$ und einer mittleren Brandentwicklungsgeschwindigkeit, großer Brandabschnitt

In Tabelle 48 sind die maximal erreichten Temperaturen und die zugehörigen Zeitpunkte numerisch dargestellt. Zur Information wurden in der Tabelle nicht nur die Werte aus Bild 37 für eine mittelschnelle Brandentwicklung wiedergegeben, sondern auch – bei sonst identischen Parametern - zusätzlich die Werte für eine schnelle bzw. langsame Brandentwicklung.

Brandentwicklungs-geschwindigkeit		schnell t_{lim} = 15 min		**mittel t_{lim} = 20 min**		langsam t_{lim} = 25 min	
Brandlastdichte $q_{f,d}$ [MJ/m²]	Brandlastdichte $q_{t,d}$ [MJ/m²]	θ_{max} [°C]	t_{max} [min]	**θ_{max} [°C]**	**t_{max} [min]**	θ_{max} [°C]	t_{max} [min]
250	94	1055	15	**1098**	**20**	1131	25
500	189	1116	23	**1116**	**23**	1131	25
750	283	1179	34	**1179**	**34**	1179	34
1000	377	1224	45	**1224**	**45**	1224	45
1250	472	1257	57	**1257**	**57**	1257	57
1500	566	1281	68	**1281**	**68**	1281	68
1750	660	1298	79	**1298**	**79**	1298	79
2000	755	1311	91	**1311**	**91**	1311	91

Tabelle 48: maximale Gastemperatur θ_{max} und zugehöriger Zeitpunkt t_{lim} in Abhängigkeit von der Brandentwicklungsgeschwindigkeit, großer Brandabschnitt

Beispiel A.2 – Variation der Brandlast, kleiner Brandabschnitt:

Grundfläche des Brandabschnitts $A_f = 10*10 = 100m^2$
Gesamtfläche der Raumhülle $A_t = 2*100+2*(10+10)*3,0 = 320m^2$
Öffnungsfaktor $O = 0,10m^{1/2}$
Thermisch isolierende Wirkung der Umfassungsbauteile
$b = 1000\ J/m^2s^{1/2}K$
Brandentwicklungsgeschwindigkeit t_{lim} = 20min (mittel)

Die in Bild 38 dargestellte Kurvenschar variiert über den Bemessungswert der Brandlastdichte $q_{f,d}$ bezogen auf die Grundfläche des Brandabschnitts.

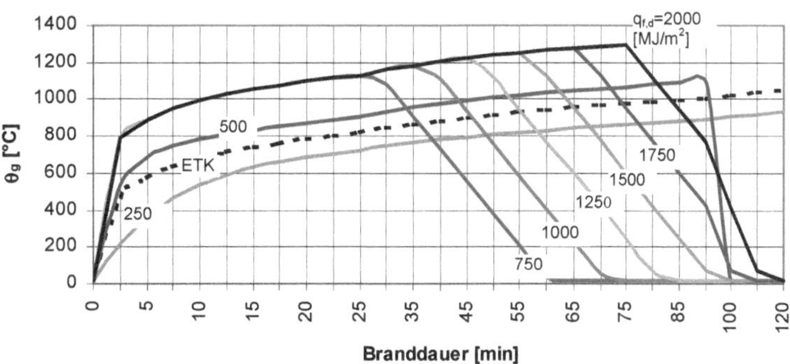

Bild 38: Parametrische Temperaturzeitkurven nach EC 1-1-2, Anhang A in Abhängigkeit von der Brandlastdichte $q_{f,d}$ [MJ/m²] mit $O = 0,10m^{1/2}$, $b = 1000\ J/m^2s^{1/2}K$ und einer mittleren Brandentwicklungsgeschwindigkeit, kleiner Brandabschnitt

In Tabelle 49 sind die maximal erreichten Temperaturen und die zugehörigen Zeitpunkte numerisch dargestellt. Zur Information wurden auch hier nicht nur die Werte aus Bild 38 für eine mittelschnelle Brandentwicklung wiedergegeben, sondern auch – bei sonst identischen Parametern - zusätzlich die Werte für eine schnelle bzw. langsame Brandentwicklung.

Brandentwicklungs-geschwindigkeit		schnell t_{lim} = 15 min		**mittel t_{lim} = 20 min**		langsam t_{lim} = 25 min	
Brandlastdichte $q_{f,d}$ [MJ/m²]	Brandlastdichte $q_{t,d}$ [MJ/m²]	θ_{max} [°C]	t_{max} [min]	**θ_{max} [°C]**	**t_{max} [min]**	θ_{max} [°C]	t_{max} [min]
250	78	1055	15	**1098**	**20**	1131	25
500	156	1088	19	**1098**	**20**	1131	25
750	234	1150	28	**1150**	**28**	1150	28
1000	313	1195	38	**1195**	**38**	1195	38
1250	391	1230	47	**1230**	**47**	1230	47
1500	469	1256	56	**1256**	**56**	1256	56
1750	547	1277	66	**1277**	**66**	1277	66
2000	625	1293	75	**1293**	**75**	1293	75

Tabelle 49: maximale Gastemperatur θ_{max} und zugehöriger Zeitpunkt t_{lim} in Abhängigkeit von der Brandentwicklungsgeschwindigkeit, kleiner Brandabschnitt

Beispiel A.3 – Variation des Öffnungsfaktors, großer Brandabschnitt:

Grundfläche des Brandabschnitts $A_f = 40*12 = 480m^2$
Gesamtfläche der Raumhülle $A_t = 2*480+2*(40+12)*3{,}0 = 1272\ m^2$
Thermisch isolierende Wirkung der Umfassungsbauteile
$b = 1000\ J/m^2s^{1/2}K$
Brandentwicklungsgeschwindigkeit t_{lim} = 20min (mittel)

Repräsentativ wird eine Wohnnutzung des Brandabschnittes unterstellt. Gemäß den vorhergehenden Ausführungen ergibt sich als Bemessungswert der Brandlastdichte bezogen auf die Grundfläche A_f ein Wert von $q_{f,d} = q_{f,k}*m*\delta_{q1}*\delta_{q2}*\delta_n = 780*0{,}80*1{,}54*1{,}00*1{,}00 = 961 \sim 1000$ [MJ/m²]. Der Faktor δ_n, der das Wirksamwerden von aktiven Brandbekämpfungsmaßnahmen beschreibt, wurde dabei zu 1,00 angenommen.

Die in Bild 39 dargestellte Kurvenschar variiert über den Öffnungsfaktor, der laut [29] bei heute üblichen Hochbauten mit moderner Architektur zwischen 0,08 und 0,12$m^{1/2}$ liegt. Zur Veranschaulichung wurden Werte zwischen 0,04 und 0,20 berücksichtigt.

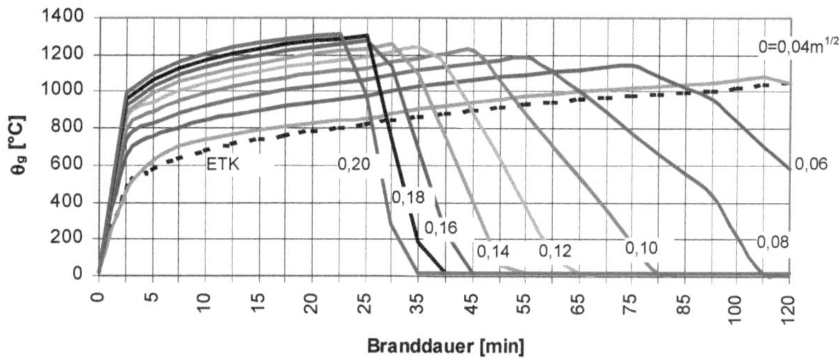

Bild 39: Parametrische Temperaturzeitkurven nach EC 1-1-2, Anhang A in Abhängigkeit vom Öffnungsfaktor O [$m^{1/2}$] mit $q_{f,d}$ = 1000 MJ/m², b = 1000 J/m²s$^{1/2}$K und einer mittleren Brandentwicklungsgeschwindigkeit, großer Brandabschnitt

In Tabelle 50 sind die maximal erreichten Temperaturen und die zugehörigen Zeitpunkte numerisch dargestellt. Zur Information wurden auch hier wieder zusätzlich die Werte aus schneller und langsamer Brandentwicklung hinzugefügt.

Brandentwicklungsgeschwindigkeit	schnell t_{lim} = 15 min		**mittel t_{lim} = 20 min**		langsam t_{lim} = 25 min	
Öffnungsfaktor O [$m^{1/2}$]	θ_{max} [°C]	t_{max} [min]	**θ_{max} [°C]**	**t_{max} [min]**	θ_{max} [°C]	t_{max} [min]
0,04	1083	113	**1083**	**113**	1083	113
0,06	1144	75	**1144**	**75**	1144	75
0,08	1189	57	**1189**	**57**	1189	57
0,10	1224	45	**1224**	**45**	1224	45
0,12	1251	38	**1251**	**38**	1251	38
0,14	1272	32	**1272**	**32**	1272	32
0,16	1289	28	**1289**	**28**	1289	28
0,18	1301	25	**1301**	**25**	1301	25
0,20	1311	23	**1311**	**23**	1319	25

Tabelle 50: maximale Gastemperatur θ_{max} und zugehöriger Zeitpunkt t_{lim} in Abhängigkeit von der Brandentwicklungsgeschwindigkeit, großer Brandabschnitt

Beispiel A.4 – Variation der isolierenden Wirkung der Raumhülle, großer Brandabschnitt:

Grundfläche des Brandabschnitts A_f = 40*12 = 480m²
Gesamtfläche der Raumhülle A_t = 2*480+2*(40+12)*3,0 = 1272 m²
Öffnungsfaktor O = 0,10 $m^{1/2}$
Bemessungswert der Brandlastdichte
$q_{f,d}$ = 1000 MJ/m²

Brandentwicklungsgeschwindigkeit t_{lim} = 20min (mittel)

Die in Bild 40 dargestellte Kurvenschar variiert über den Wert b. Gemäß [29] ist bei b = 1000 $J/m^2s^{1/2}K$ eine vergleichsweise hohe thermische Isolierung der Umfassungsbauteile gegeben.

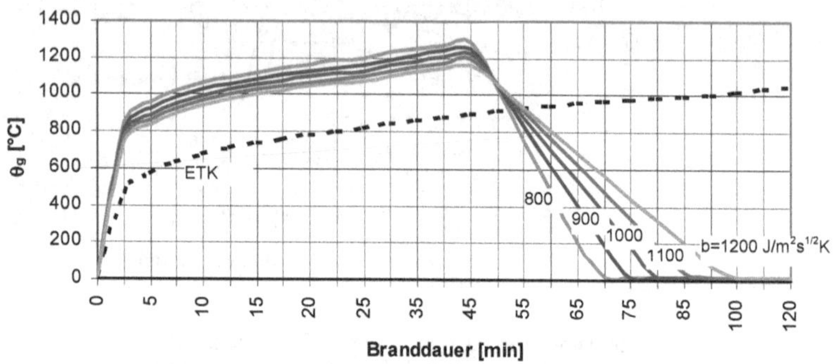

Bild 40: Parametrische Temperaturzeitkurven nach EC 1-1-2, Anhang A in Abhängigkeit von b [$J/m^2s^{1/2}K$] mit $q_{f,d}$ = 1000 MJ/m^2, O = 0,10 $m^{1/2}$ und einer mittleren Brandentwicklungsgeschwindigkeit, großer Brandabschnitt

5.2.3.4 Zusammenfassung der wichtigsten Ergebnisse

Wie durch die vorangegangenen Beispiele belegt, lassen sich die verschiedenen Eingangsparameter qualitativ folgendermaßen bewerten:

- Raumgeometrie (siehe hierzu Beispiel A.1 und A.2 sowie A.3):
  Die geometrischen Abmessungen nehmen Einfluss auf die Ermittlung der Brandlastdichte bezogen auf die Gesamtfläche der Raumhülle. Bei einem großen Verhältnis von Grundfläche zu Gesamtfläche der Raumhülle wächst die Brandlastdichte bezogen auf die Raumhülle an.
  Des weiteren wirkt sich die Raumgeometrie bzw. ein größeres Verhältnis von vertikalen Öffnungen zur Gesamtfläche der Raumhülle vergrößernd auf den Öffnungsfaktor aus.

- Brandlastdichte (siehe hierzu Beispiel A.1 und A.2):
  Die Brandlastdichte hat vor allem entscheidenden Einfluss auf die Dauer des Brandes. Die Auswirkung auf die maximal auftretende Temperatur oder auf den Temperaturanstieg in der Erwärmungsphase ist eher von untergeordneter Bedeutung (siehe Bild 37). Bis zum Beginn der Abkühlungsphase sind alle Kurvenverläufe – außer bei Annahme einer sehr geringen Brandlastdichte – identisch.

- Brandentwicklungsgeschwindigkeit (siehe hierzu Beispiel A.1, A.2 und A.3):
  Diese hat nur bei relativ kleinen Brandlasten einen nennenswerten Einfluss auf die maximal auftretende Temperatur und den zugehörigen Zeitpunkt.

- Öffnungsfaktor (siehe hierzu Beispiel A.3):
  Der Öffnungsfaktor wirkt sich maßgeblich auf die Erwärmungsphase und auf die maximal auftretende Temperatur aus. Je größer der Öffnungsfaktor ist, also je günstiger die Ventilationsbedingungen sind, desto höher die Maximaltemperatur. Allerdings sinkt auch bei größer werdendem Öffnungsfaktor die Dauer des Brandes ab. Bei großem Öffnungsfaktor kann man i. a. von einem kurzen, aber heftigen Brand sprechen.

- Thermische Isolierung der raumabschließenden Bauteile (siehe hierzu Beipiel A.4):
  Ihre Bedeutung ist i. a. von untergeordneter Natur. Sie hat keinen wesentlichen Einfluss auf die Branddauer oder die maximal auftretende Temperatur. Prinzipiell lässt sich jedoch festhalten, dass eine höhere thermische Isolierung, also ein höherer Wert b, eine längere Branddauer nach sich zieht.

Im Vergleich zur nominellen Einheits- Temperaturzeitkurve sind die erreichten Temperaturen bei den gewählten Beispielen für die parametrische Temperaturzeitkurve nach EC 1-1-2, Anhang A [11] fast alle größer. Nur bei sehr niedrigen Brandlasten oder sehr niedrigen Öffnungsfaktoren werden kleinere Werte erzielt.
Allerdings nimmt die Temperatur im Brandraum nach der Normbrandkurve stetig zu. Eine Abkühlung bzw. eine Abnahme des Brandes bleibt unberücksichtigt. Der Nachschub zur Aufrecherhaltung des Brandes an brennbarem Material und an Sauerstoff wird als unendlich vorausgesetzt.

An dieser Stelle wird noch ergänzend hinzugefügt, dass in [33] ausdrücklich darauf hingewiesen wird, dass die Parameterkurven einen natürlichen Brand nicht realistisch erfassen. Dies wird z. B. am sehr steilen Temperaturanstieg im Brandraum deutlich.
Die Anwendung wird für Deutschland nicht empfohlen, da der Algorithmus ausschließlich an Brandversuchen kalibriert wurde. Aufgrund des fehlenden Bezuges zu einem Bemessungsbrand mangelt es an belast-baren physikalischen Grundlagen.

5.2.4 Allgemeine Naturbrandmodelle

5.2.4.1 Allgemeines

In allgemeinen Brandmodellen sind die Gaseigenschaften, der Massenaustausch und der Energieaustausch zu berücksichtigen.

Es sei hier nochmals auf die zur Verfügung stehenden Modelle kurz hingewiesen, die nach EC 1-1-2 [11] zur Anwendung kommen sollten:

- Ein- Zonen- Modell:
  Es wird von einer gleichmäßigen Temperatur im Brandabschnitt in Abhängigkeit von der Zeit ausgegangen.
- Zwei- Zonen- Modell:
  Ausgangspunkt sind zwei Schichten übereinander im Brandabschnitt. Auch hier wird bei beiden Schichten von einer gleichmäßigen zeitabhängigen Temperatur ausgegangen. Die Temperatur der unteren Schicht ist niedriger. Hinzu kommt eine Zeitabhängigkeit der oberen Schichtdicke.
- Feldmodelle:
  Feldmodelle basieren auf dem Verfahren der Fluid- Dynamik. Die Temperaturentwicklung im Brandabschnitt erfolgt nicht nur zeit-, sondern auch temperaturabhängig.

Sofern keine genaueren Informationen vorhanden sind, darf auch hier von einem konvektiven Wärmeübergangskoeffizienten α_c von 35 [W/m^{2}K] ausgegangen werden.

In Anhang E des EC 1-1-2 [11] wird ein Verfahren angegebenen, das es erlaubt die Energiefreisetzungsrate bei einer definierten Brandlast zu ermitteln.
Durch Ausnutzung der zeitlichen Kongruenz zwischen der Energiefreisetzung und dem Temperaturverlauf kann mit Hilfe der Ausführungen in [27] wiederum eine Temperaturzeitkurve ermittelt werden.

5.2.4.2 Ermittlung einer Temperaturzeitkurve mit Hilfe der Energiefreisetzungsrate nach EC 1-1-2, Anhang E

Im Anhang E des EC 1-1-2 [11] wird ein Verfahren dargestellt, das es ermöglicht die Energiefreisetzungsrate über die Zeit t anhand von mathematischen Funktionen zu beschreiben.

Die Kurve der Energiefreisetzungsrate Q in Abhängigkeit von der Zeit t gliedert sich in drei Phasen (siehe auch Bild 41 und 42) :

- Wachstumsphase bis zum Zeitpunkt t_1
  Der Anstieg bis zum Erreichen der maximalen Energiefreisetzungsrate ist unabhängig von der Brandlast. Grundlage ist ein quadratischer Ansatz, der abhängig von der Brandentwicklungsgeschwindigkeit ist.

- Vollbrandphase vom Zeitpunkt t_1 bis t_2
  Nach Erreichen der maximalen Energiefreisetzung verläuft die Kurve konstant bis 70% der gesamten Brandlast aufgebraucht ist, also der Zeitpunkt t_2 erreicht ist.

- Abklingphase
  Bis zum Erreichen des Zeitpunkts t_3, d. h. bis zum vollständigen Verbrauch der Brandlast, darf der Abfall der Kurve linear angenommen werden.

Die Wachstumsphase der Energiefreisetzungsrate wird durch Gleichung (133) beschrieben:

$$Q = 1{,}0 * (t / t_{\alpha})^2 \text{ [MW]} \qquad \text{(Gl. 133)}$$

Dabei ist

Q	die Energiefreisetzungsrate in [MW]
t	die Zeit in [s]
t_{α}	die Zeit in [s], die erforderlich ist, bis eine Energiefreisetzungsrate von 1 MW erreicht wird (siehe Tabelle 51); eine extrem schnelle Brandausbreitung entspricht einem t_{α} von 75s

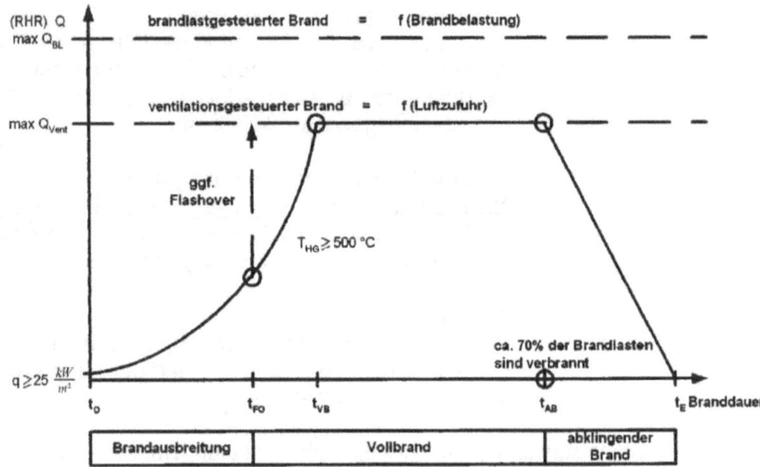

Bild 41: Schema für einen natürlichen Brandverlauf (aus [27], Bild 4.3)

Die Begrenzung der Wachstumsphase durch ein horizontalen Plateaus entspricht dem Minimum aus den Gleichungen (134) und (135).

Die maximale Energiefreisetzungsrate für einen brandlastgesteuerten Brand ergibt sich zu:

$Q_{max,f} = RHR_f * A_{fi}$ [MW] (Gl. 134)

Dabei ist

RHR_f die maximale Energiefreisetzungsrate, die auf 1m^2 bei einem brandlastgesteuerten Brand erreicht wird in [MW/m^2] (siehe Tabelle 51, Werte gelten für $\delta_{q2} = 1,0$)

A_{fi} die maximale Fläche eines Brandes in [m^2], die bei gleichmäßig verteilter Brandlast der Brandabschnittsfläche A_f entspricht , jedoch bei lokalen Bränden kleiner sein kann

Die maximale Energiefreisetzungsrate für einen ventilationsgesteuerten Brand wird nach Gleichung (135) ermittelt.

$Q_{max,v} = 0,10 * m * H_u * A_v * \sqrt{h_{eq}}$ [MW] (Gl. 135)

Dabei ist

m der Abbrandfaktor mit m = 0,80

H_u = 17,5 MJ/kg; der Netto- Heizwert von Holz

Nutzung	Wachstums-rate	t_α [s]	RHR_f [kW/m²]	Brandlastdichte $q_{f,k}$ [MJ/m²]
Wohnung	Mittel	300	250	780
Krankenhaus (Zimmer)	Mittel	300	250	230
Hotel (Zimmer)	Mittel	300	250	310
Bibliothek	Schnell	150	500	1500
Büro	Mittel	300	250	420
Klassenzimmer einer Schule	Mittel	300	250	285
Einkaufszentrum	Schnell	150	500	600
Theater (Kino)	Schnell	150	500	300
Verkehr (öffentlicher Bereich)	Langsam	600	250	100

Tabelle 51: Wachstumsrate, RHR_f und charakteristische Brandlastdichten für verschiedene Nutzungen (aus EC 1-1-2, Tab. E.4 und E.5 [11])

Das Ende der Wachstumsphase zum Zeitpunkt t_1 kann nun aus den Gleichungen (136) bis (139) ermittelt werden:

$$Q_1 = Q_{max} = 1{,}0*(t_1 / t_\alpha)^2 \qquad \text{(Gl. 136)}$$

$\Rightarrow$

$$t_1 = (Q_{max} / 1{,}0)^{0{,}50} * t_\alpha \quad [s] \qquad \text{(Gl. 137)}$$

$\Rightarrow$

für den ventilationsgesteuerten Brand gilt

$$t_{1,v} = (0{,}10*m*H_u * A_v*\sqrt{h_{eq}} / 1{,}0)^{0{,}50} * t_\alpha \quad [s] \qquad \text{(Gl. 138)}$$

für den brandlastgesteuerten Brand gilt

$$t_{1,f} = (RHR_f * A_f / 1{,}0)^{0{,}50} * t_\alpha \quad [s] \qquad \text{(Gl. 139)}$$

Bis zum Zeitpunkt t_1 wurde eine Energie von

$$E_1 = \int_0^{t_1} 1{,}0 * \left(\frac{t}{t_\alpha}\right)^2 dt = 1{,}0 * \frac{t_1^{\,3}}{3 * t_\alpha^{\,2}} \quad [MJ] \qquad \text{(Gl. 140)}$$

freigesetzt.

Der Beginn der Abklingphase zum Zeitpunkt t_2 wird erreicht, wenn 70% der verfügbaren Brandlast aufgezehrt ist, also wenn die Energie E_2 freigesetzt wurde.

$$E_2 = 0{,}70*q_{f,d}*Af \qquad \text{(Gl. 141)}$$

Bei der Ermittlung der Referenzbrandlastdichte $q_{f,d}$ wird von Gleichung (122) ausgegangen.

Integriert man die Energiefreisetzungsrate über die Zeit von $t_0 = 0$ bis t_2, so erhält man eine zweite Gleichung, die E_2 beschreibt. Somit kann t_2 eliminiert werden.

$$E_2 = \int_0^{t_1} 1{,}0 * \left(\frac{t}{t_\alpha}\right)^2 dt + \int_{t_1}^{t_2} Q_{max}\, dt = 1{,}0 * \frac{t_1^{\,3}}{3 * t_\alpha^{\,2}} + Q_{max} * (t_2 - t_1) \quad [MJ] \qquad \text{(Gl. 142)}$$

$\Rightarrow$

$$t_2 = t_1 + \frac{0{,}70 * q_{f,d} * A_f - 1{,}0 * \frac{t_1^3}{3 * t_\alpha^2}}{Q_{max}} \text{ [s]} \qquad \text{(Gl. 143)}$$

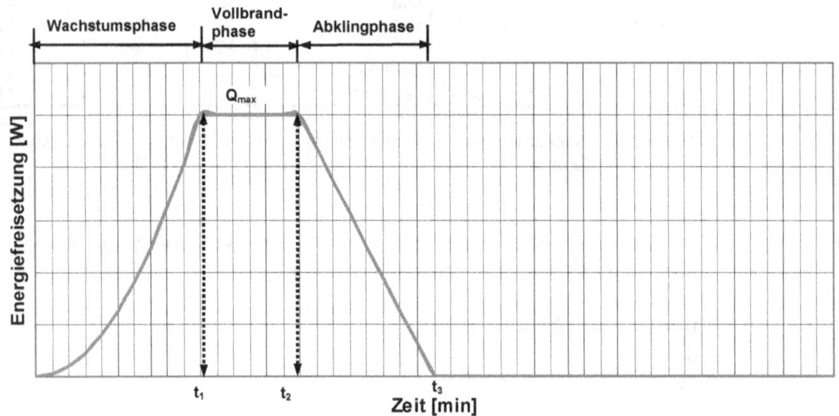

Bild 42: Verlauf der Energiefreisetzungsrate

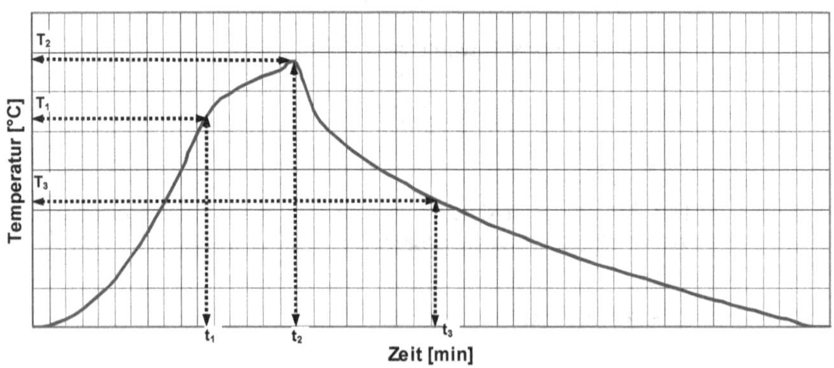

Bild 43: Verlauf einer Temperaturzeitkurve auf Basis der Energiefreisetzungsrate

Der Zeitpunkt t_3 an dem keine Energie mehr freigesetzt wird, ist erreicht, wenn 100% der Brandlast verbraucht ist und die Gesamtenergie E_3 freigesetzt wurde.

$$E = q_{f,d} * A_f \qquad \text{(Gl. 144)}$$

Mit Hilfe der Integration der Energiefreisetzungsrate über die Zeit von t_0 bis t_3 kann eine weitere Gleichung erstellt und die Unbekannte t_3 bestimmt werden.

$$E = E_2 + \frac{1}{2} * Q_{max} * (t_3 - t_2) \quad [MJ] \qquad \text{(Gl. 145)}$$

$\Rightarrow$

$$t_3 = t_2 + 2 * \frac{q_{f,d} * A_f - E_2}{Q_{max}} = t_2 + 2 * \frac{0{,}30 * q_{f,d} * A_f}{Q_{max}} \quad [s] \qquad \text{(Gl. 146)}$$

Unter Berücksichtigung der zeitlichen Kongruenz zwischen Energiefreisetzung und Temperaturverlauf wurde in [27], Abschnitt 4.5.3.1 eine Methode zur Bestimmung der Brandraumtemperatur in Wohn- und Bürogebäuden vorgestellt. Die Einschränkung auf Wohn- und Bürogebäude kann meines Erachtens entfallen, wenn die betreffenden Parameter maximale Energiefreisetzungsrate RHR_f, Abbrandverhalten m und Brandentwicklungsgeschwindigkeit t_α allgemein gehalten werden.

Wesentliche Grundlage ist, dass beide Kurven ihre Steigungen in den markanten Zeitpunkten t_1, t_2 und t_3 ändern (siehe Bild 42 und 43).

Das Verfahren wurde auf eine auf maximale Referenzbrandlastdichte von 1300 MJ/m^2 ausgelegt.

Bezogen auf diese Referenzbrandlastdichte q_{ref} = 1300 MJ/m^2 müssen im ersten Schritt die Temperaturen T_1, T_2 und T_3 ermittelt werden; dabei ist zwischen ventilations- und brandlastgesteuerten Bränden zu unterscheiden.

Für einen ventilationsgesteuerten Brand gelten die Gleichungen (147) bis (148); die verwendeten Parameter wurden bereits in 5.2.3.2 definiert:

$T_{1,v}$ = -8,75/O –0,1*b +1175 [°C] (Gl. 147)
$T_{2,v}$ = (0,004*b-17) / O –0,4*b +2175 $\leq$ 1340 [°C] (Gl. 148)
$T_{3,v}$ =-5,0/O –0,16*b +1060 [°C] (Gl. 149)

Bei brandlastgesteuerten Bränden ist vor Berechnung der Einzeltemperaturen die Ermittlung eines Vorwertes k nach Gleichung (150) erforderlich:

$$k = \sqrt[3]{\frac{Q_{max,f}^{\ 2}}{A_v * \sqrt{h_{eq}} * A_t * b}} \qquad \text{(Gl. 150)}$$

(Anmerkung: Für die Ermittlung des Wertes k werden in [27], Seite 60 und 62 widersprüchliche Aussagen getroffen. Es wurde in Gl. (150) der für als richtig erachtete Term verwendet.)

Dabei sind die Parameter mit folgenden Einheiten einzusetzen: $Q_{max,f}$ in [MW], A_v in [m^2], h_{eq} in [m], A_t in [m^2] und b in [$J/m^2\sqrt{s}K$].

Anhand der Gleichungen (151) bis (153) können nun die markanten Einzeltemperaturen, immer noch bezogen auf die Referenzbrandlastdichte ermittelt werden:

$$T_{1,f} = \begin{cases} 24000 * k + 20\ [°C] & \text{für } k \leq 0{,}04 \\ 980\ [°C] & \text{für } k > 0{,}04 \end{cases} \qquad \text{(Gl. 151)}$$

$$T_{2,f} = \begin{cases} 33000 * k + 20\ [°C] & \text{für } k \leq 0{,}04 \\ 1340\ [°C] & \text{für } k > 0{,}04 \end{cases} \qquad \text{(Gl. 152)}$$

$$T_{3f} = \begin{cases} 16000 * k + 20\ [°C] & \text{für } k \leq 0{,}04 \\ 660\ [°C] & \text{für } k > 0{,}04 \end{cases} \qquad \text{(Gl. 153)}$$

Nun erfolgt die Anpassung an die im konkreten Anwendungsfall vorliegende Brandlastdichte $q_{f,d} < q_{ref} = 1300\ MJ/m^2$.

Der Zeitpunkt t_2 in dem die Abklingphase beginnt, wird nach Gleichung (154) ermittelt:

$$t_{2,x} = \begin{cases} t_1 + \dfrac{0{,}7 * E - \left(\dfrac{t_1^3}{3 * t_\alpha^3}\right)}{Q_{max}} & \text{für } E_1 < 0{,}7 * E \\ \sqrt[3]{0{,}7 * E * 3 * t_\alpha^3} & \text{für } E_1 \geq 0{,}7 * E \end{cases} \qquad \text{(Gl. 154)}$$

Mit Hilfe der Gleichungen (155) und (156) können die Temperaturen $T_{2,x}$ und $T_{3,x}$ ermittelt werden, die sich auf die tatsächliche Brandlastdichte $q_{f,d}$ beziehen:

$$T_{2,x} = (T_2 - T_1) * \sqrt{\frac{t_{2,x} - t_1}{t_2 - t_1}} + T_1 \qquad \text{(Gl. 155)}$$

$$T_{3,x} = \left(\frac{T_3}{\log_{10} * (t_3 + 1)}\right) * \log_{10} * (t_3 + 1) \qquad \text{(Gl. 156)}$$

Die Temperaturzeitkurve lässt sich nun vollständig durch Gleichung (157) beschreiben. Es ist zu beachten, dass bei Brandlastdichten < 1300 MJ/m² für t_2, T_2 und T_3 die Werte gemäß den Gleichungen (154), (155) und (156) einzusetzen sind.

$$T = \begin{cases} (T_1 - T_0) * \frac{t^2}{t_1^2} & \text{für } t \leq t_1 \\ (T_2 - T_1) * \sqrt{\frac{t - t_1}{t_2 - t_1}} + T_1 & \text{für } t_1 < t \leq t_2 \\ (T_3 - T_2) * \sqrt{\frac{t - t_2}{t_3 - t_2}} + T_2 & \text{für } t > t_2 \end{cases} \qquad \text{(Gl. 157)}$$

Für den Sonderfall, dass 70% der Energie bereits während der Wachstumsphase freigesetzt ist, bildet sich kein horizontales Plateau aus, d.h. die maximale Energiefreisetzungsrate gemäß den Gleichung (134) bzw. (135) wird gar nicht erreicht. Die Wachstumsphase geht nahtlos in die Abklingphase über.

Der Zeitpunkt eines ggf. auftretenden Flashovers, bei dem die Energiefreisetzungsrate schlagartig auf ihr Maximum ansteigt, kann mit Hilfe der Methode von Thomas anhand der Gleichung (158) bestimmt werden (siehe [27], Abschnitt 4.5.3.1):

$$t_{1,fo} = \sqrt{t_\alpha^{\,2} * Q_{fo}} = \sqrt{t_\alpha^{\,2} * \left(0{,}0078 * A_t + 0{,}378 * A_v * \sqrt{h_{eq}}\right)} \quad [s] \qquad \text{(Gl. 158)}$$

5.2.4.3 Anwendungsbeispiele mit variablen Eingangsparametern

Zur Veranschaulichung und Verdeutlichung des Einflusses der verschiedenen Parameter, werden nun konkrete Beispiele näher untersucht. Dies geschieht mittels einer selbst erstellten Visual- Basic- Programmierung in Microsoft- Excel.

Um auch einen Vergleich mit den parametrischen Temperaturzeitkurven zu ermöglichen, orientiert sich die Wahl der Beispiele an 5.2.3.3.

Beispiel B.1 – Variation der Brandlast, großer Brandabschnitt, brandlastgesteuerter Brand:

(vgl. auch Beispiel A.1)

Grundfläche des Brandabschnitts A_f = 40*12 = 480m^2
Gesamtfläche der Raumhülle A_t = 2*480+2*(40+12)*3,0 = 1272m^2
Gesamtfläche der vert. Öffnungen A_v = 120m^2
Gemittelte Fensterhöhen h_{eq} = 1,12m
Öffnungsfaktor O = 0,10m$^{1/2}$
Thermisch isolierende Wirkung der Umfassungsbauteile
b = 1000 J/m^{2}s$^{1/2}$K
maximale Energiefreisetzungsrate RHR_f = 250 kW/m^2
Brandentwicklungsgeschwindigkeit mittel

(entspricht t_α = 300 s)

Die in Bild 44 und 45 dargestellten Kurvenscharen variieren über den Bemessungswert der Brandlastdichte $q_{f,d}$ bezogen auf die Grundfläche des Brandabschnitts.

In Tabelle 52 sind die markanten Zeitpunkte und ihre zugehörigen Temperaturen numerisch dargestellt.

	Ende Wachstumsphase		Ende Vollbrandphase		Ende Abklingphase	
$q_{f,d}$ [MJ/m²]	t_1 [min]	$\theta_{g,1}$ [°C]	t_2 [min]	$\theta_{g,2}$ [°C]	t_3 [min]	$\theta_{g,3}$ [°C]
500	55	980	60	1105	80	615
750	55	980	72	1206	102	632
1000	55	980	83	1275	123	646
1250	55	980	95	1330	145	658

Tabelle 52: Markante Zeitpunkte und zugehörige Temperaturen zu Bild 45 (großer Brand-Abschnitt)

Bei den gewählten Beispielen handelt es sich durchweg um brandlastgesteuerte Brände.

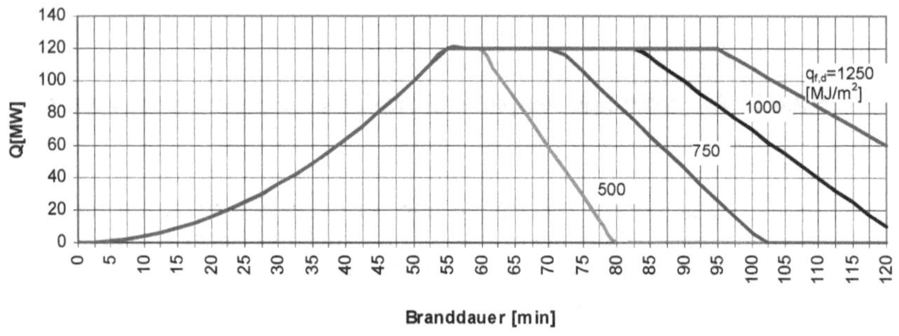

Bild 44: Energiefreisetzungsrate nach EC 1-1-2, Anhang E in Abhängigkeit von der Brandlastdichte $q_{f,d}$ [MJ/m²] mit O = 0,10m$^{1/2}$, b = 1000 J/m²s$^{1/2}$K, RHR_f = 250 kW/m² und t_a = 300s (großer Brandabschnitt)

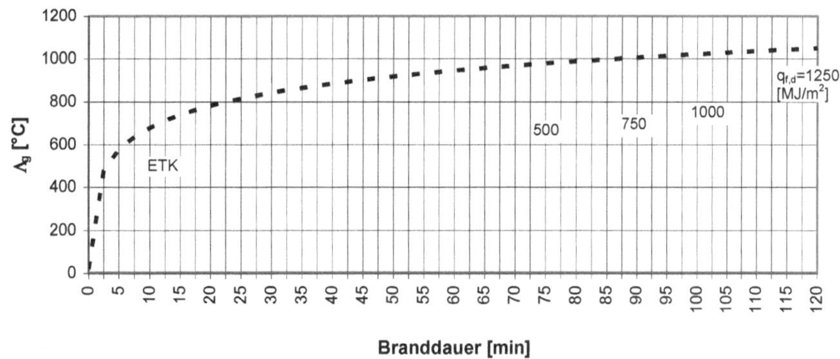

Bild 45: Temperaturzeitkurve nach EC 1-1-2, Anhang E in Abhängigkeit von der Brandlastdichte $q_{f,d}$ [MJ/m²] mit O = 0,10m$^{1/2}$, b = 1000 J/m²s$^{1/2}$K, RHR_f = 250 kW/m² und t_a = 300s (großer Brandabschnitt)

Beispiel B.2 – Variation der Brandlast, kleiner Brandabschnitt, brandlastgesteuerter Brand:

(vgl. auch Beispiel A.2)

Grundfläche des Brandabschnitts $A_f = 10*10 = 100m^2$
Gesamtfläche der Raumhülle $A_t = 2*100+2*(10+10)*3{,}0 = 320m^2$
Gesamtfläche der vert. Öffnungen $A_v = 30{,}3m^2$
Gemittelte Fensterhöhen $h_{eq} = 1{,}12m$
Öffnungsfaktor $O = 0{,}10m^{1/2}$
Thermisch isolierende Wirkung der Umfassungsbauteile
$b = 1000\ J/m^2s^{1/2}K$
maximale Energiefreisetzungsrate $RHR_f = 250\ kW/m^2$
Brandentwicklungsgeschwindigkeit mittel (entspricht $t_\alpha = 300$ s)
In Tabelle 53 sind die markanten Zeitpunkte und ihre zugehörigen Temperaturen numerisch dargestellt.

	Ende Wachstumsphase		Ende Vollbrandphase		Ende Abklingphase	
$q_{f,d}$ [MJ/m²]	t_1 [min]	$\theta_{g,1}$ [°C]	t_2 [min]	$\theta_{g,2}$ [°C]	t_3 [min]	$\theta_{g,3}$ [°C]
500	25	964	40	1154	60	594
750	25	964	52	1217	82	616
1000	25	964	63	1267	103	633
1250	25	964	75	1310	125	647

Tabelle 53: Markante Zeitpunkte und zugehörige Temperaturen zu Bild 47 (kleiner Brandabschnitt)

Bei den gewählten Beispielen handelt es sich durchweg um brandlastgesteuerte Brände.

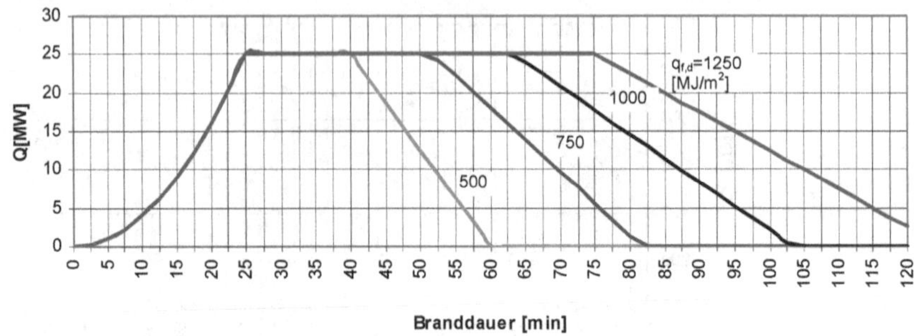

Bild 46: Energiefreisetzungsrate nach EC 1-1-2, Anhang E in Abhängigkeit von der Brandlastdichte $q_{f,d}$ [MJ/m^2] mit O = 0,10m$^{1/2}$, b = 1000 J/m^{2}s$^{1/2}$K, RHR_f = 250 kW/m^2 und t_a = 300s (kleiner Brandabschnitt)

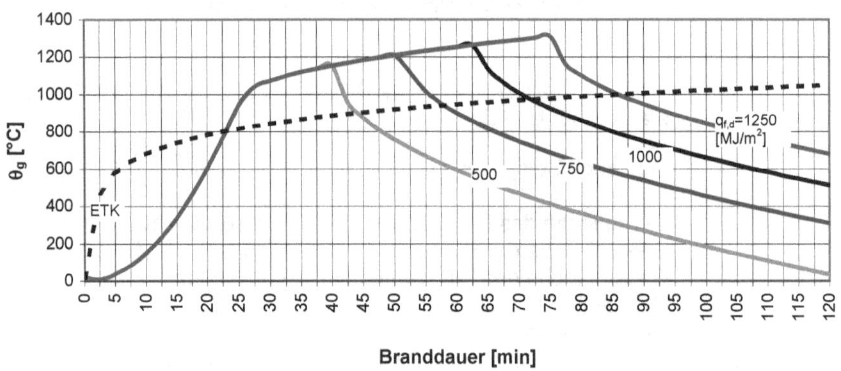

Bild 47: Temperaturzeitkurve nach EC 1-1-2, Anhang E in Abhängigkeit von der Brandlastdichte $q_{f,d}$ [MJ/m^2] mit O = 0,10m$^{1/2}$, b = 1000 J/m^{2}s$^{1/2}$K, RHR_f = 250 kW/m^2 und t_a = 300s (kleiner Brandabschnitt)

Beispiel B.3 – Variation der Brandentwicklungsgeschwindigkeit, großer Brandabschnitt, brandlastgesteuerter Brand:

Grundfläche des Brandabschnitts	A_f = 40*12 = 480m^2
Gesamtfläche der Raumhülle	A_t = 2*480+2*(40+12)*3,0 = 1272m^2
Gesamtfläche der vert. Öffnungen	A_v = 120m^2
Gemittelte Fensterhöhen	h_{eq} = 1,12m
Öffnungsfaktor	O = 0,10m$^{1/2}$
Thermisch isolierende Wirkung der Umfassungsbauteile	b = 1000 J/m^{2}s$^{1/2}$K
Brandlastdichte	$q_{f,d}$ = 500 MJ/m^2
maximale Energiefreisetzungsrate	RHR_f = 250 kW/m^2

Die in Bild 48 und 49 dargestellten Kurvenscharen variieren über die Brandentwicklungsgeschwindigkeit t_α.

t_α [s]	Ende Wachstumsphase		Ende Vollbrandphase		Ende Abklingphase	
	t_1 [min]	$\theta_{g,1}$ [°C]	t_2 [min]	$\theta_{g,2}$ [°C]	t_3 [min]	$\theta_{g,3}$ [°C]
75 sehr schnell	14	964	32	1188	52	598
150 schnell	27	964	42	1169	62	605
300 mittel	55	964	60	1105	80	615
600 langsam	94	964	94	980	121	630

Tabelle 54: Markante Zeitpunkte und zugehörige Temperaturen zu Bild 49

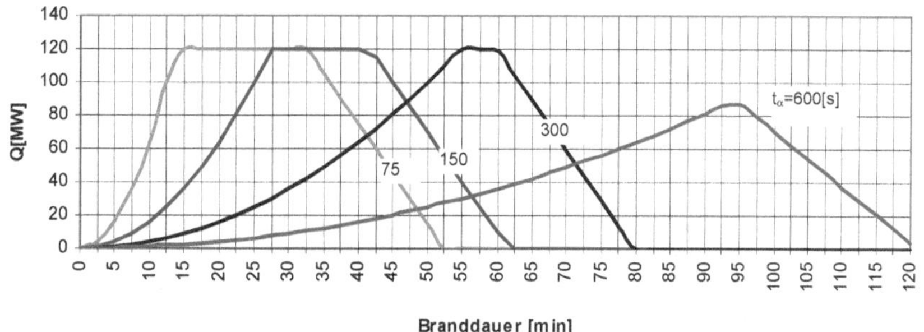

Bild 48: Energiefreisetzungsrate nach EC 1-1-2, Anhang E in Abhängigkeit von der Brandentwicklungsgeschwindigkeit t_α mit $q_{f,d}$ = 500 [MJ/m^2], O = 0,10m$^{1/2}$, b = 1000 J/m^{2}s$^{1/2}$K und RHR$_f$ = 250 kW/m^2 (großer Brandabschnitt)

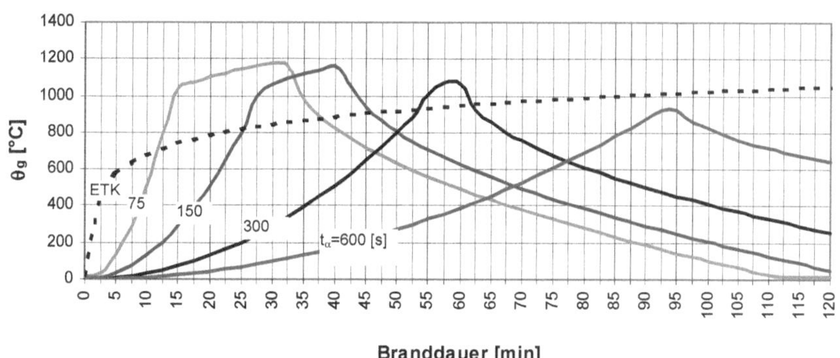

Bild 49: Temperaturzeitkurve nach EC 1-1-2, Anhang E in Abhängigkeit von der Brandentwicklungsgeschwindigkeit t_α mit $q_{f,d}$ = 500 [MJ/m^2], O = 0,10m$^{1/2}$, b = 1000 J/m^{2}s$^{1/2}$K und RHR$_f$ = 250 kW/m^2 (großer Brandabschnitt)

Zu Demonstrationszwecken wurde hier RHR_f konstant gelassen. In realen Situationen wird bei schnellerer Brandentwicklungsgeschwindigkeit auch die maximale Energiefreisetzungsrate zunehmen (s. a. Tabelle 51).

Beispiel B.4 – Variation der maximalen Energiefreisetzungsrate und der Brandentwicklungsgeschwindigkeit, großer Brandabschnitt:

Grundfläche des Brandabschnitts	$A_f = 40*12 = 480m^2$
Gesamtfläche der Raumhülle	$A_t = 2*480+2*(40+12)*3{,}0 = 1272m^2$
Gesamtfläche der vert. Öffnungen	$A_v = 120m^2$
Gemittelte Fensterhöhen	$h_{eq} = 1{,}12m$
Öffnungsfaktor	$O = 0{,}010m^{1/2}$
Thermisch isolierende Wirkung der Umfassungsbauteile	$b = 1000\ J/m^2s^{1/2}K$
Brandlastdichte	$q_{f,d} = 500\ MJ/m^2$
maximale Energiefreisetzungsrate	$RHR_f = 250$ bzw. $500\ kW/m^2$
Brandentwicklungsgeschwindigkeit	mittel (entspricht $t_\alpha = 300$ s) bzw. Schnell (entspricht $t_\alpha = 300$ s)

RHR_f [kW/m²]	Ende Wachstumsphase		Ende Vollbrandphase		Ende Abklingphase	
t_α [s]	t_1 [min]	$\theta_{g,1}$ [°C]	t_2 [min]	$\theta_{g,2}$ [°C]	t_3 [min]	$\theta_{g,3}$ [°C]
250 kW/m² 150s	27	980	42	980	62	605
500 kW/m² 150s	33	987	38	987	51	787
250 kW/m² 300 s	55	980	60	615	80	615
500 kW/m² 300 s	59	987	59	806	76	806

Tabelle 55: Markante Zeitpunkte und zugehörige Temperaturen zu Bild 51

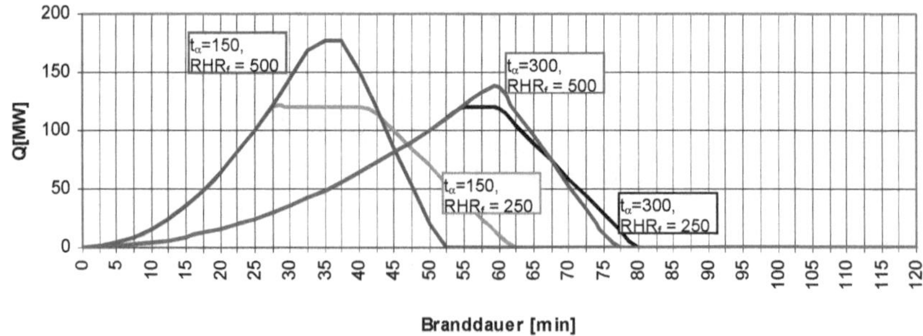

Bild 50: Energiefreisetzungsrate nach EC 1-1-2, Anhang E in Abhängigkeit von der Brandentwicklungsgeschwindigkeit t_α[s] und RHR_f[kW/m²] mit $q_{f,d} = 500$ [MJ/m²], $O = 0{,}010m^{1/2}$, und $b = 1000\ J/m^2s^{1/2}K$ (großer Brandabschnitt)

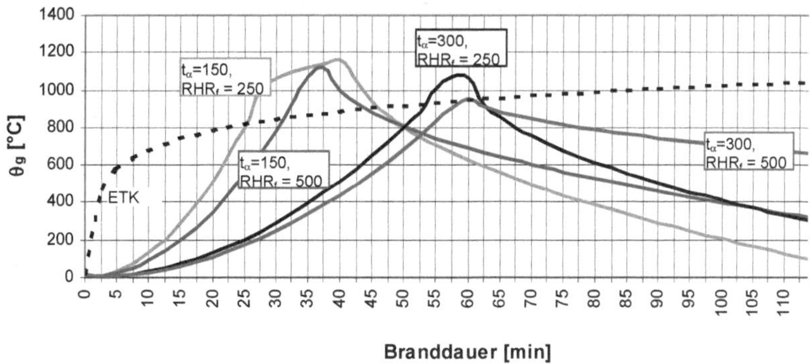

Bild 51: Temperaturzeitkurven nach EC 1-1-2, Anhang E in Abhängigkeit von der Brandentwicklungsgeschwindigkeit t_α[s] und RHR_f[kW/m²] mit $q_{f,d}$ = 500 [MJ/m²], O = 0,010m$^{1/2}$, und b = 1000 J/m²s$^{1/2}$K (großer Brandabschnitt)

5.2.4.4 Zusammenfassung der wichtigsten Ergebnisse

Die in 5.2.3.4 formulierten Ergebnisse bezüglich Raumgeometrie, Brandlastdichte, Öffnungsfaktor und thermische Isolierung der raumabschließenden Bauteile gelten hier natürlich gleichermaßen.

Der Einfluss der Brandentwicklungsgeschwindigkeit, der mit dem Parameter t_α (Zeitpunkt bis 1 MW Energie freigesetzt wurde) charakterisiert wird, ist hier jedoch ausgeprägter (siehe Beispiel B.3). Je schneller sich ein Brand entwickelt, desto höher ist die maximale Temperatur und desto früher tritt diese auf. Die Branddauer ist bei schnellerer Brandentwicklung entsprechend kürzer. Häufig erfährt die Temperaturentwicklung eine Deckelung mangels nicht ausreichend zur Verfügung stehendem Sauerstoff. Bei diesen sog. ventilationsgesteuerten Bränden verlängert sich die Branddauer entsprechend.

Variiert man die maximale Energiefreisetzungsrate RHR_f (siehe Beispiel B.4), so erkennt man folgende Zusammenhänge: Bei größerem RHR_f verläuft die Temperaturzeitkurve flacher, was gleichbedeutend mit einer längeren Branddauer ist. Die maximal erreichte Temperatur ist dabei oft kleiner, da nicht ausreichend Sauerstoff zur Verfügung steht (ventilationsgesteuerter Brand).

Im Vergleich zur nominellen Einheits- Temperaturzeitkurve sind die erreichten Temperaturen bei den gewählten Beispielen fast immer höher, sie treten jedoch wesentlich später auf. Dies liegt am flacheren Anstieg der Naturbrandkurve in der Wachstumsphase. Die Unterschiede nach Erreichen der Maximaltemperatur sind sehr deutlich, da die ETK – wie bereits erwähnt – von einer stetigen Temperaturzunahme ausgeht.

Vergleicht man nun die Temperaturzeitkurven nach Anhang A mit denen nach Anhang E des EC 1-1-2, so stellt man bei identischen Eingangsparametern folgende Unterschiede fest (vgl. Beispiel A.1 und B.1):
Bei der aufwändigeren Methode auf Basis der Energiefreisetzungsrate tritt die Maximaltemperatur deutlich später auf, da die Kurve im Bereich der Wachstumsphase flacher verläuft. Die Maximaltemperaturen weisen keine großen Unterschiede auf. Allerdings ist hier die Branddauer, bedingt durch das spätere Auftreten der Maximaltemperatur und den relativ flach abfallenden Ast der Temperaturzeitkurve in der Abklingphase, wesentlich länger.

Die Berechnung eines natürlichen Brandverlaufes für vereinfachte und allgemeine Brandmodelle mit Hilfe der Energiefreisetzungsrate nach EC 1-1-2 , Anhang E [11] wird in [33] befürwortet. Jedoch soll im Nationalen Anhang die Bestimmung der Bemessungsbrandlast nach Gleichung (122) außer Kraft gesetzt werden, da die einzelnen Faktoren d_i teilweise nicht stochastisch voneinander unabhängig sind. Dies ist aber eine Voraussetzung für die mathematische Korrektheit des Ansatzes.

5.2.5 Vergleich der Stahlerwärmung für verschiedene Temperaturzeitkurven in Abhängigkeit von der Nutzung

Entscheidend für die Heißbemessung im Stahl- und Stahlverbundbau ist die Temperaturentwicklung im Bauteil selbst.

Nachfolgend werden exemplarisch verschiedene Anwendungsfälle der normierten Einheitstemperaturzeitkurve (ETK), der parametrischen Temperaturzeitkurve (PTK) und der Temperaturzeitkurve auf Basis der Energiefreisetzungsrate (EFS) miteinander verglichen. Variiert wird bezüglich der Nutzungen, d.h. der Brandlastdichte und Brandentwicklungsgeschwindigkeiten.

Stellvertretend wird ein ungeschützter Stahlträger mit einem Profilfaktor $A_m/V = 200\ [m^{-1}]$ betrachtet. Dies entspricht gemäß Tabelle 9 ungefähr einem Profil IPE 300 bei 3- oder 4- seitiger Brandbeanspruchung.

Die Ermittlung der Stahltemperatur erfolgt mittels einer Visual- Basic- Programmierung in Excel auf Basis der Nettowärmestromdichte (siehe Kapitel 3.3.3.3.2). Dabei wird die spezifische Wärme von Stahl c_a temperaturabhängig berücksichtigt.

Bei Verwendung der ETK wird für die Ermittlung der Stahltemperatur das in Kapitel 3.3.3.3.2 beschriebene Näherungsverfahren verwendet.

Die Heißgastemperaturermittlung für die PTK erfolgt nach Kapitel 5.2.3, die für die EFS nach 5.2.4. Dort finden sich auch die speziellen konvektiven Wärmeübergangskoeffizienten α_c.

Die Berechnung erfolgt mit einem Zeitinkrement Δt von 5s. Des weiteren wird davon ausgegangen, dass das Bauteil vollständig in Flammen gehüllt ist, also die wirksame Strahlungstemperatur des Brandes gleich der Heißgastemperatur gesetzt werden darf.

Es wird kritisch bemerkt, dass die Festigkeits- und Verformungseigenschaften für Stahl nur für eine Erwärmungs-geschwindigkeit von 2 bis 50 K/min gelten (siehe EC 3-1-2, 3.2.1 [14]). Diese Werte werden aber insbesondere bei Verwendung der ETK und PTK im Bereich der sehr steilen Temperaturzeitkurve in der Erwärmungsphase meist überschritten. Es wird vermutet, dass ohne Berücksichtigung der Erwärmungsgeschwindigkeit die Dimensionierung von Bauteilen fehlerhaft ist. Leider ist dieser Effekt im derzeitigen Normenstand nicht erfasst.

In den folgenden Beispielen wird die Raumgeometrie nicht variiert. Sie entspricht den Annahmen der Beispiele A.1 und B.2:

Grundfläche des Brandabschnitts	$A_f = 40*12 = 480m^2$
Gesamtfläche der Raumhülle	$A_t = 2*480+2*(40+12)*3,0 = 1272m^2$
Gesamtfläche der vert. Öffnungen	$A_v = 120m^2$
Gemittelte Fensterhöhen	$h_{eq} = 1,12m$
Öffnungsfaktor	$O = 0,10m^{1/2}$
Thermisch isolierende Wirkung der Umfassungsbauteile	
	$b = 1000\ J/m^2s^{1/2}K$

<u>Beispiel C.1: Wohnung</u>

Brandlastdichte gemäß Gleichung (122) und Tabelle 44 bis 46:
$q_{f,d} = q_{f,k}*m*\delta_{q1}*\delta_{q2}*\delta_n\ = 780*0,80*1,54*1,00*1,00 = 961\ [MJ/m^2]$

Brandentwicklungsgeschwindigkeit gemäß Tabelle 47 für PTK:
t_{lim} = 20min, mittelschnell

Wachstumsrate für EFS gemäß Tabelle 51:
t_α = 300s, mittelschnell

maximale Energiefreisetzung für EFS gemäß Tabelle 51:
$RHR_f = 250\ kW/m^2$

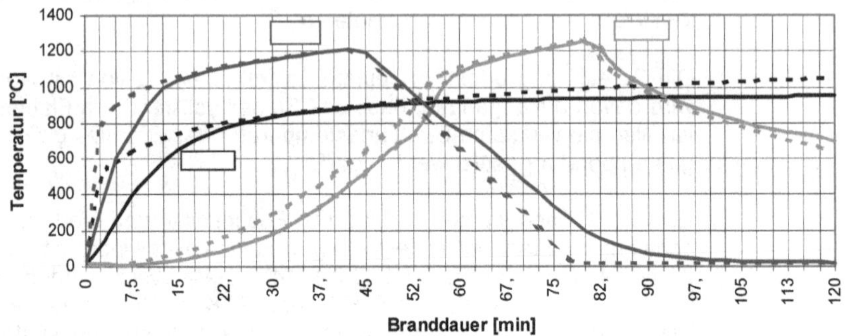

Bild 52: Stahlerwärmung bei einer Nutzung als Wohnung, A_m/V = 200 m^{-1}
(- - - - Gastemperatur, ____ Stahltemperatur)

Beispiel C.2: Büro

Brandlastdichte gemäß Gleichung (122) und Tabelle 44 bis 46:
$q_{f,d} = q_{f,k} * m * \delta_{q1} * \delta_{q2} * \delta_n$ = 420*0,80*1,54*1,00*1,00 = 517 [MJ/m²]

Brandentwicklungsgeschwindigkeit gemäß Tabelle 47 für PTK:
t_{lim} = 20min, mittelschnell

Wachstumsrate für EFS gemäß Tabelle 51:
t_α = 300s, mittelschnell

maximale Energiefreisetzung für EFS gemäß Tabelle 51:
RHR_f = 250 kW/m²

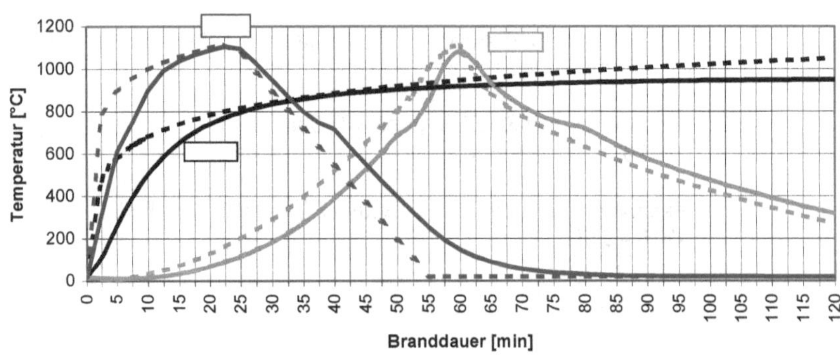

Bild 53: Stahlerwärmung bei einer Nutzung als Büro, A_m/V = 200 m^{-1}
(- - - - Gastemperatur, ____ Stahltemperatur)

Beispiel C.3: Hotel (Zimmer)

Brandlastdichte gemäß Gleichung (122) und Tabelle 44 bis 46:
$q_{f,d} = q_{f,k} * m * \delta_{q1} * \delta_{q2} * \delta_n$ = 310*0,80*1,54*1,00*1,00 = 382 [MJ/m²]

Brandentwicklungsgeschwindigkeit gemäß Tabelle 47 für PTK:
t_{lim} = 20min, mittelschnell

Wachstumsrate für EFS gemäß Tabelle 51:
t_α = 300s, mittelschnell

maximale Energiefreisetzung für EFS gemäß Tabelle 51:
RHR_f = 250 kW/m²

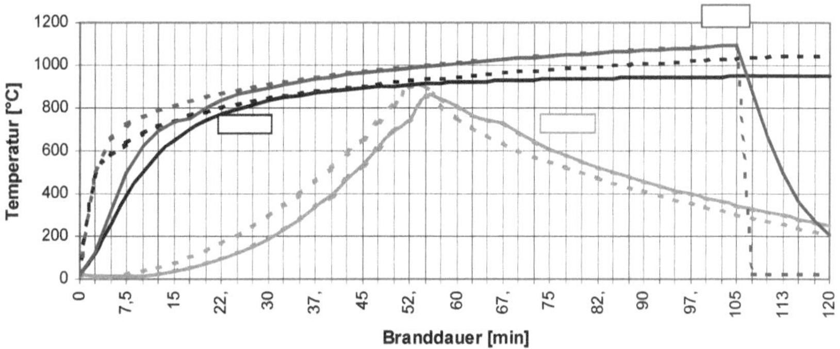

Bild 54: Stahlerwärmung bei einer Nutzung als Hotel, A_m/V = 200 m^{-1}
(- - - - Gastemperatur, ____ Stahltemperatur)

Beispiel C.4: Einkaufszentrum

Brandlastdichte gemäß Gleichung (122) und Tabelle 44 bis 46:
$q_{f,d} = q_{f,k} * m * \delta_{q1} * \delta_{q2} * \delta_n$ = 600*0,80*1,54*1,00*1,00 = 739 [MJ/m²]

Brandentwicklungsgeschwindigkeit gemäß Tabelle 47 für PTK:
t_{lim} = 15min, schnell

Wachstumsrate für EFS gemäß Tabelle 51:
t_α = 150s, schnell

maximale Energiefreisetzung für EFS gemäß Tabelle 51:
RHR_f = 500 kW/m²

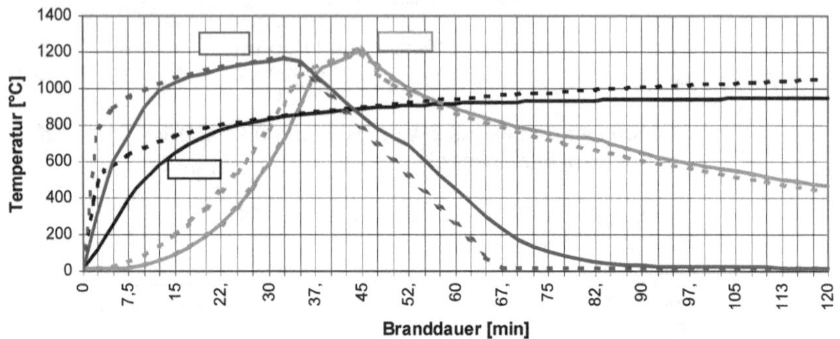

Bild 55: Stahlerwärmung bei einer Nutzung als Einkaufszentrum, A_m/V = 200 m^{-1}
(- - - - Gastemperatur, ____ Stahltemperatur)

5.3 Lokale Brände

5.3.1 Allgemeines

Bei der Untersuchung von lokalen Bränden ist sicherzustellen, dass ein Feuerüberschlag zu den benachbarten Bereichen unwahrscheinlich ist. Kernstück ist also die räumliche Einschränkung des Feuers; es kann nicht die gesamte Brandlast im betrachteten Brandabschnitt aktiviert werden. Dies ist der entscheidende Unterschied zu Vollbrandmodellen. Durch die nur lokale Ausbreitung des Brandes und die damit verbundene geringere Energiefreisetzung während des Brandes, bleiben die Heißgastemperaturen – und damit auch die Temperaturen in den Konstruktionsbauteilen – niedriger als beim Vollbrandmodell, das den gesamten Brandabschnitt mit einbezieht.

Um den für die tragende Konstruktion maßgebenden Fall herauszufinden, ist es erforderlich, verschiedene Brandszenarien durchzuspielen. Die Auftretenswahrscheinlichkeit von Brandszenarien sollte auf statistischen Auswertungen beruhen. In der Literatur sind für verschiedene Gebäudetypen relevante Brandszenarien zu finden (siehe Kapitel 5.4), die selbstverständlich auch auf Forschungs- und Versuchsergebnissen beruhen.

Das Modell des lokalen Brandes ist der Kategorie der vereinfachten Naturbrandmodelle zuzuordnen.

5.3.2 Ermittlung der thermischen Einwirkung durch lokale Brände nach EC 1-1-2, Anhang C

Der Netto- Wärmestrom wird nach der bereits aus Abschnitt 3.3.3.3.2 bekannten Gleichung (15) ermittelt. Hierbei sollte der Konfigurationsfaktor Φ nach EC 1-1-2, Anhang G [11] ermittelt werden. In den nachfolgenden Ausführungen wird vereinfacht von der konservativen Annahme eines Konfigurationsfaktors von 1,0 ausgegangen (siehe auch Erläuterungen zu Gleichung (17)).

Die wesentlichen geometrischen Eingangsparameter sind in den Bildern 56 und 57 dargestellt.

Das beschriebene Verfahren gilt für einen Branddurchmesser D von maximal 10m und einer maximalen Energiefreisetzung Q von 50 MW.

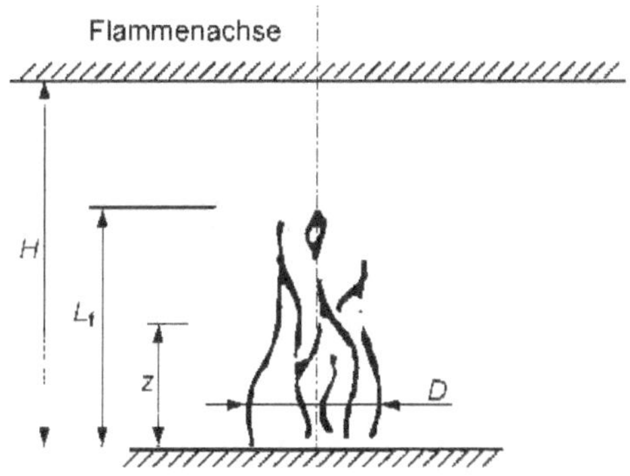

Bild 56: Geometrische Festlegungen, vertikale Richtung (siehe EC 1-1-2, Bild C.1 [11])

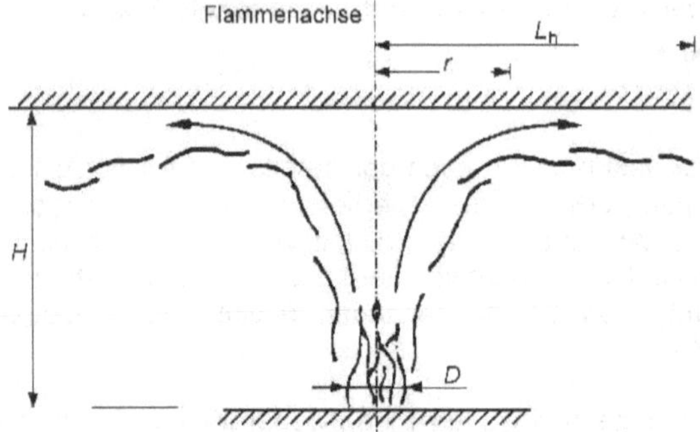

Bild 57: Geometrische Festlegungen, horizontale Richtung (siehe EC 1-1-2, Bild C.2 [11])

Die Flammenlänge L_f ermittelt sich nach Gleichung (159):

$$L_f = -1{,}02 * D + 0{,}0148 * Q^{2/5} \quad [m] \qquad \text{(Gl. 159)}$$

Dabei ist
D der Durchmesser des Feuers in [m] und
Q die Energiefreisetzungsrate in [W], siehe Abschnitt 5.2.4.2.

Erreicht die Flamme die Decke nicht, oder handelt es sich um einen Brand im Freien, wird die Temperatur entlang der vertikalen Symmetrieachse gemäß Gleichung (160) ermittelt:

$$\theta_{(z)} = 20 + 0{,}25 * Q_c^{2/3} * (z-z_0)^{-5/3} \leq 900 \text{ [°C]} \quad \text{für } L_f < H \qquad \text{(Gl. 160)}$$

mit

Q_c	= 0,8*Q; konvektive Anteil der Energiefreisetzungsrate in [W],
z	die Höhe [m] entlang der Flammenachse
z_0	= $-1{,}02*D+0{,}00524*Q^{2/5}$; der gedachte Ursprung in [m]
H	der Abstand zwischen dem Brandherd und der Decke [m]

Wenn die Flamme die Decke erreicht, wird die Netto- Wärmestromdichte in der brandbeanspruchten Fläche in Höhe der Decke anhand der Gleichung (168) ermittelt. Vorher müssen jedoch die nachstehenden Hilfswerte ermittelt werden.

Wärmestromdichte in Oberflächen in Deckenhöhe [W/m^2]

$$Q_D^* = \frac{Q}{1{,}11 * 10^6 * D^{2{,}5}} \quad [-] \qquad \text{(Gl. 161)}$$

vertikale Lage des Brandherdes z'

$$z' = \begin{cases} 2{,}4 * D\left(Q_D^{*\,2/5} - Q_D^{*\,2/3}\right) \; [m] & \text{für } Q_D^* < 1{,}0 \\ 2{,}4 * D\left(1{,}0 - Q_D^{*\,2/5}\right) \; [m] & \text{für } Q_D^* \geq 1{,}0 \end{cases} \qquad \text{(Gl. 162)}$$

dimensionslose Energiefreisetzungsrate Q_H^*

$$Q_H^* = \frac{Q}{1{,}11 * 10^6 * H^{2{,}5}} \; [-] \qquad \text{(Gl. 163)}$$

mit

H Abstand zwischen dem Brandherd und der Decke [m]

horizontale Flammenausbreitung L_h

$$L_h = \left(2{,}9 * H * \left(Q_H^*\right)^{0{,}33}\right) - H \quad [m] \qquad \text{(Gl. 164)}$$

Paramter y

$$y = \frac{r + H + z'}{L_h + H + z'} \quad [-] \qquad \text{(Gl. 165)}$$

mit

r der horizontale Abstand in [m] zwischen der vertikalen Flammenachse und dem Ort an der Decke für den der Wärmestrom berechnet wird (siehe auch Bild 57)

Wärmestromdichte in Oberflächen in Deckenhöhe

$$\dot{h} = \begin{cases} 100000 & \text{wenn } y \leq 0{,}30 \\ 136300 - 121000 * y & \text{wenn } 0{,}30 < y < 1{,}0 \\ 15000 * y^{-3{,}7} & \text{wenn } y \geq 1{,}0 \end{cases} \qquad \text{(Gl. 166)}$$

Bei mehreren gleichzeitigen örtlichen Bränden können die Werte aus Gleichung (166) addiert werden:

$$\dot{h}_{tot} = \dot{h}_1 + \dot{h}_2 + \ldots\ldots \leq 100000 \; [W/m^2] \qquad \text{(Gl. 167)}$$

Netto- Wärmestromdichte in [W/m²]

$$\dot{h}_{net} = \dot{h} - \alpha_c * (\theta_m - 20) - \Phi * \varepsilon_m * \varepsilon_f * \sigma * [(\theta_m + 273)^4 - (293)^4] \qquad \text{(Gl. 168)}$$

Erläuterung der Variablen (siehe auch Gl. (17)):

α_c = 35 angenommen; Wärmeübergangskoeffizient für Konvektion [W/m²K]

θ_m Oberflächentemperatur des Bauteils [°C], (vereinfacht wird θ_a = θ_m angesetzt),

Φ = 1,0 (vereinfachte Annahme); Konfigurationsfaktor gemäß EC 1-1-2, Anhang G [11]

ε_m = 0,80 (gemäß EC3-1-2, 4.2.5.1, [14]); baustoffabhängige Emissivität der Bauteiloberfläche

ε_f = 0,625 (gemäß EC3-1-2, 4.2.5.1, [14]) ; baustoffabhängige Emissivität des Feuers

σ = $5,67 \cdot 10^{-8}$ [W/m^2K]; Stephan- Boltzmann- Konstante

5.3.3 Anwendungsbeispiele

Nachfolgend werden für zwei Beispiele die Stahltemperaturen in einem ungeschützten Querschnitt mit A_m/V = 200 m^{-1} ermittelt.

Als erstes wird ein lokaler Brand simuliert, dessen Flammen die Decke nicht erreichen (siehe Beispiel D.1). Entlang der z- Achse werden die Stahltemperaturen exemplarisch wiedergegeben (siehe auch Bild 56).

Das zweite Beispiel (D.2) widmet sich einem lokalen Brand, dessen Flamme die Decke erreicht. In verschiedenen Abständen r werden die Stahltemperaturen graphisch dargestellt (siehe auch Bild 56).

Zum Vergleich wird die Stahlerwärmung unter der Einheits- Temperaturzeitkurve auch mit abgebildet.

Beispiel D.1: Flamme erreicht Decke nicht – Modell Stütze

Eingangsdaten: Q = 4 MW
D = 2,50 m
H = 8 m

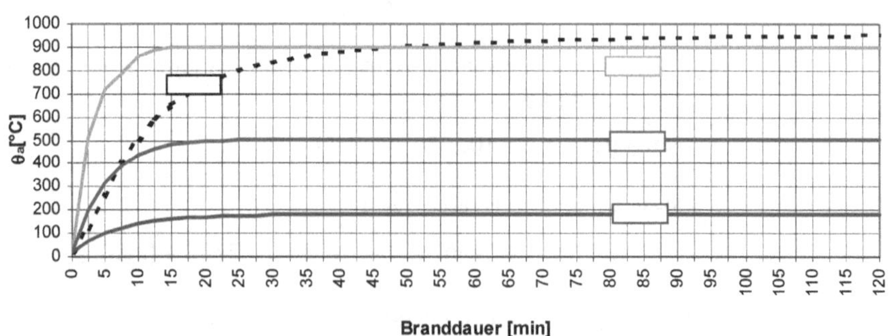

Bild 58: Stahlerwärmung in Abhängigkeit von der Höhe z bei einem lokalen Brand, der die Decke nicht erreicht (- - - - ETK, ____ lokaler Brand)

Beispiel D.2: Flamme erreicht Decke – Modell Deckenträger

Eingangsdaten: Q = 4 MW

D = 2,50 m
H = 4 m

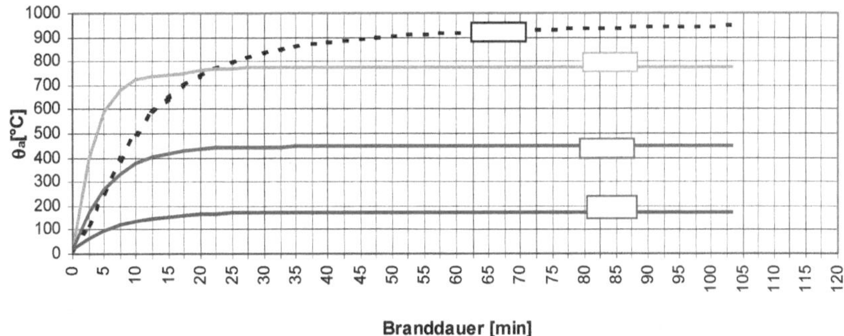

Bild 59: Stahlerwärmung in Abhängigkeit vom Abstand r zur Flammenachse bei einem lokalen Brand, der die Decke erreicht (- - - - ETK, ____ lokaler Brand)

5.4 Bekannte Brandlasten und Brandszenarien für häufig vorliegende Gebäudetypen

5.4.1 Literaturrecherche

Für Vollbrandmodelle findet man in Abhängigkeit von der Gebäudenutzung die wesentlichen Eingangsdaten zur Ermittlung einer Temperaturzeitkurve in der Literatur.

Im Kapitel 5.2 wurden bereits die Eingangsdaten Brandlastdichte, Abbrandfaktor, Brandentwicklungsgeschwindigkeit und maximale Energiefreisetzungsrate aus dem EC 1-1-2 [11] angegeben. Hier findet man Werte für Wohnungen, Krankenhäuser, Hotels, Bibliotheken, Büros, Klassenzimmer, Einkaufszentren, Theater und öffentliche Verkehrsflächen.

Für industrielle Gebäudenutzungen kann die DIN 18230-1 [7] weiterhelfen. Allerdings ist ihr Hauptaugenmerk den Verlauf eines Naturbrandes so in einen Normbrand umzurechnen, dass im Bauteil die Brandwirkungen unter den beiden Bränden äquivalent sind. Die Brandentwicklung im Vollbrandstadium wird unter Berücksichtigung der anzunehmenden Brandlasten (in ihrer Art, Menge und Anordnung) sowie der im Brandfall zu erwartenden Ventilationsbedingungen realitätsnah erfasst. Das Ergebnis ist dann eine sog. äquivalente Feuerwiderstandsdauer mit deren Hilfe wiederum eine Eingliederung in die bekannten Feuerwider-standsklassen erfolgten kann.

Gleiches trifft auf die DASt 019 [18], die für Büro- und Verwaltungsgebäude aus Stahl- und Stahlverbundbau gilt, zu.

Ein für die Praxis sehr hilfreiches Kompendium bieten auf jeden Fall die Tabellen des Abschnitts 4 aus dem bereits mehrfach zitierten vfdb- Leitfaden [27].

Wirtschaftlich besonders interessant wird eine Heißbemessung dann, wenn davon ausgegangen werden kann, dass ein Feuerüberschlag auf benachbarte Bereiche unwahrscheinlich ist. Für das Bauwerk sind dann die maßgeblichen lokalen Brandszenarien zu untersuchen. Allerdings sind diese Szenarien auf jedes einzelne betrachtete Objekt zu beziehen und ihre Übertragbarkeit ist zu überprüfen. Dabei können beim Nachweis der Standsicherheit zusätzliche Tragfähigkeiten aus den Systemreserven (mögliche Umlagerungen bei statisch unbestimmten Systemen) aktiviert werden.

In Österreich wurden z. B. schon mehrere Parkdecks und –garagen auf Basis solcher Parameterstudien (siehe [31]) realisiert. Auch gibt es dort bereits seit 2003 eine Richtlinie für offene Parkdecks, die vom Österreichischen Stahlbauverband herausgegeben wurde.

Im nächsten Abschnitt wird die Vorgehensweise für ein Realbrandkonzept exemplarisch erläutert.

5.4.2 Beispiel Realbrandkonzept Parkgarage Tirol- Therme Längenfeld

Bei dem betrachteten Projekt, das in [32] vorgestellt wurde, sind zwei unterschiedliche Bereiche betrachtet worden:

- Thermengarage: Brandschutzanforderung F 30, Verbundträger ohne Kammerbeton, Deckenhöhen 2,60m und 3,80m und
- Hotelgarage: Brandschutzanforderung F 90, Verbundträger mit Kammerbeton.

Die nachfolgenden Ausführungen beschränken sich auf die Thermengarage.

Als Grundlage dienten die Ausführungen in [31]. Statistische Untersuchungen ergaben, dass mit einer 98,7%- igen Wahrscheinlichkeit nur 3 PKWs der Mittelklasse gleichzeitig brennen.

Als ungünstigster Fall wurde hier der Brand von 3 Kfz zeitlich versetzt im Abstand von 10min angenommen. Die Umgebung des Brandherdes wurde in drei räumliche Zonen aufgeteilt:

- Zone 1: unmittelbarer Brandeinwirkungsbereich: 5m x 12m

- Zone 2: mittelbarer Brandeinwirkungsbreich: 10m x 24m
- Zone 3: äußerer Brandeinwirkungsbereich: 20m x 48m

In diesen Zonen wurden die zu erwartenden Temperaturzeitkurven ermittelt. Für die Temperaturentwicklung in der Wachstumsphase wurde ein quadratischer Ansatz gewählt (siehe auch Kapitel 5.2.4.2).

Es wurde zwischen den unterschiedlichen Deckenhöhen von 2,60m und 3,80m unterschieden. Allerdings hat sich im Nachhinein herausgestellt, dass die Raumhöhe für die sich einstellenden Temperaturen im Deckenbereich nur einen unwesentlichen Einfluss hat. Ursächlich hierfür sind die sich einerseits im Deckenbereich bildenden Rauchgasschichten, die bei geringen Höhen als gute Isolatoren wirken, und andererseits die thermodynamischen Einflüsse, die bei größeren Garagenhöhen aufgrund des Ansaugens der Heißgasströmung vom Verbrennungsprozess und der Zumischung von frischem Sauerstoff bei der Verbrennung höhere Temperaturen bewirken.

Es wurden die in den Bildern 60 bis 62 dargestellten Brandszenarien untersucht, wobei sich das Szenario 1 (siehe Bild 60) als maßgebend für die Verbundträger herausgestellt hat.

Bei der Untersuchung der Temperaturen in den einzelnen Querschnittsteilen der Deckenträger kristallisierte sich deutlich der Unterschied zwischen dem unteren und dem oberen Trägerflansch heraus. Bedingt durch die abfließende Wärme in die Betondecke waren die Temperaturen im Oberflansch um ca. 250° niedriger. Des weiteren konnte beobachtet werden, dass man deutlich höhere Temperaturen im dünnen Trägersteg als im Unterflansch erhält. Ursache ist hier die größere Massigkeit des Flansches (kleineres A_m/V- Verhältnis).

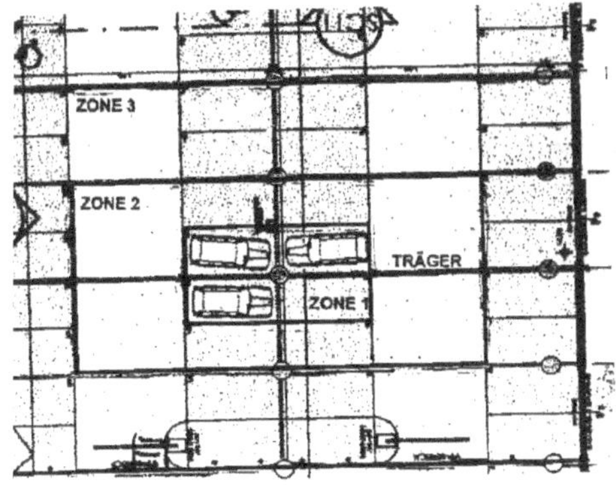

Bild 60: Brandszenario 1: Kfz um die Stütze (aus [32], Bild 15a)

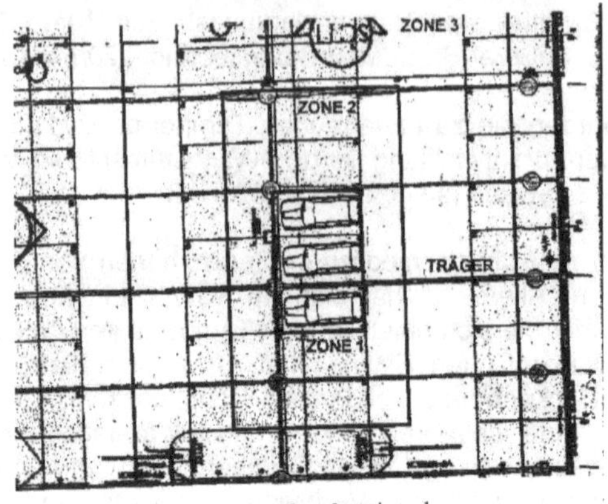

Bild 61: Brandszenario 2: Kfz nebeneinander (aus [32], Bild 15b)

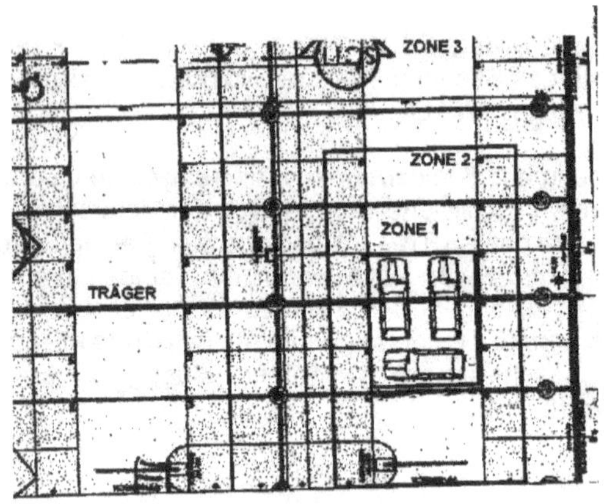

Bild 62: Brandszenario 3: Kfz in Feldmitte (aus [32], Bild 15c)

In Bild 63 ist das Einsparpotential gegenüber der ISO- Normbrandkurve (Einheitstemperaturzeitkurve) deutlich zu erkennen.

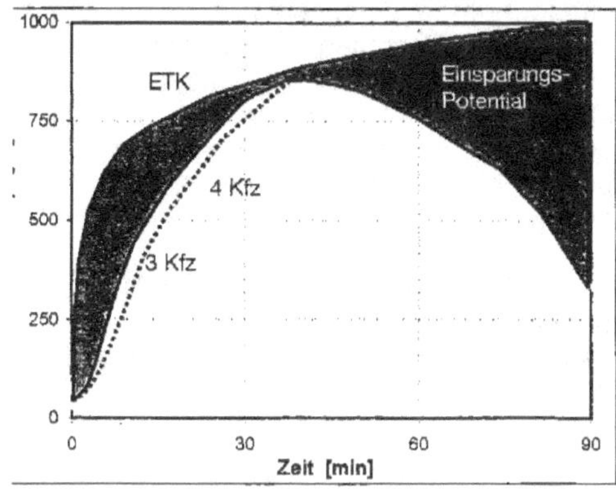

Bild 63: Vergleich zwischen Realbrand und Normbrand (aus [32], Bild 13)

Bild 64 zeigt graphisch die Heißgastemperaturen in den verschiedenen Brandnahbereichen.

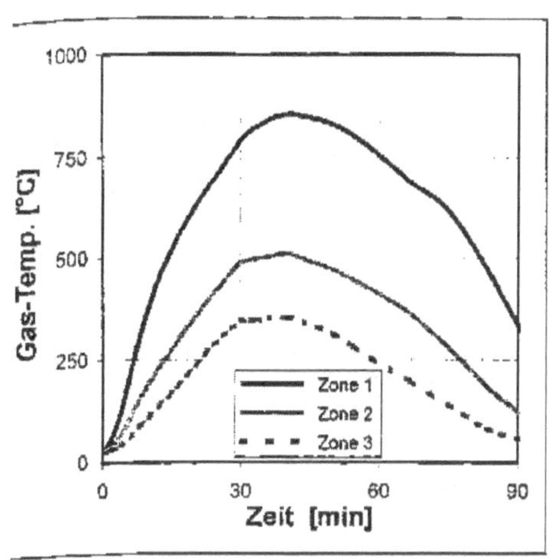

Bild 64: Heißgastemperatur im Deckenbereich, 3 Kfz, Deckenhöhe 2,60m (aus [32], Bild 10)

Es sei hier noch erwähnt, dass die lineare Addition der Einzel- Pkw- Energiefreisetzungsraten nicht Grundlage des Realbrandkonzeptes war. Aufgrund der thermodynamischen Verhältnisse und der Sauerstoffreduktion im Brandnahbereich würde dieser Ansatz zu ungünstige Energieinhalte beim Brand dreier PKWs liefern. Als resultierende Brandlast wurde eine maximale Energiefreisetzungsrate von 12 MW nach 30 bis 40 min zugrunde gelegt.

Hätte man den Deckenträger der Thermengarage nach der ISO- Brandkurve bemessen, so wäre ein Stabilitätsversagen nach 21min aufgetreten. Es hätten also größere Profile oder Kammerbeton verwendet werden müssen. Bei der Bemessung mit dem Realbrandkonzept wurde dagegen die Kaltbemessung, die deutlich höhere Lastfaktoren und entsprechende Anforderungen an die Gebrauchstauglichkeit (Schwingungen und Verformungen) berücksichtigen muss, maßgebend.

Besonders zu erwähnen bleibt hier noch, dass das gewählte Deckensystem mit dem Verbundbeton auf Stahltrapezblechen (Additiv- Decke) gewährleistet, dass sekundäre Abplatzungen, Risse und plötzliche, schlagartige Deformationen nicht auftreten können. Diese Duktilität bietet zusätzlich Sicherheit bei der Brandbekämpfung.

Eine wesentliche Grundlage eines solchen Realbrandkonzeptes und der damit verbundenen Heißbemessung ist eine leistungsfähige und v. a. geprüfte Software, die zuverlässig die maßgeblichen Bauteiltemperaturen ermittelt.

5.5 Zusammenfassung

In den vorangegangenen Abschnitten wurde versucht die Komplexität der Abbildung eines Naturbrandes darzustellen. Für das einfache Vollbrandmodell wurde auf Basis von eigenen Programmierungen die Temperaturentwicklung im Brandraum und die damit verbundene Stahlerwärmung beschrieben. Eine qualitative Bewertung der verschiedenen Eingangsparameter rundet das Gesamtbild ab.

Für aufwändigere Modelle steht z. B. das englischsprachige Programm Ozone [37] zur Verfügung, das allerdings nur dem versierten Anwender empfohlen wird. Es ermöglicht die Erfassung unterschiedlichster Eingangsparameter und führt sogar eine Heißbemessung für Stahlbauteile nach dem vereinfachten Verfahren durch.

6. ANWENDUNGSBEISPIELE FÜR DAS VEREINFACHTE UND ALLGEMEINE BEMESSUNGSVERFAHREN

6.1 Vorbemerkungen

Die nächsten Kapitel widmen sich einiger typischer Anwendungsbeispiele aus dem Stahl- und Stahlverbundbau.

Die Nachweise werden, soweit möglich, sowohl nach den vereinfachten als auch nach den allgemeinen Bemessungsregeln geführt.

Unabhängig von dem gewählten Nachweisverfahren bleibt als wichtigster Eingangsparameter die Temperatur im Brandfall im betrachteten Konstruktionsbauteil, die auf Basis der Einheitstemperaturzeitkurve oder eines realistischen Brandszenarios ermittelt wird (siehe hierzu die Ausführungen im Kapitel 5).

Da das vereinfachte Nachweisverfahren für Verbundbauteile nur auf Basis einer Normbrandbeanspruchung angewendet werden darf, werden die nachfolgenden Beispiele alle unter der Voraussetzung einer Normbrandbeanpruchung betrachtet. Für die Verwendung von Verbundbauteilen bei Naturbränden wird auf die Ausführungen in [29] verwiesen.

6.2 Stahlbau

6.2.1 Statisch bestimmte Beispiele

6.2.1.1 Einfeldträger – vereinfachtes Verfahren (gleichförmige Temperaturverteilung über den Querschnitt, keine Stabilitätsgefahr, S 235)

Eingangsdaten: HEA 300, S 235
Biegebeanspruchung Steg c/t = 208/8,5 = 24,5 < 72
Druckbeanspruchung Flansch c/t=118,75/14 = 8,5<9
-> Querschnittsklasse 1
W_{pl} = 1323cm^3, A = 113cm^2,
A_V = 113-2*30*1,4+(0,85+2*2,7)*1,4 = 37,75 cm^2
4- seitige Brandbeanspruchung, A_m/V = 153m^{-1}
Spannweite L =4m
Gabellagerung an den Auflagern

Belastung: gleichmäßig verteilte Streckenlast
Obergurt kontinuierlich gehalten -> keine Biegedrillknickgefährdung
Geforderte Feuerwiderstandsdauer R30 unter Normbrandbeanspruchung
-> im Querschnitt auftretende Temperatur (Verfahren nach 3.3.3.3.2): max θ_a = 826°C

Tragfähigkeit bei Raumtemperatur:

Ein Interaktionsnachweis braucht nicht geführt zu werden, da das maximale Moment und die maximale Querkraft an unterschiedlichen Stellen auftreten.

Biegetragfähigkeit $M_{pl,Rd} = W_{pl}*f_y/\gamma_{M0} \leq q_{f,d}*L^2/8$
$-> q_{f,d} \leq W_{pl}*f_y/\gamma_{M0} * 8/L^2 = 1383*23{,}5/1{,}0*8/4{,}0^2 =$
$= 325*8/4{,}0^2 = 162{,}5$ kN/m

Querkrafttragfähigkeit $V_{pl,Rd} = A_v*f_y/\gamma_{M0}/\sqrt{3} \leq q_{f,d}*L/2$
$-> q_{f,d} \leq A_v*f_y/\gamma_{M0}/\sqrt{3} * 2/L = 37{,}75*23{,}5/1{,}0/\sqrt{3} *2/4 =$
$= 512*2/4 = 256$ kN/m

Nachweis auf Tragfähigkeitsebene – 30 min Normbrandbeanspruchung:

Biegetragfähigkeit $M_{fi,\theta,Rd} = k_{y,\theta} *M_{pl,Rd}*\gamma_{M,1}/\gamma_{M,fi} \leq q_{fi,d}*L^2/8$
mit $k_{y,\theta} = 0{,}097$ für θ_a = 826°C (siehe Tab. 7)
$-> q_{fi,d} = k_{y,\theta} *M_{pl,Rd}*\gamma_{M,1}/\gamma_{M,fi} * 8/L^2 =$
$= 0{,}097*325*1{,}0/1{,}0*8/4{,}0^2 =$
$= 31{,}5*8/4{,}0^2 = 15{,}8$ kN/m

Querkrafttragfähigkeit $V_{fi,R,d} = k_{y,\theta,max} *V_{pl,Rd}*\gamma_{M,1}/\gamma_{M,fi} \leq q_{f,d}*L/2$
-> mit $k_{y,\theta,max} = 0{,}097$
$-> q_{fi,d} = k_{y,\theta,max} *V_{pl,Rd}*\gamma_{M,1}/\gamma_{M,fi} * 2/L =$
$= 0{,}097*512*1{,}0/1{,}0*2/4{,}0 =$
$= 24{,}8$ kN/m

Unterstellt man ein Verhältnis $\eta_{fi} = q_{fi,d}/q_{f,d} = 0{,}65$ (siehe NAD [14]) für übliche Hochbauten (siehe auch Gleichung (23)), so ergibt sich die maximale Belastung bei Raumtemperatur zu $q_{f,d} = 15{,}8/0{,}65 = 24{,}3$ kN/m. Zum Vergleich wird mit dieser Einwirkung ein Nachweis auf Temperaturebene geführt.

Nachweis auf Temperaturebene – 30 min Normbrandbeanspruchung:

$\mu_0 = E_{fi,d}/R_{fi,d0} = M_{fi,d}/M_{fi,t=0,Rd} = 15{,}8*4{,}0^2/8 / 325 = 0{,}0972$
mit $M_{fi,t=0,Rd} = k_{y,\theta} *M_{pl,Rd}*\gamma_{M,1}/\gamma_{M,fi} = 1{,}0*325*1{,}0/1{,}0 = 325$ kNm
$k_{y,\theta} = 1{,}0$ für θ_a = 20°C (siehe Tab. 7)

Die kritische Temperatur ergibt sich nach Gleichung (20) zu:
$\theta_{a,cr}$ = 39,19*ln(1/(0,9674*0,0972^{3,833})-1)+482 = 351+482 = 833°C
> $\theta_{a,max}$ = 826°C

Das Beispiel zeigt, dass beim Nachweis auf Temperaturebene ungefähr die gleichen Ergebnisse erzielt werden können.

Die Tragfähigkeit im Brandfall reduziert sich aufgrund der hohen Temperaturen auf ca. 10% der Tragfähigkeit bei Raumtemperatur.

6.2.1.2 Einfeldträger – allgemeines Verfahren (gleichförmige Temperaturver teilung über den Querschnitt, keine Stabilitätsgefahr, S 235)

Die Betrachtung des Beispiels 6.2.1.1 mit dem allgemeinen Rechenverfahren ist nicht lohnenswert, da sich bei gleicher Stahltemperatur auch gleiche Momententragfähigkeiten ergeben würden und keine Tragfähigkeitsreserven bei einem statisch bestimmten System vorhanden sind.

6.2.1.3 Einfeldträger mit höherer Stahlgüte – vereinfachtes Verfahren

(gleichförmige Temperaturverteilung über den Querschnitt, keine Stabilitätsgefahr, S 355)

Eingangsdaten: HEA 300, S 355
Biegebeanspruchung Steg c/t = 208/8,5 = 24,5 < 58
Druckbeanspruchung Flansch c/t=118,75/14 = 8,5 > 7,3
> 8,1
-> Querschnittsklasse 3
W_{el} = 1260cm^3, A = 113cm^2,
A_V = 113-2*30*1,4+(0,85+2*2,7)*1,4 = 37,75 cm^2
4- seitige Brandbeanspruchung, A_m/V = 153m^{-1}
Spannweite L =4m
Gabellagerung an den Auflagern
Belastung: gleichmäßig verteilte Streckenlast
Obergurt kontinuierlich gehalten -> keine Biegedrillknickgefährdung
Geforderte Feuerwiderstandsdauer R30 unter Normbrandbeanspruchung
-> im Querschnitt auftretende Temperatur (Verfahren nach 3.3.3.3.2): max θ_a = 826°C

Tragfähigkeit bei Raumtemperatur:

Ein Interaktionsnachweis braucht nicht geführt zu werden, da das maximale Moment und die maximale Querkraft an unterschiedlichen Stellen auftreten.

Biegetragfähigkeit $M_{pl,Rd} = W_{el}*f_y/\gamma_{M0} \leq q_{f,d}*L^2/8$
-> $q_{f,d} \leq W_{el}*f_y/\gamma_{M0} * 8/L^2 = 1260*35{,}5/1{,}0*8/4{,}0^2 =$
$= 447*8/4{,}0^2 = 223{,}7$ kN/m

Querkrafttragfähigkeit $V_{pl,Rd} = A_v*f_y/\gamma_{M0}/\sqrt{3} \leq q_{f,d}*L/2$
-> $q_{f,d} \leq A_v*f_y/\gamma_{M0}/\sqrt{3} * 2/L = 37{,}75*35{,}5/1{,}0/\sqrt{3} *2/4 =$
$= 773*2/4 = 387$ kN/m

Nachweis auf Tragfähigkeitsebene – 30 min Normbrandbeanspruchung:

Biegetragfähigkeit $M_{fi,\theta,Rd} = k_{y,\theta} *M_{Rd}*\gamma_{M,1}/\gamma_{M,fi} \leq q_{fi,d}*L^2/8$
mit $k_{y,\theta} = 0{,}097$ für $\theta_a = 826°C$ (siehe Tab. 7)
-> $q_{fi,d} = k_{y,\theta} *M_{Rd}*\gamma_{M,1}/\gamma_{M,fi}* 8/L^2 =$
$= 0{,}097*447{,}3*1{,}0*8/4{,}0^2 =$
$= 43{,}4*8/4{,}0^2 = 21{,}7$ kN/m

Querkrafttragfähigkeit $V_{fi,t,R,d} = k_{y,\theta,max} *V_{pl,Rd}*\gamma_{M,1}/\gamma_{M,fi} \leq q_{f,d}*L/2$
-> mit $k_{y,\theta,max} = 0{,}097$
-> $q_{fi,d} = k_{y,\theta,max} *V_{pl,Rd}*\gamma_{M,1}/\gamma_{M,fi} * 2/L =$
$= 0{,}097*773*1{,}0/1{,}0*2/4{,}0 =$
$= 37{,}5$ kN/m

Unterstellt man einen Abminderungsfaktor $\eta_{fi} = 0{,}65$ für übliche Hochbauten (siehe auch Gleichung (23)), so ergibt sich die maximale Belastung bei Raumtemperatur zu $q_{f,d} = 21{,}7/0{,}65 = 33{,}4$ kN/m.
Zum Vergleich wird mit dieser Einwirkung ein Nachweis auf Temperaturebene geführt.

Nachweis auf Temperaturebene – 30 min Normbrandbeanspruchung:

$\mu_0 = E_{fi,d}/R_{fi,d0} = M_{fi,d}/M_{fi,t=0,Rd} = 21{,}7*4{,}0^2/8 / 447 = 0{,}0971$
mit $M_{fi,t=0,Rd} = k_{y,\theta} *M_{pl,Rd}*\gamma_{M,1}/\gamma_{M,fi} = 1{,}0*447*1{,}0/1{,}0 = 447$ kNm
$k_{y,\theta} = 1{,}0$ für $\theta_a = 20°C$ (siehe Tab. 7)

Die kritische Temperatur ergibt sich nach Gleichung (20) zu:
$\theta_{a,cr} = 39{,}19*\ln(1/(0{,}9674*0{,}0971^{3,833})-1)+482 = 391+482 = 833°C$
$> \theta_{a,max} = 826°C$
Das Beispiel zeigt, dass beim Nachweis auf Temperaturebene ungefähr die gleichen Ergebnisse erzielt werden können.

Die Tragfähigkeit im Brandfall reduziert sich aufgrund der hohen Temperaturen auf ca. 10% der Tragfähigkeit bei Raumtemperatur.

Vergleicht man das Beispiel mit 6.2.1.1, so ist zu erkennen, dass die zu erwartende Tragfähigkeitssteigerung durch die Wahl eines S 355 statt eines S 235 ca. (33,4-24,3)/24,3 = 0,37 = 37 % beträgt. Die Steigerung der Tragfähigkeit entspricht nicht in vollem Maße der Steigerung der Streckgrenze. Ursächlich hierfür sind die unterschiedlichen Querschnitts-klassen und somit unterschiedliche Widerstandsmomente (elastisch oder plastisch).
Es erscheint lohnenswert für eine Heißbemessung einen höherwertigen Werkstoff in Betracht zu ziehen, da die Mehrkosten von ca. 10-15% die Tragfähigkeitssteigerung von ca. 40% leicht aufwiegen.
Für eine Kaltbemessung ist die höhere Werkstoffgüte bei praktischen Beispielen selten von Vorteil, da meist Gebrauchstauglichkeitsnachweise relevant werden.

6.2.1.4 Einfeldträger mit höherer Stahlgüte – allgemeines Verfahren

(gleichförmige Temperaturverteilung über den Querschnitt, keine Stabilitätsgefahr, S 355)

siehe Anmerkungen zu 6.2.1.2

6.2.1.5 Einfeldträger, kippgefährdet – vereinfachtes Verfahren

(gleichförmige Temperaturverteilung über den Querschnitt, S 235)

<u>Eingangsdaten</u>: HEB 200, S 235
Biegebeanspruchung Steg c/t = 134/9 = 14,9 < 72
Druckbeanspruchung Flansch c/t=77,5/15 = 5,2<9
-> Querschnittsklasse 1
$W_{pl} = 643 cm^3$, $A = 78,1 cm^2$,
$A_V = 78,1-2*20*1,5+(0,9+2*1,8)*1,5 = 24,85\ cm^2$
$I_w = 171100\ cm^6$, $I_T = 59,5\ cm^4$, $I_z = 2000\ cm^4$
4- seitige Brandbeanspruchung, $A_m/V = 147 m^{-1}$
Spannweite L =3m
Gabellagerung an den Auflagern (wölbfrei, gelenkig)
Belastung: gleichmäßig verteilte Streckenlast, Lastangriff am Obergurt (z_g = 10cm)
$q_{f,d} = 20$ kN/m
$q_{fi,d} = 13$ kN/m
Obergurt nicht gehalten -> Biegedrillknickgefährdung
Geforderte Feuerwiderstandsdauer R30 unter Normbrandbeanspruchung
-> im Querschnitt auftretende Temperatur (Verfahren nach 3.3.3.3.2): max $\theta_a = 824°C$

Tragfähigkeit bei Raumtemperatur:

Biegetragfähigkeit $M_{pl,Rd} = W_{pl}*f_y/\gamma_{M0} = 643*23,5/1,0 /100 = 151$ kN/m
$M_{E,d} = q_{f,d}*L^2/8 = 20,0*3,0^2/8 = 22,5$ kNm
$M_{E,d}/M_{pl,Rd} = 22,5/151 = 0,15 < 1,0$

Querkrafttragfähigkeit $V_{pl,Rd} = A_v*f_y/\gamma_{M0}/\sqrt{3} = 24,85*23,5/1,1/\sqrt{3} = 307$ kN
$V_{E,d} = q_{f,d}* L/2 = 20,0*3,0/2 = 30$ kN
$V_{E,d}/V_{pl,Rd} = 30/307 = 0,10 < 1,0$

Kippsicherheit nach [13], Abschnitt 6.3.2.3

$$M_{cr} = C_1 \frac{\pi^2 * E * I_z}{(k_z * L)^2}\left[\sqrt{\left(\frac{k_z}{k_w}\right)^2 \frac{I_w}{I_z} + \frac{(k_z * L)^2 * G * I_T}{\pi^2 * E * I_z} + (C_2 * z_g)^2} - (C_2 * z_g)\right]$$

$$M_{cr} = 1{,}12 \frac{\pi^2 * 21000 * 2000}{(1{,}0 * 300)^2}\left[\sqrt{\left(\frac{1{,}0}{1{,}0}\right)^2 \frac{171100}{2000} + \frac{(1{,}0 * 300)^2 * 8100 * 59{,}4}{\pi^2 * 21000 * 2000} + (0{,}45 * 10)^2} - (0{,}45 * 10)\right]$$

$M_{cr} = 5158,5*(14,5-4,5) = 51606$ kNcm = 516,1 kNm

$$\bar{\lambda}_{LT} = \sqrt{\frac{W_{pl,y} * f_y}{M_{cr}}} = \sqrt{\frac{643 * 23{,}5}{51606}} = 0{,}54$$

h/b = 1,0<2,0 -> Biegedrillknicklinie b -> $\alpha_{LT} = 0,34$ ->
$\Phi_{LT} = 0,50*[1+0,34*(0,54-0,40)+0,75*0,54^2] = 0,633$ ->
$\chi_{LT} = 1/[0,633+(0,633^2-0,75*0,54^2)^{0,50}] = 1/1,06 = 0,94$
$f = 1-0,5*(1-0,94)*[1-2,0*(0,54-0,8)^2] = 0,97$
$\chi_{LT,mod} = \chi_{LT}/f = 0,94/0,97 = 0,965$
$M_{b,Rd} = \chi_{LT,mod}*M_{pl,Rd} = 0,965*151 = 145,7$ kNm
$M_{E,d} / M_{b,Rd} = 22,5/145,7 = 0,15 < 1,0$

Nachweis auf Tragfähigkeitsebene – 30 min Normbrandbeanspruchung:

Biegetragfähigkeit $M_{fi,\theta,Rd} = k_{y,\theta} *M_{pl,Rd}*\gamma_{M,1}/\gamma_{M,fi}$
mit $k_{y,\theta} = 0,098$ für $\theta_a = 824°C$ (siehe Tab. 7)
-> $M_{fi,\theta,Rd} = k_{y,\theta} *M_{pl,Rd}*\gamma_{M,1}/\gamma_{M,fi} =$
$= 0,098*151*1,0/1,0 = 14,8$ kNm
$M_{E,fi,d} = q_{fi,d}*L^2/8 = 13*3,0^2/8 = 14,6$ kNm
$M_{E,fi,d}/M_{fi,\theta,Rd} = 14,6/14,8 = 0,99 < 1,0$

Querkrafttragfähigkeit $V_{fi,t,R,d} = k_{y,\theta,max} *V_{pl,Rd}*\gamma_{M,1}/\gamma_{M,fi}$
-> mit $k_{y,\theta,max} = 0,098$, $\kappa_1 = 1,0$, $\kappa_2 = 0,8$
-> $V_{fi,t,R,d} = 0,098*307*1,0/1,0 = 30,1$ kN
$V_{E,fi,d} = q_{fi,d}*L/2 = 13*3,0/2 = 19,5$ kN
$V_{E,fi,d} / V_{fi,t,Rd} = 19,5/30,1 = 0,65 < 1,0$

Kippsicherheit

$\bar{\lambda}_{\theta,max} = 1{,}2 * \bar{\lambda} = 1{,}2 * 0{,}54 = 0{,}648$

Φ_{LT} = 0,50*[1+0,34*(0,648-0,40)+0,75*0,648^2] =0,700 ->

$\chi_{LT,fi}$ = 1/[0,700+(0,700^2-0,75*0,648^2)^{0,50}] = 1/1,12 = 0,89

f = 1-0,5*(1-0,75)*[1-2,0*(0,648-0,8)^2] = 0,88

$\chi_{LT,mod,fi}$ = 0,89/0,88 = 1,01

$M_{b,fi,Rd}$ = [$\chi_{LT,mod,fi}$/1,2]*$W_{pl,y}$*$k_{y,\theta,com}$*f_y/$\gamma_{M,fi}$ = [1,01/1,2]*14,8 = 12,5 kNm

$M_{E,fi,d}$ / $M_{b,fi,Rd}$ = 14,6/12,5 = 1,17 > 1,0

Obwohl bei der Kaltbemessung nur Ausnutzungen von maximal 15% erreicht wurden, kann der Biegedrillknicknachweis nicht erfüllt werden.

Nachweis auf Temperaturebene – 30 min Normbrandbeanspruchung:

μ_0 = $E_{fi,d}$/$R_{fi,d,0}$ = $M_{E,fi,d}$ / $M_{b,fi,t=0,Rd}$ = 14,6/127,2 = 0,115

mit $M_{b,fi,Rd}$ = [$\chi_{LT,mod,fi}$/1,2]*$W_{pl,y}$*$k_{y,\theta,com}$*f_y/$\gamma_{M,fi}$ =

= [1,01/1,2]*643*1,0*23,5/1,0/100 = 127,2 kNm

Die kritische Temperatur ergibt sich für die Biegemomententragfähigkeit und für die Biegedrillknicksicherheit mit μ_0 = 0,15 nach Gleichung (20) zu:

$\theta_{a,cr}$ = 39,19*ln(1/(0,9674*0,115^{3,833})-1)+482 = 326+482 = 808°C

< $\theta_{a,max}$ = 824°C

Der Nachweis auf Temperaturebene gelingt hier auch nicht.

6.2.1.6 Einfeldträger, kippgefährdet – allgemeines Verfahren

(gleichförmige Temperaturverteilung über den Querschnitt, S 235)

Das Beispiel 6.2.1.5 wird nun einer Bemessung mit dem Programmmodul ASE [39] unterzogen.
Dabei berücksichtigen die mit „STEU WARP 1“ angesteuerten Elemente beim Aufstellen der Steifigkeitsmatrix nicht nur den Anteil aus der Normalkraft, sondern auch Anteile aus Torsion und Verwölbung. Aufsetzend auf einen gerechneten Lastfall kann die zugehörige Versagenslast ermittelt werden.

Tragfähigkeit bei Raumtemperatur:

Die maximale Spannungsausnutzung ergibt sich nach dem Nachweisverfahren elastisch- plastisch zu 0,15 < 1,0 und ist erwartungsgemäß identisch mit dem Ergebnis der Handrechnung.

Die Kippsicherheit wird auf drei unterschiedlichen Wegen nachgewiesen:

- Eigenwertanalyse: Verzweigungslastfaktor 23,365
  -> M_{Ki} = 23,365*20,0*3,0^2/8 = 525,7 kNm

- Traglastiteration: Lastfaktor 23,355
  -> M_{Ki} = 23,355*20,0*3,0^2/8 = 525,5 kNm
- Ersatzstabverfahren: Ausnutzung 0,18 < 1,0

Auch hier zeigt sich eine sehr gute Übereinstimmung mit der Handrechnung.

Nachweis auf Tragfähigkeitsebene – 30 min Normbrandbeanspruchung:

Die Materialeigenschaften werden entsprechend Tabelle 7 für eine Stahltemperatur von 824° reduziert:
-> E = 0,08415*21000=1767 kN/cm^2
$f_{y,k}$ = 0,098*23,5 = 2,30 kN/cm^2

Die maximale Spannungsausnutzung ergibt sich nach dem Nachweisverfahren elastisch- plastisch zu 0,988 und ist erwartungsgemäß identisch mit dem Ergebnis der Handrechnung.

Der Kippsicherheitsnachweis wird auf zwei unterschiedlichen Wegen erbracht:

- Eigenwertanalyse: Verzweigungslastfaktor 3,025
  -> M_{Ki} = 3,025*13,0*3,0^2/8 = 44,2 kNm > 14,6 kNm
- Traglastiteration: Lastfaktor 3,025
  -> M_{Ki} = 44,2 kNm > 14,6 kNm

Beide Analysen zeigen eine sehr gute Übereinstimmung.

Im Gegensatz zur Handrechnung mit dem Ersatzstabverfahren kann hier der Nachweis ausreichender Kippsicherheit erbracht werden.

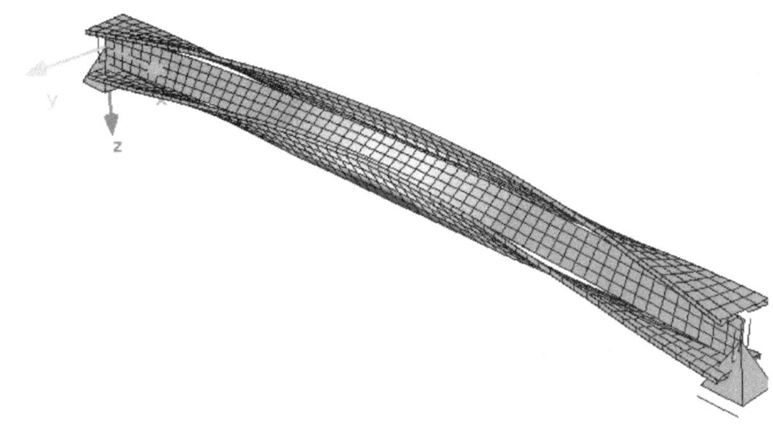

Bild 65: Beispiel 6.2.1.6 – Heissbemessung, 1. Beuleigenform

6.2.1.7 Einfeldstütze – vereinfachtes Verfahren, gleichförmige (Temperaturverteilung über den Querschnitt, S 235)

Eingangsdaten: HEB 300, S 235
Druckbeanspruchung Steg c/t = 208/11 = 18,9 < 33
Druckbeanspruchung Flansch c/t=117,5/19 = 6,2<9
-> Querschnittsklasse 1
$I_z = 8560cm^4$, $i_z = 7,58cm$, $A = 149cm^2$,
4- seitige Brandbeanspruchung, $A_m/V = 116m^{-1}$
Stützenlänge = Knicklänge L =3m
Gabellagerung an den Auflagern
Belastung: gleichmäßig verteilte Streckenlast
Geforderte Feuerwiderstandsdauer R30 unter Normbrandbeanspruchung
-> im Querschnitt auftretende Temperatur (Verfahren nach 3.3.3.3.2): max $\theta_a = 804°C$
$N_d = 500$ kN
$N_{fi,d} = 368$ kN

Tragfähigkeit bei Raumtemperatur:

Plastischer Normalkraftwiderstand $N_{pl,Rd} = 149*23,5/1,0 = 3501,5$ kN

$$N_d/N_{pl,Rd} = 500/3501,5 = 0,14 < 1,0$$

Knicksicherheit $\bar{\lambda} = \frac{L_{k,z}}{i_z * \lambda_1} = \frac{300}{7{,}58 * 93{,}9} = 0{,}42$

h/b = 1,0 < 1,2 -> Knickspannungslinie c (schwache Achse)

-> α = 0,49

-> ϕ = 0,5*[1+0,49*(0,42-0,2)+0,42^2] = 0,64

-> χ = 1 / [0,64+(0,64^2-0,42^2)^{0,5}] = 0,888

-> $N_{b,Rd}$ = 0,888*149*23,5/1,0 = 3111 kN

$N_d/N_{b,Rd}$ = 500/3111 = 0,16 < 1,0

Nachweis auf Tragfähigkeitsebene – 30 min Normbrandbeanspruchung:

Knicksicherheit $N_{b,fi,\theta,Rd} = \chi_{fi}/1{,}2 * A * k_{y,\theta} * f_y / \gamma_{M,fi}$

mit $k_{y,\theta}$ = 0,108 für θ_a = 804°C (siehe Tab. 7)

$\bar{\lambda}_{\theta,max} = \bar{\lambda} * 1{,}2 = 0{,}42 * 1{,}2 = 0{,}504$

-> ϕ = 0,5*[1+0,49*(0,504-0,2)+0,504^2] = 0,701

-> χ_{fi} = 1 / [0,701+(0,701^2-0,504^2)^{0,5}] = 0,84

-> $N_{b,fi,Rd}$ = 0,84/1,2*(149*0,108*23,5/1,0) =
= 0,70*378 = 265 kN

$N_{fi,d}/N_{b,fi,Rd}$ = 368/265 = 1,39 >> 1,0

Der Knicknachweis im Brandfall ist weit überschritten ! Zum Vergleich wird mit dieser Einwirkung ein Nachweis auf Temperaturebene geführt.

Nachweis auf Temperaturebene – 30 min Normbrandbeanspruchung:

$\mu_0 = E_{fi,d}/R_{fi,d0} = N_{fi,d} / N_{bi,fi,t=0,Rd}$ = 1105 / 2451 = 0,451
mit $N_{bi,fi,t=0,Rd} = \chi_{fi}/1{,}2 * A * k_{y,\theta}\ f_y / \gamma_{M,fi}$ = 0,84/1,2*149*1,0*23,5/1,0 = 2451 kN

Die kritische Temperatur ergibt sich nach Gleichung (20) zu:
$\theta_{a,cr}$ = 39,19*ln(1/(0,9674*0,451^{3,833})-1)+482 = 119+482 = 601°C
< $\theta_{a,max}$ = 804°C

Würde es sich bei der betrachteten Stütze um eine Durchlaufstütze in einem Geschossbau handeln, dessen einzelne Geschosse als voneinander unabhängige Brandabschnitte betrachtet werden können, so dürfte die Knicklänge entsprechend Bild 10 (sieh Kapitel 3.3.3.5.2) reduziert werden, was zu einer entscheidenden Tragfähigkeitssteigerung im Brandfall führen würde.

6.2.1.8 Einfeldstütze – allgemeines Verfahren, gleichförmige Temperaturvereilung über den Querschnitt, S 235

Das Beispiel 6.2.1.7 wird nun einer Bemessung mit dem Programmmodul ASE [39] unterzogen.

Tragfähigkeit bei Raumtemperatur:

Die maximale Spannungsausnutzung ergibt sich nach dem Nachweisverfahren elastisch- plastisch zu 0,143 < 1,0 und ist erwartungsgemäß identisch mit dem Ergebnis der Handrechnung.

Die Knicksicherheit wird auf zwei unterschiedlichen Wegen nachgewiesen:
- Eigenwertanalyse: Verzweigungslastfaktor 39,445
  -> N_{Ki} = 39,445*500 = 19723 kN > $N_{pl,Rd}$ = 3502 kN
- Traglastiteration: Lastfaktor 39,446
  -> N_{Ki} = 39,446*500 = 19723 kN > $N_{pl,Rd}$ = 3502 kN

Ein Stabilitätsproblem tritt erst bei einer Belastung weit über der plastischen Normalkraft, d. h. ein Stabilitätsproblem liegt nicht vor.

Nachweis auf Tragfähigkeitsebene – 30 min Normbrandbeanspruchung:

Die Materialeigenschaften werden entsprechend Tabelle 7 für eine Stahltemperatur von 804° reduziert:
-> E = 0,0891*21000=1871 kN/cm^2
$f_{y,k}$ = 0,108*23,5 = 2,54 kN/cm^2

Die maximale Spannungsausnutzung ergibt sich nach dem Nachweisverfahren elastisch- plastisch zu 0,973 und ist erwartungsgemäß identisch mit dem Ergebnis der Handrechnung.

Der Kippsicherheitsnachweis wird auf zwei unterschiedlichen Wegen erbracht:
- Eigenwertanalyse: Verzweigungslastfaktor 4,775
  -> N_{Ki} = 4,775*368 = 1759 kN > $N_{pl,fi,Rd}$ = 378 kN

- Traglastiteration: Lastfaktor 4,780
  -> N_{Ki} = 4,780*368 = 1759 kN > $N_{pl,fi,Rd}$ = 378 kN

Beide Analysen zeigen eine sehr gute Übereinstimmung.

Im Gegensatz zur Handrechnung mit dem Ersatzstabverfahren tritt auch bei der Berechnung mit dem reduzierten Elastizitätsmodul kein Stabilitätsproblem auf.

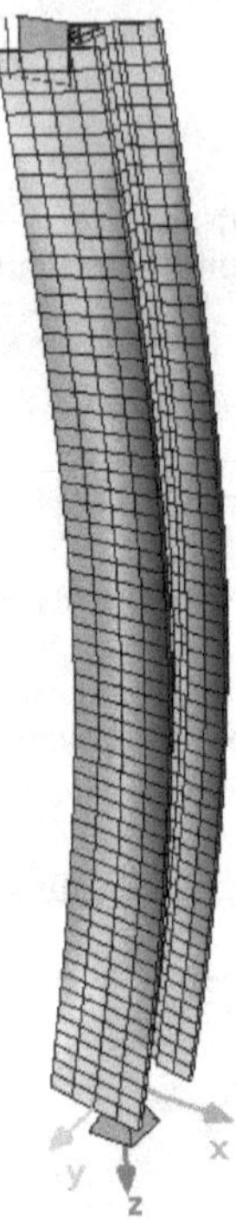

Bild 66: Beispiel 6.2.1.8 – Heissbemessung, 1. Beuleigenform

6.2.2 Statisch unbestimmte Beispiele

6.2.2.1 Dreifeldträger, kippgefährdet – vereinfachtes Verfahren

(gleichförmige Temperaturverteilung über den Querschnitt, kippgefährdet, S-235)

Eingangsdaten: HEB 200, S 235
Biegebeanspruchung Steg c/t = 134/9 = 14,9 < 72
Druckbeanspruchung Flansch c/t=77,5/15 = 5,2<9
-> Querschnittsklasse 1
W_{pl} = 643cm^3, A = 78,1cm^2,
A_V = 78,1-2*20*1,5+(0,9+2*1,8)*1,5 = 24,85 cm^2
I_w = 171100 cm^6, I_T = 59,5 cm^4, I_z = 2000 cm^4
4- seitige Brandbeanspruchung, A_m/V = 147m^{-1}

Spannweite je Feld L =3m
Gabellagerung an den Auflagern; zwängungsfrei Belastung: gleichmäßig verteilte Streckenlast, Lastangriff am Obergurt (z_g = 10cm)

$q_{f,d}$ = 20 kN/m

$q_{fi,d}$ = 13 kN/m

Geforderte Feuerwiderstandsdauer R30 unter Normbrandbeanspruchung
im Querschnitt auftretende Temperatur (Verfahren nach 3.3.3.3.2): max θ_a = 824°C

Tragfähigkeit bei Raumtemperatur:

Biegetragfähigkeit $M_{pl,Rd} = W_{pl}*f_y/\gamma_{M0} = 643*23{,}5/1{,}0\,/100 = 151$ kN/m

$M_{E,d} = q_{f,d}*L^2/10 = 20{,}0*3{,}0^2/10 = 18$ kNm

$M_{E,d}/M_{pl,Rd} = 18/151 = 0{,}12 < 1{,}0$

Querkrafttragfähigkeit $V_{pl,Rd} = A_v*f_y/\gamma_{M0}/\sqrt{3} = 24{,}85*23{,}5/1{,}1/\sqrt{3} = 307$ kN

$V_{E,d} = q_{f,d}*\,0{,}599*L = 20{,}0*0{,}599*3{,}0 = 36$ kN

$V_{E,d}/V_{pl,Rd} = 36/307 = 0{,}12 < 1{,}0$

Kippsicherheit nach [13], Abschnitt 6.3.2.3

$$M_{cr} = C_1 \frac{\pi^2 * E * I_z}{(k_z * L)^2}\left[\sqrt{\left(\frac{k_z}{k_w}\right)^2 \frac{I_w}{I_z} + \frac{(k_z * L)^2 * G * I_T}{\pi^2 * E * I_z} + (C_2 * z_g)^2} - (C_2 * z_g)\right]$$

$$M_{cr} = 1{,}12 \frac{\pi^2 * 21000 * 2000}{(1{,}0 * 300)^2}\left[\sqrt{\left(\frac{1{,}0}{1{,}0}\right)^2 \frac{171100}{2000} + \frac{(1{,}0 * 300)^2 * 8100 * 59{,}4}{\pi^2 * 21000 * 2000} + (0{,}45 * 10)^2} - (0{,}45 * 10)\right]$$

M_{cr} = 5158,5*(14,5-4,5) = 51606 kNcm = 516,1 kNm

$$\bar{\lambda}_{LT} = \sqrt{\frac{W_{pl,y} * f_y}{M_{cr}}} = \sqrt{\frac{643 * 23{,}5}{51606}} = 0{,}54$$

h/b = 1,0<2,0 -> Biegedrillknicklinie b -> α_{LT} = 0,34 ->

$\Phi_{LT} = 0{,}50*[1+0{,}34*(0{,}54-0{,}40)+0{,}75*0{,}54^2] = 0{,}633$ ->

$\chi_{LT} = 1/[0{,}633+(0{,}633^2-0{,}75*0{,}54^2)^{0{,}50}] = 1/1{,}06 = 0{,}94$

$f = 1-0{,}5*(1-0{,}91)*[1-2{,}0*(0{,}54-0{,}8)^2] = 0{,}96$

$\chi_{LT,mod} = \chi_{LT}/f = 0{,}94/0{,}96 = 0{,}98$

$M_{b,Rd} = \chi_{LT,mod}*M_{pl,Rd} = 0{,}98*151 = 148$ kNm

$M_{E,d} / M_{b,Rd} = 18/148 = 0{,}12 < 1{,}0$

Nachweis auf Tragfähigkeitsebene – 30 min Normbrandbeanspruchung:

Querkrafttragfähigkeit $V_{fi,t,R,d} = k_{y,\theta,max} *V_{pl,Rd}*\gamma_{M,1}/\gamma_{M,fi}$

-> mit $k_{y,\theta,max}$ = 0,098

-> $V_{fi,t,R,d}$ = 0,098*307*1,0/1,0 = 30,1 kN

$V_{E,fi,d} = q_{fi,d}*L/2 = 13*0{,}599*3{,}0 = 23{,}4$ kN

$V_{E,fi,d} / V_{fi,t,Rd} = 23{,}4/30{,}1 = 0{,}78 < 1{,}0$

Nachweis der Interaktion erforderlich !

$\rho = (2 * V_{Ed}/V_{pl,Rd} - 1)^2 = (2*0{,}62-1)^2 = 0{,}058$

Biegetragfähigkeit

$M_{fi,\theta,Rd} = k_{y,\theta} * M_{pl,Rd} * \gamma_{M,1}/\gamma_{M,fi} * (1-\rho)$
mit $k_{y,\theta} = 0{,}098$ für $\theta_a = 824°C$ (siehe Tab. 7)
-> $M_{fi,\theta,Rd} = k_{y,\theta} * M_{pl,Rd} * \gamma_{M,1}/\gamma_{M,fi} * (1-\rho) =$
$= 0{,}098*151*1{,}0/1{,}0*0{,}94 = 13{,}95$ kNm
$M_{E,fi,d} = q_{fi,d} * L^2/8 = 13*3{,}0^2/10 = 11{,}7$ kNm
$M_{E,fi,d}/M_{fi,\theta,Rd} = 11{,}7/13{,}95 = 0{,}84 < 1{,}0$

Kippsicherheit

$\bar{\lambda}_{\theta,max} = 1{,}2 * \bar{\lambda} = 1{,}2 * 0{,}54 = 0{,}648$
$\Phi_{LT} = 0{,}50*[1+0{,}34*(0{,}648-0{,}40)+0{,}75*0{,}648^2] = 0{,}700$ ->
$\chi_{LT,fi} = 1/[0{,}700+(0{,}700^2-0{,}75*0{,}648^2)^{0{,}50}] = 1/1{,}12 = 0{,}89$
$f = 1-0{,}5*(1-0{,}91)*[1-2{,}0*(0{,}89-0{,}8)^2] = 0{,}96$
$\chi_{LT,mod,fi} = 0{,}89/0{,}96 = 0{,}93$
$M_{b,fi,Rd} = [\chi_{LT,mod,fi}/1{,}2] * W_{pl,y} * k_{y,\theta,com} * f_y/\gamma_{M,fi} = [0{,}93/1{,}2]*14{,}8 = 11{,}4$ kNm
$M_{E,fi,d} / M_{b,fi,Rd} = 11{,}7/11{,}4 = 1{,}02 > 1{,}0$

Obwohl bei der Kaltbemessung nur Ausnutzungen von maximal 12% erreicht wurden, kann der Biegedrillknicknachweis nicht erfüllt werden.

6.2.2.2 Dreifeldträger, kippgefährdet – allgemeines Verfahren

(gleichförmige Temperaturverteilung über den Querschnitt, kippgefährdet, S 235)

Das Beispiel 6.2.2.2 wird nun einer Bemessung mit dem Programmmodul ASE [39] unterzogen.

Tragfähigkeit bei Raumtemperatur:

Die maximale Spannungsausnutzung ergibt sich nach dem Nachweisverfahren elastisch- plastisch zu 0,15 < 1,0 und ist erwartungsgemäß identisch mit dem Ergebnis der Handrechnung.

Die Kippsicherheit wird auf drei unterschiedlichen Wegen nachgewiesen:

- Eigenwertanalyse: Verzweigungslastfaktor 35,277
  -> $M_{Ki} = 35{,}277*20{,}0*3{,}0^2/10 = 635{,}0$ kNm
- Traglastiteration: Lastfaktor 34,805
  -> $M_{Ki} = 34{,}805*20{,}0*3{,}0^2/10 = 626{,}5$ kNm

Auch hier zeigt sich eine sehr gute Übereinstimmung mit der Handrechnung.

Nachweis auf Tragfähigkeitsebene – 30 min Normbrandbeanspruchung:

Die Materialeigenschaften werden entsprechend Tabelle 7 für eine Stahltemperatur von 824° reduziert:
-> $E = 0{,}08415*21000=1767$ kN/cm^2
$f_{y,k} = 0{,}098*23{,}5 = 2{,}30$ kN/cm^2

Die maximale Spannungsausnutzung ergibt sich nach dem Nachweisverfahren elastisch- plastisch unter Berücksichtigung der Interaktion zu 1,01 und ist erwartungsgemäß identisch mit dem Ergebnis der Handrechnung.

Der Kippsicherheitsnachweis wird auf zwei unterschiedlichen Wegen erbracht:

- Eigenwertanalyse: Verzweigungslastfaktor 4,567
  -> $M_{Ki} = 4{,}567*13{,}0*3{,}0^2/10 = 53{,}4$ kNm > 11,7 kNm
- Traglastiteration: Lastfaktor 4,506
  -> $M_{Ki} = 52{,}7$ kNm > 11,7 kNm

Beide Analysen zeigen eine sehr gute Übereinstimmung.

Im Gegensatz zur Handrechnung mit dem Ersatzstabverfahren kann hier der Nachweis ausreichender Kippsicherheit erbracht werden.

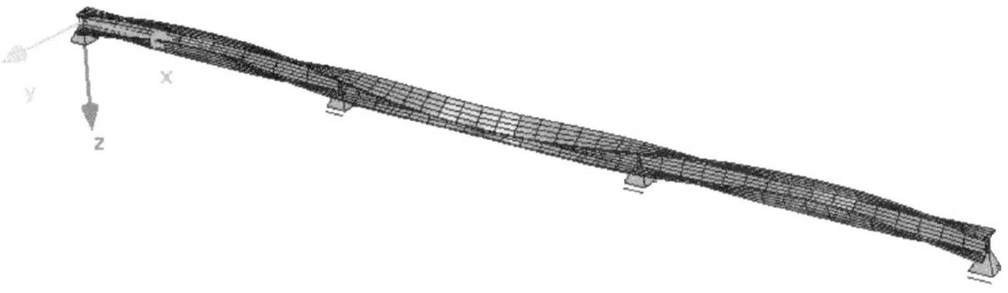

Bild 67: Beispiel 6.2.2.2 – Heissbemessung, 1. Beuleigenform

6.2.2.3 Zweigelenkrahmen – vereinfachtes Verfahren (gleichförmige Temperaturverteilung über den Querschnitt, S 235)

Eingangsdaten: HEB 300, S 235
Biegebeanspruchung Steg c/t = 208/11 = 18,9 < 72
Druckbeanspruchung Flansch c/t=117,5/19 = 6,2<9
-> Querschnittsklasse 1
$W_{pl} = 1869$cm^3, $A = 149$cm^2,
$A_V = 149-2*30*1{,}9+(1{,}1+2*2{,}7)*1{,}9 = 47{,}35$ cm^2
$I_w = 1688000$ cm^6, $I_T = 186$ cm^4, $I_z = 8560$ cm^4
4- seitige Brandbeanspruchung, $A_m/V = 116$m^{-1}

Stützenlänge = Knicklänge = Kipplänge: L =5m
Riegellänge = Kipplänge: L = 6m
Gabellagerung an den Auflagern und in den Rahmenecken (starre Festhaltungen aus der Rahmenebene heraus)
Belastung: gleichmäßig verteilte Streckenlast q auf Riegel,
horizontale Eigenlast H in linker Rahmenecke
Geforderte Feuerwiderstandsdauer R30 unter Normbrandbeanspruchung
-> im Querschnitt auftretende Temperatur (Verfahren nach 3.3.3.3.2): max θ_a = 804°C
q_d = 20 kN/m; H_d = 5 kN
$q_{fi,d}$ = 0,65*20 = 13 kN/m; $H_{fi.d}$ = 0,65*5 = 3,25 kN
Vorverformung der Stützen:
$\Phi = 1/200*2/(5^{0,5})*(0,5*(1+0,5))^{0,5} = 1/200*0,89*0,87$
$\Phi = 1/258$
Temperaturdehnung nach EC 3-1-2, 3.3.1.1 [14]:
$\Delta l/l = 14*10^{-6}*(\theta_a-20°C) = 0,01098$

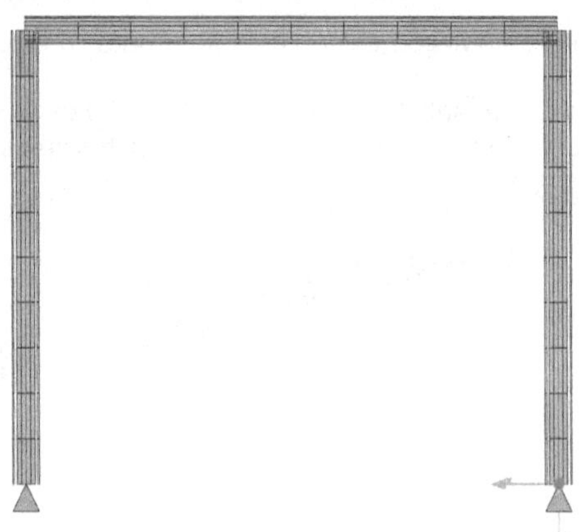

Bild 68: Beispiel 6.2.2.3 – Struktur

<u>Tragfähigkeit bei Raumtemperatur</u>:

Biegetragfähigkeit $M_{pl,Rd} = W_{pl}*f_y/\gamma_{M0}$ = 1869*23,5/1,0 /100 = 439 kNm
maßgebend rechte Rahmenecke (Th. II. O.)
$M_{E,d}$ = 52,1 kNm
$M_{E,d}/M_{pl,Rd}$ = 52,1/439 = 0,12 < 1,0

Querkrafttragfähigkeit $V_{pl,Rd} = A_v*f_y/\gamma_{M0}/\sqrt{3}$ = 47,35*23,5/1,1/√3 = 584 kN
maßgebend rechte Rahmenecke
$V_{E,d}$ =64,6 kN
$V_{E,d}/V_{pl,Rd}$ = 64,6/584 = 0,11 < 1,0

Plastischer Normalkraftwiderstand $N_{pl,Rd}$ = 149*23,5/1,0 = 3501,5 kN maßgebend rechte Stütze

$N_d = 64,6$ kN

$N_d / N_{pl,Rd} = 64,6 / 3501,5 = 0,02 < 1$

Es wird nur der maßgebliche Stabilitätsnachweis geführt. Bemessungsentscheidend wird der Biegedrillknicknachweis für die rechte Stütze.

$$N_{cr} = \frac{\pi^2 * E * I_z}{(L)^2} = \frac{\pi^2 * 21000 * 8560}{500^2} = 7089\,kN$$

$N_d/N_{cr} = 64,6/7089 = 0,009 < 0,2$ -> Knickanteil kann vernachlässigt werden

$$M_{cr} = C_1 \frac{\pi^2 * E * I_z}{(k_z * L)^2}\left[\sqrt{\left(\frac{k_z}{k_w}\right)^2 \frac{I_w}{I_z} + \frac{(k_z * L)^2 * G * I_T}{\pi^2 * E * I_z} + (C_2 * z_g)^2} - (C_2 * z_g)\right]$$

$$M_{cr} = 1{,}77 \frac{\pi^2 * 21000 * 8560}{(1{,}0 * 500)^2}\left[\sqrt{\left(\frac{1{,}0}{1{,}0}\right)^2 \frac{1688000}{8560} + \frac{(1{,}0 * 500)^2 * 8100 * 186}{\pi^2 * 21000 * 8560} + 0} - (0)\right]$$

$M_{cr} = 1,77*7089,4*20,24 = 1,77*1435 = 253994$ kNcm = 2540 kNm

$$\bar{\lambda}_{LT} = \sqrt{\frac{W_{pl,y} * f_y}{M_{cr}}} = \sqrt{\frac{1869 * 23{,}5}{253994}} = 0{,}416$$

h/b = 1,0<2,0 -> Biegedrillknicklinie a -> $\alpha_{LT} = 0,29$ ->

$\Phi_{LT} = 0,50*[1+0,29*(0,54-0,416)+0,75*0,416^2] = 0,583$ ->

$\chi_{LT} = 1/[0,583+(0,583^2-0,75*0,416^2)^{0,50}] = 1/1,06 = 0,96$

$f = 1-0,5*(1-0,75)*[1-2,0*(0,416-0,8)^2] = 0,91$

$\chi_{LT,mod} = \chi_{LT}/f = 0,96/0,91 = 1,05$ -> 1,0

$M_{b,Rd} = \chi_{LT,mod}*M_{pl,Rd} = 1,0*439 = 439$ kNm

$M_{E,d} / M_{b,Rd} = 0,12 < 1,0$

<u>Nachweis auf Tragfähigkeitsebene – 30 min Normbrandbeanspruchung</u>:

Querkrafttragfähigkeit $V_{fi,t,R,d} = k_{y,\theta,max} *V_{pl,Rd}*\gamma_{M,1}/\gamma_{M,fi}$

-> mit $k_{y,\theta,max} = 0,108$

-> $V_{fi,t,R,d} = 0,108*584*1,0/1,0 = 63,1$ kN

$V_{E,fi,d} = 42,4$ kN

$V_{E,fi,d} / V_{fi,t,Rd} = 42,4/63,1 = 0,67 < 1,0$

Nachweis der Interaktion erforderlich !

$\rho = (2*V_{Ed}/V_{pl,Rd}-1)^2 = (2*0,67-1)^2 = 0,12$

Biegetragfähigkeit $M_{fi,\theta,Rd} = k_{y,\theta} *M_{pl,Rd}*\gamma_{M,1}/\gamma_{M,fi} *(1-\rho)$

mit $k_{y,\theta} = 0,108$ für $\theta_a = 804$°C (siehe Tab. 7)

-> $M_{fi,\theta,Rd} = k_{y,\theta} *M_{pl,Rd}*\gamma_{M,1}/\gamma_{M,fi} *(1-\rho)=$

$= 0,108*439*1,0/1,0*0,92 = 43,6$ kNm

$M_{E,fi,d} = 33,0$ kNm

$M_{E,fi,d}/M_{fi,\theta,Rd} = 34{,}9/43{,}6 = 0{,}76$

Biegedrillknicknachweis

$\bar{\lambda}_{\theta,max} = 1{,}2 * \bar{\lambda} = 1{,}2 * 0{,}416 = 0{,}50$
$\Phi_{LT} = 0{,}50*[1+0{,}29*(0{,}54-0{,}50)+0{,}75*0{,}50^2] = 0{,}600$ ->
$\chi_{LT,fi} = 1/[0{,}600+(0{,}600^2-0{,}75*0{,}50^2)^{0{,}50}] = 1/1{,}07 = 0{,}94$
$f = 1-0{,}5*(1-0{,}75)*[1-2{,}0*(0{,}50-0{,}8)^2] = 0{,}90$
$\chi_{LT,mod,fi} = 0{,}94/0{,}90 = 0{,}96$
$M_{b,fi,Rd} = [\chi_{LT,mod,fi}/1{,}2]*W_{pl,y}*k_{y,\theta,com}*f_y/\gamma_{M,fi} = [0{,}96/1{,}2]*43{,}0 = 34{,}4$ kNm
$M_{E,fi,d} / M_{b,fi,Rd} = 33{,}0/34{,}4 = 0{,}96 < 1{,}0$

Obwohl bei der Kaltbemessung nur Ausnutzungen von maximal 12% erreicht wurden, kann der Biegedrillknicknachweis gerade noch erfüllt werden.

6.2.2.4 Zweigelenkrahmen – allgemeines Verfahren (gleichförmige Temperaturverteilung über den Querschnitt, S 235)

Das Beispiel 6.2.2.3 wird nun einer Bemessung mit dem Programmmodul ASE [39] unterzogen.
Die Stabilität wird bei der Kaltbemessung über eine Eigenwertanalyse und eine Traglastiteration nach Theorie III. Ordnung nachgewiesen.
Es ist zu beachten, dass bei dem allgemeinen Verfahren der Lastfall Temperatur mit einer temperaturabhängigen Dehnung zu berücksichtigen ist (siehe [14], 3.3.1.1).
Temperaturdehnung für $\theta_a = 804°C$: $\Delta l/l = 1{,}1*10^{-2} = 0{,}011$

Für die Heissbemessung wird nur noch eine Eigenwertanalyse durchgeführt, da bei der Traglaststeigerung die Beanspruchungen aus Temperatur mit erhöht werden würden.

<u>Tragfähigkeit bei Raumtemperatur</u>:

Die maximale Spannungsausnutzung ergibt sich nach dem Nachweisverfahren elastisch- plastisch zu 0,15 < 1,0 und ist dem Ergebnis der Handrechnung sehr ähnlich.

Ergebnisse der Stabilitätsuntersuchung:
- Eigenwertanalyse: Verzweigungslastfaktor 18,557
- Traglastiteration: Lastfaktor 18,148

Ein Stabilitätsproblem liegt demnach nicht vor.

<u>Nachweis auf Tragfähigkeitsebene – 30 min Normbrandbeanspruchung</u>:

Die Materialeigenschaften werden entsprechend Tabelle 7 für eine Stahltemperatur von 804° reduziert:
-> $E = 0{,}0891 * 21000 = 1871\ kN/cm^2$
$f_{y,k} = 0{,}108 * 23{,}5 = 2{,}54\ kN/cm^2$

Die maximale Spannungsausnutzung ergibt sich nach dem Nachweisverfahren elastisch- plastisch zu 0,96 und liegt ungefähr um den Anteil der größeren Zwängungsspannungen aus der Temperaturdehnung höher.

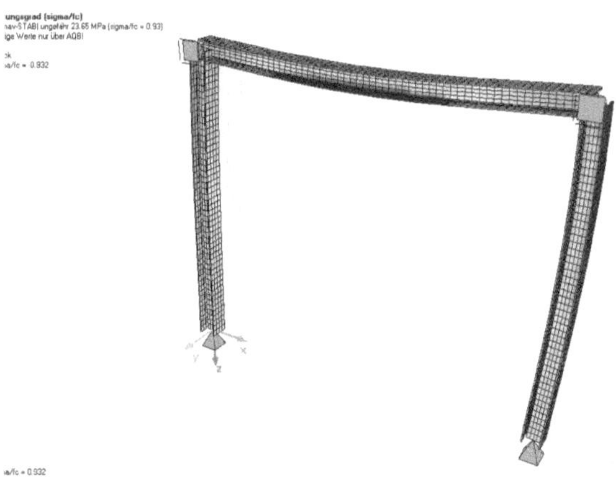

Bild 69: Beispiel 6.2.2.4 – Heissbemessung, ungefähre Spannungsausnutzung

Der Stabilitätsnachweis wird bei der Heissbemessung nur noch über die Eigenwertermittlung geführt. Bei einer Traglaststeigerung würde die Temperatur bei jedem Iterationsschritt erhöht.

- Eigenwertanalyse: Verzweigungslastfaktor 2,523

Bild 70: Beispiel 6.2.2.4 – Heissbemessung, 1. Beuleigenform

6.2.2.5 Zweifeldrahmen – allgemeines Verfahren, Fliesszonentheorie (gleichförmige Temperaturverteilung über den Querschnitt, S 235)

Das Beispiel 6.2.2.4 wird nun um ein weiteres Feld erweitert. Der Riegel erhält dabei die gleiche Belastung. Es wird eine Heissbemessung mit dem Programmmodul ASE [39] durchgeführt.

Die maximale Spannungsausnutzung ergibt sich nach dem Nachweisverfahren elastisch- plastisch zu 1,29.

Bei einem zweiten Rechenduchlauf nach der Fliesszonentheorie konnte die eine Reduzierung der Ausnutzung auf 0,88 erreicht werden. Vergleicht man die beiden Momentenlinien, so wird deutlich, dass bei der Fliesszonentheorie Momente aus den Bereichen hoher Beanspruchung (Rahmenecken) in Bereiche mit entsprechenden Tragreserven (Feldbereiche der Riegel) umgelagert werden können.

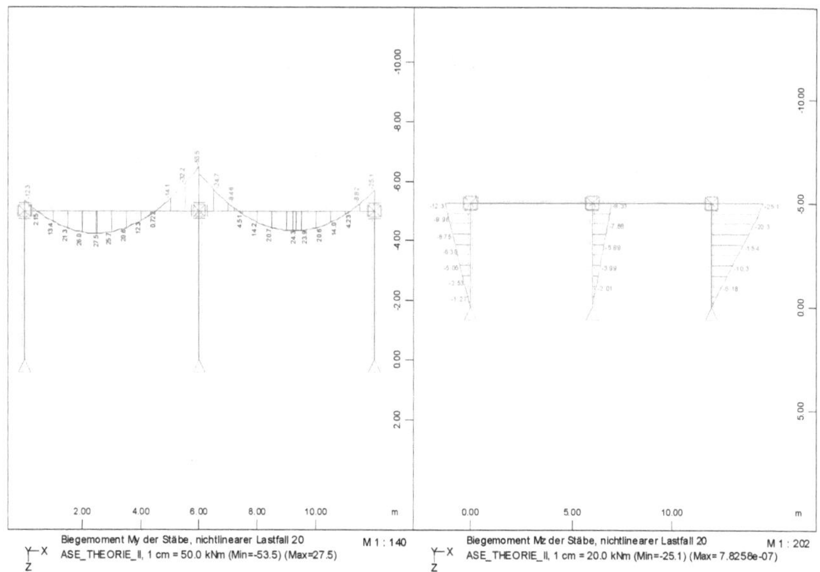

Bild 71: Beispiel 6.2.2.5 – Heissbemessung, Momentenverteilung nach Th. II. O.

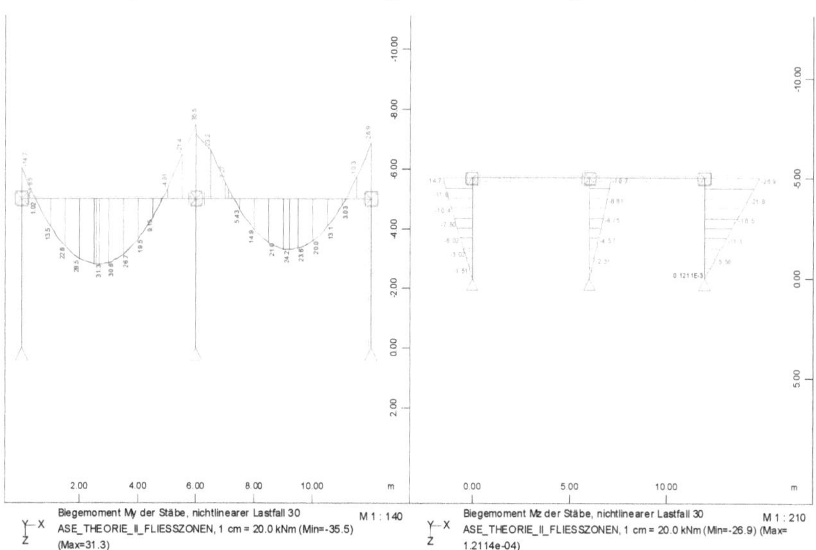

Bild 72: Beispiel 6.2.2.5 – Heissbemessung, Momentenverteilung nach Th. II. O. (Fliesszonentheorie)

6.2.2.6 Dreifeldstütze – vereinfachtes Verfahren

(gleichförmige Temperaturverteilung über den Querschnitt, S 235)

Eingangsdaten: siehe auch Beispiel 6.2.1.7, Systemskizze siehe 6.2.2.6
HEB 300, S 235
Druckbeanspruchung Steg c/t = 208/11 = 18,9 < 33
Druckbeanspruchung Flansch c/t=117,5/19 = 6,2<9
-> Querschnittsklasse 1
$I_z = 8560 cm^4$, $i_z = 7{,}58 cm$, $A = 149 cm^2$,
4- seitige Brandbeanspruchung, $A_m/V = 116 m^{-1}$
Stützenlänge = Knicklänge je L =3m
Gabellagerung an den Auflagern; zwängungsfrei
Geforderte Feuerwiderstandsdauer R30 unter Normbrandbeanspruchung
Annahme unabhängiger Brandabschnitte (geschoßweise), Brandbeanspruchung nur im Mittelfeld -> Knicklänge im Mittelfeld 0,5*L = 1,5m (siehe auch Bild 10)
-> im Querschnitt auftretende Temperatur (Verfahren nach 3.3.3.3.2): max $\theta_a = 804°C$
$N_d = 500$ kN
$N_{fi,d} = 368$ kN

Tragfähigkeit bei Raumtemperatur:

Siehe auch Beispiel 6.2.1.7

$N_d/N_{pl,Rd} = 500/3501{,}5 = 0{,}14 < 1{,}0$

Knicksicherheit $\bar{\lambda} = \frac{L_{k,z}}{i_z * \lambda_1} = \frac{300}{7{,}58 * 93{,}9} = 0{,}42$

h/b = 1,0 < 1,2 -> Knickspannungslinie c (schwache Achse)

-> $\alpha = 0{,}49$
-> $\phi = 0{,}5*[1+0{,}49*(0{,}42-0{,}2)+0{,}42^2] = 0{,}64$
-> $\chi = 1 / [0{,}64+(0{,}64^2-0{,}42^2)^{0,5}] = 0{,}888$
-> $N_{b,Rd} = 0{,}888*149*23{,}5/1{,}0 = 3111$ kN

$N_d/N_{b,Rd} = 500/3111 = 0{,}16 < 1{,}0$

Nachweis auf Tragfähigkeitsebene – 30 min Normbrandbeanspruchung:

Knicksicherheit $N_{b,fi,\theta,Rd} = \chi_{fi}/1{,}2*A*k_{y,\theta}*f_y/\gamma_{M,fi}$
mit $k_{y,\theta} = 0{,}108$ für $\theta_a = 804°C$ (siehe Tab. 7)

$\bar{\lambda}_{\theta,max} = \bar{\lambda} * 1{,}2 = 0{,}5 * 0{,}42 * 1{,}2 = 0{,}252$

-> $\phi = 0{,}5*[1+0{,}49*(0{,}252-0{,}2)+0{,}252^2] = 0{,}544$

$\to \chi_{fi} = 1 / [0,544+(0,544^2-0,252^2)^{0,5}] = 0,97$
$\to N_{b,fi,Rd} = 0,97/1,2*(149*0,108*23,5/1,0) =$
$= 0,81*378 = 307$ kN

$N_{fi,d}/N_{b,fi,Rd} = 368/307 = 1,20 >> 1,0$

Der Knicknachweis im Brandfall ist zwar immer noch überschritten, aber im Gegensatz zum Beispiel 6.2.1.7 ergibt sich aufgrund der reduzierten Knicklänge eine Überschreitung, die um ca. 20% niedriger ist.

6.2.2.7 Dreifeldstütze – allgemeines Verfahren (gleichförmige Temperaturverteilung über den Querschnitt, S 235)

Das Beispiel 6.2.2.5 wird nun einer Bemessung mit dem Programmmodul ASE [39] unterzogen. Eine zwängungsfreie Lagerung in den einzelnen Ebenen wird vorausgesetzt.
Bei der Heissbemessung werden die nicht brandbeanspruchten Geschosse durch die volle Materialtragfähigkeit bei Raumtemperatur simuliert.

Tragfähigkeit bei Raumtemperatur:

Hier ergeben sich gegenüber der in Beispiel 6.2.1.8 untersuchten Einfeldstütze keinerlei Unterschiede.

Nachweis auf Tragfähigkeitsebene – 30 min Normbrandbeanspruchung:

Die Materialeigenschaften werden entsprechend Tabelle 7 für eine Stahltemperatur von 804° für den mittleren brandbeanspruchten Abschnitt reduziert:
$\to E = 0,0891*21000=1871$ kN/cm^2
$f_{y,k} = 0,108*23,5 = 2,54$ kN/cm^2

Die maximale Spannungsausnutzung ergibt sich nach dem Nachweisverfahren elastisch- plastisch zu 0,973 und ist erwartungsgemäß identisch mit dem Ergebnis der Handrechnung.

Der Kippsicherheitsnachweis wird auf zwei unterschiedlichen Wegen erbracht:
- Eigenwertanalyse: Verzweigungslastfaktor 16,516
  $\to N_{Ki} = 16,516*368 = 6078$ kN $> N_{pl,fi,Rd} = 378$ kN
- Traglastiteration: Lastfaktor 16,531
  $\to N_{Ki} = 16,531*368 = 6083$ kN $> N_{pl,fi,Rd} = 378$ kN

Beide Analysen zeigen eine sehr gute Übereinstimmung.

Im Gegensatz zur Handrechnung mit dem Ersatzstabverfahren tritt auch bei der Berechnung mit dem reduzierten Elastizitätsmodul kein Stabilitätsproblem auf. Gegenüber der im Beispiel 6.2.1.8 behandelten Einfeldstütze erhöht sich der Lastfaktor um ca. 16,5/4,8 = 3,4.

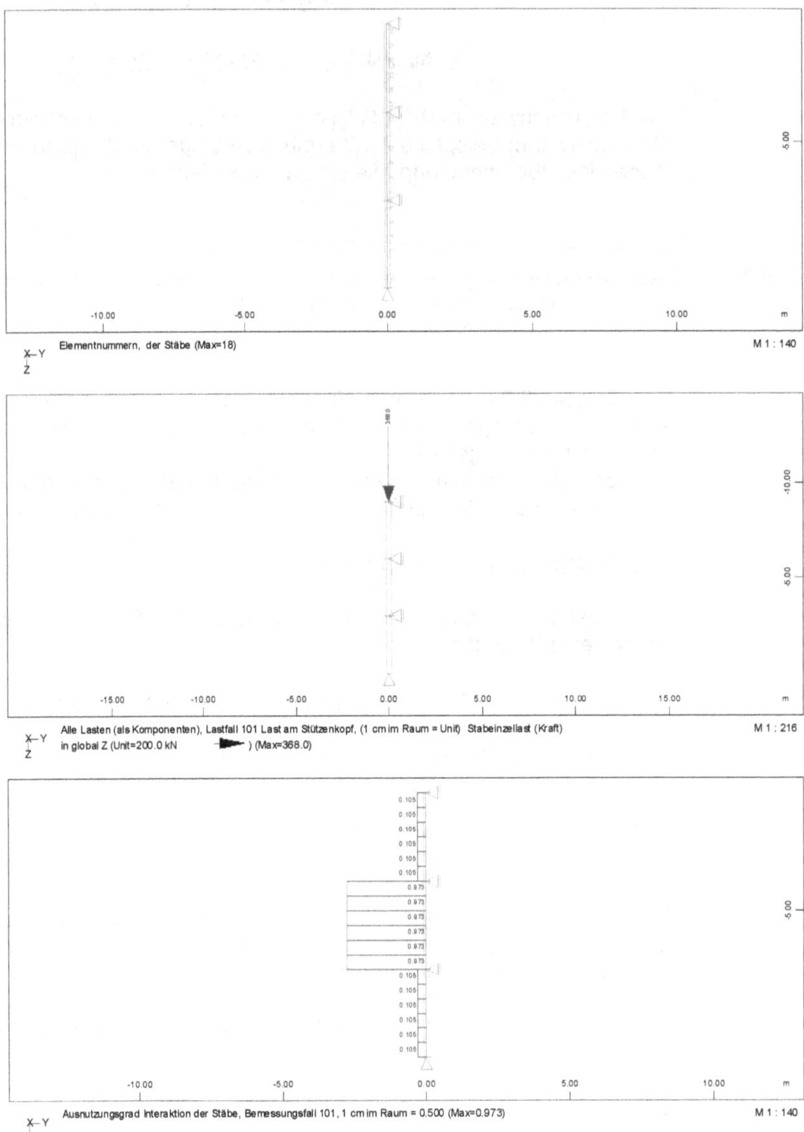

Bild 73: Beispiel 6.2.2.7 – Heissbemessung, System, Belastung und Ausnutzung

Bild 74: Beispiel 6.2.2.7 – Heissbemessung, 1. Beuleigenform

6.2.2.8 Dreifeldstütze, nicht zwängungsfrei – allgemeines Verfahren (gleichförmige Temperaturverteilung über den Querschnitt, S 235)

Ist die Stütze aus Beispiel 6.2.2.7 in jedem Geschoss vertikal unverschieblich gehalten, so ergeben sich allein aus der behinderten Temperaturdehnung extrem hohe Spannungen. Interesse halber wird die Stütze mit einer Temperatur von 804° C im mittleren Geschoss bzw. mit der zugehörigen Dehnung beaufschlagt; die Vertikalkraft wird in der Mitte des zweiten Feldes angesetzt.

Temperaturdehnung für θ_a = 804°C:

$$\Delta l/l = 1{,}1 \cdot 10^{-2}$$

Nachweis auf Tragfähigkeitsebene – 30 min Normbrandbeanspruchung:

Die Materialeigenschaften werden entsprechend Tabelle 7 für eine Stahltemperatur von 804° für den mittleren brandbeanspruchten Abschnitt reduziert:

-> $E = 0{,}0891 \cdot 21000 = 1871\ kN/cm^2$

$f_{y,k} = 0{,}108 \cdot 23{,}5 = 2{,}54\ kN/cm^2$

Die maximale Spannungsausnutzung ergibt sich nach dem Nachweisverfahren elastisch- plastisch zu 0,88.

Dieses Beispiel ist rein theoretische Natur, da die auftretenden Normalkräfte aus der Stütze mit ca. 334 kN durch die übliche Anschlussweise nicht aufgenommen werden können. D. h. die errechneten Zwängungsspannungen treten in der Realität nicht in vollem Umfang auf.

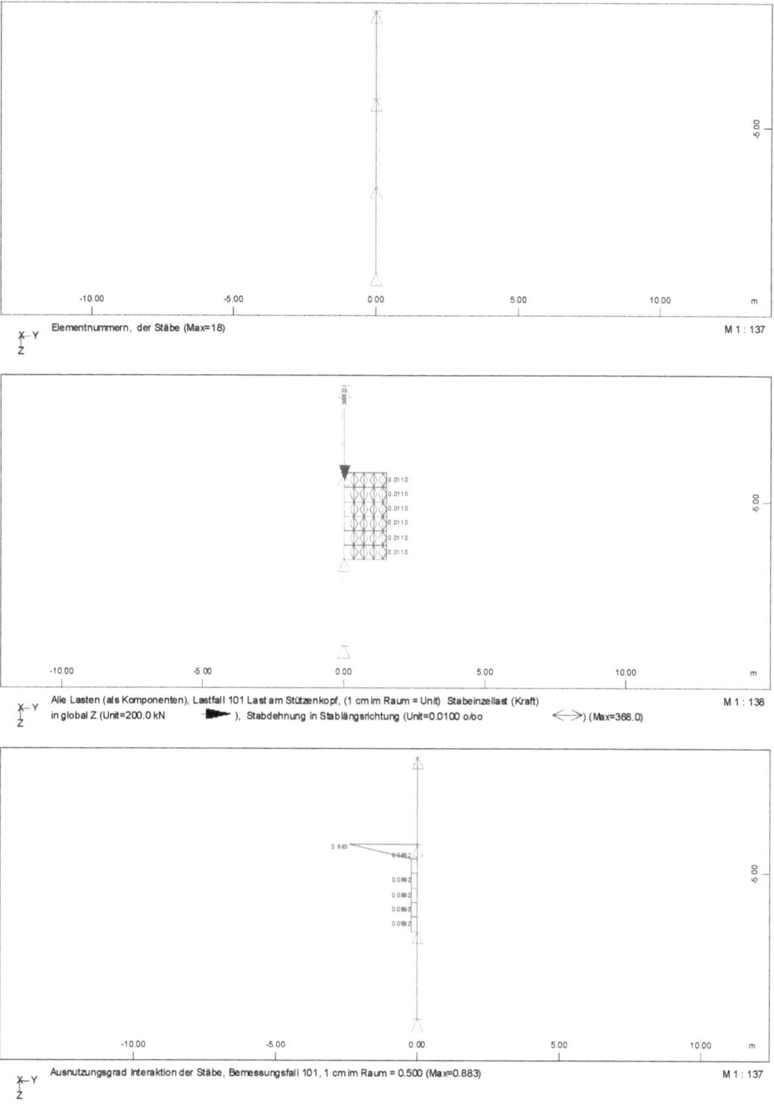

Bild 75: Beispiel 6.2.2.8 – Heissbemessung, System, Belastung und Ausnutzung

6.2.3 Aussteifende Systeme

6.2.3.1 Allgemeines

Bei dem Zweigelenkrahmen, der unter 6.2.2.3 und 6.2.2.4 bearbeitet wurde, wurde von einer starren Festhaltung der Rahmenecken aus der Rahmenebene heraus ausgegangen.

Diese Annahme ist z. B. gerechtgertigt, wenn die horizontale Festhaltung über eine starre, massive Deckenscheibe in Verbindung mit einem steifen Treppenhauskern erfolgt. Wichtig ist hierbei, dass die aussteifenden Bauteile auch im Brandfall ihre Funktion zuverlässig erfüllen können.

Üblicherweise tritt diese Art der Aussteifung quer zur Rahmenebene im reinen Stahlhochbau eher selten auf. Meist handelt es sich dann - oft aus Gründen des passiven Brandschutzes - bereits um Stahlverbundbauten.

In der Regel erfolgt die Aussteifung im reinen Stahlhochbau über Verbände aus sich kreuzenden Zugdiagonalen in Verbindung mit einem Druckstab in der Rahmencke. Diese können bereits bei der Montage als Richtverband genutzt werden.

Leider ist ein so konzipiertes Tragwerk für eine Heissbemessung untauglich. Aufgrund der behinderten Temperaturdehnungen erhält der Zugstab Druck und fällt aus.
Selbst bei Verwendung eines drucksteifen Verbandes, bestehend aus Fachwerkstäben, versagt das Gesamtsystem bei einer Berechnung nach Theorie II. Ordnung. Gelenkige Anschlüsse verursachen zu hohe Verdrehungen, sodass das System instabil wird.

Zielführender ist es, stattdessen auch in Längsrichtung des Gebäudes Stahlrahmen als aussteifende Elemente zu verwenden.

Um die erläuterten Effekte zu demonstrieren, wird der Rahmen des Kapitels 6.2.2.3 bzw. 6.2.2.4 im folgenden Beispiel als räumliches Gesamtsystem betrachtet. Es werden zwei Systemachsen im Abstand von 5m abgebildet. Die Aussteifung aus der Rahmenebene heraus erfolgt durch Rahmen in Längsrichtung (siehe Bespiel 6.3.2).
Die Ausarbeitung der Beispiele beschränkt sich dabei auf die Anwendung des allgemeinen Rechenverfahrens.

6.2.3.2 Aussteifung durch Rahmen, H- Kräfte in Hauptrahmenrichtung (allgemeines Verfahren, gleichförmige Temperaturverteilung, S 235)

Eingangsdaten: siehe Beispiel 6.2.2.3, Anforderung R 30
Zusätzliche Profile in S 235:
- Querriegel IPE 300 -> $A_m/V = 216\ [m^1]$ -> $\theta_a = 833°C$
- Kreuzstütze aus HEB 300+IPE360 -> $A_m/V = 130\ [m^1]$ -> $\theta_a = 815°C$

$q_d = 20$ kN/m; $H_{x,d} = 5$ kN
$q_{fi,d} = 0{,}65*20 = 13$ kN/m; $H_{fi.x,d} = 0{,}65*5 = 3{,}25$ kN
Vorverformung der Stützen in Querrichtung:
$\Phi_{quer} = 1/200*2/(5^{0,5})*(0{,}5*(1+0{,}5))^{0,5} = 1/200*0{,}89*0{,}87$
$\Phi_{quer} = 1/258$
Vorverformung der Stützen in Querrichtung:
$\Phi_{längs} = 1/200*2/(5^{0,5})*1{,}0 = 1/200*0{,}89 = 1/224$

weitere Daten für die Heissbemessung:

- HEB 300, $\theta_a = 804°C$:
  $E = 0{,}0891*210000 = 18711\ N/mm^2$
  $f_y = 0{,}108*235 = 25{,}38\ N/mm^2$
  $\Delta l/l = 1{,}1*10^{-2}$

- HEB 300+IPE360, $\theta_a = 815°C$:
  $E = 0{,}08662*210000 = 18190\ N/mm^2$
  $f_y = 0{,}103*235 = 24{,}21\ N/mm^2$
  $\Delta l/l = 1{,}1*10^{-2}$

- IPE 300, $\theta_a = 833°C$:
  $E = 0{,}0826*210000 = 17346\ N/mm^2$
  $f_y = 0{,}0935*235 = 21{,}97\ N/mm^2$
  $\Delta l/l = 1{,}1*10^{-2}$

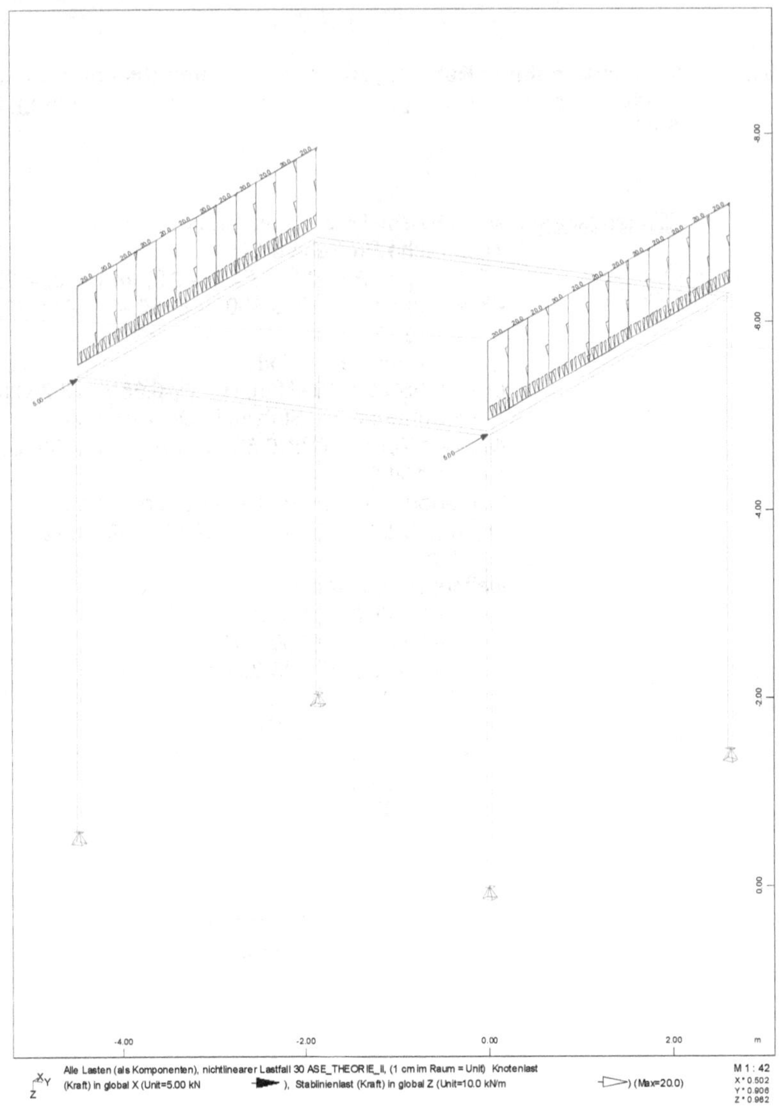

Bild 76: Beispiel 6.2.3.2 – System und Belastung Raumtemperatur

<u>Tragfähigkeit bei Raumtemperatur</u>:

Die maximale Spannungsausnutzung ergibt sich nach dem Nachweisverfahren elastisch- plastisch für

- die Kreuzstützen HEB 300 + IPE 360 zu 0,11 < 1,0,
- den Rahmenriegel HEB 300 zu 0,15 < 1,0 und

- den Rahmenriegel IPE 300 zu 0,01 < 1,0.

Bei der Eigenwertanalyse hat sich ein Lastverzweigungsfaktor von 22,1 ergeben. Ein Stabilitätsproblem liegt demnach erwartungsgemäß bei der geringen Belastung nicht vor.

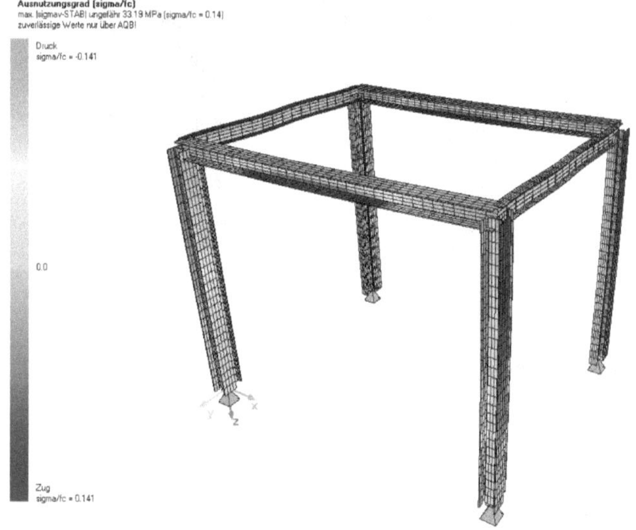

Bild 77: Beispiel 6.2.3.2 – Kaltbemessung, ungefähre Sapnungsausnutzung

Nachweis auf Tragfähigkeitsebene – 30 min Normbrandbeanspruchung:

Die maximale Spannungsausnutzung ergibt sich nach dem Nachweisverfahren elastisch- plastisch für

- die Kreuzstützen HEB 300 + IPE 360 zu 0,71 < 1,0,
- den Rahmenriegel HEB 300 zu 0,90 < 1,0 und
- den Rahmenriegel IPE 300 zu 0,09 < 1,0.

Bei der Eigenwertanalyse ergab sich ein Lastverzweigungsfaktor von 3,29.

Anhand der Spannungsausnutzung des Riegels IPE 300 in Längsrichtung liegt eine Reduzierung des Profils nahe. Bei praktischen Bemessungbeispielen, bei denen auch planmäßige Kräfte in Längsrichtung auftreten, muss aus Gründen der Gebrauchstauglichkeit genau überlegt werden, ob ein schlankerer Querschnitt verwendet werden kann (siehe auch Beispiel 6.3.2.2).

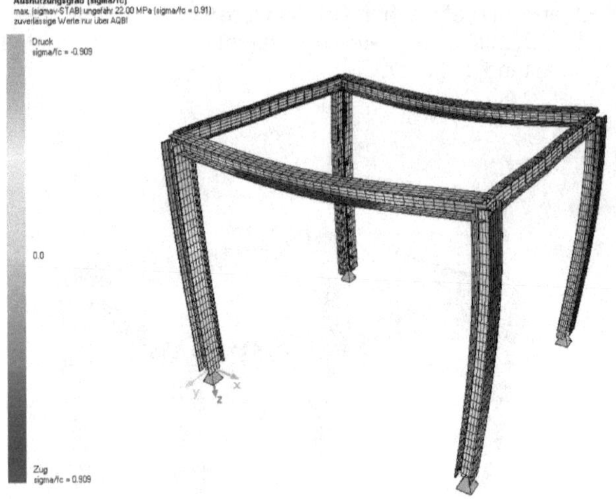

Bild 78: Beispiel 6.2.3.2 – Heissbemessung, ungefähre Spannungsausnutzung

Bild 79: Beispiel 6.2.3.2 – Heissbemessung, 1. Beuleigenform

6.2.3.3 Aussteifung durch Rahmen, H- Kräfte in beide Richtungen (allgemeines Verfahren, gleichförmige Temperaturverteilung, S 235)

Eingangsdaten: siehe Beispiel 6.2.3.2
Zusätzlich jedoch H- Kräfte in (-)y- Richtung
$H_{y,d}$ = 5 kN -> $H_{fi,y,d}$ = 0,65*5 = 3,25 kN

Tragfähigkeit bei Raumtemperatur:

Die maximale Spannungsausnutzung ergibt sich nach dem Nachweisverfahren elastisch- plastisch für

- die Kreuzstützen HEB 300 + IPE 360 zu 0,15 < 1,0,
- den Rahmenriegel HEB 300 zu 0,15 < 1,0 und
- den Rahmenriegel IPE 300 zu 0,10 < 1,0.

Bei der Eigenwertanalyse ergab sich ein Lastverzweigungsfaktor von 22,0. Ein Stabilitätsproblem liegt demnach erwartungsgemäß bei der geringen Belastung nicht vor.

Nachweis auf Tragfähigkeitsebene – 30 min Normbrandbeanspruchung:

Die maximale Spannungsausnutzung ergibt sich nach dem Nachweisverfahren elastisch- plastisch für

- die Kreuzstützen HEB 300 + IPE 360 zu 0,71 ~ 1,0,
- den Rahmenriegel HEB 300 zu 0,90 < 1,0 und
- den Rahmenriegel IPE 300 zu 0,82 < 1,0.
-

Bei der Eigenwertanalyse ergab sich ein Lastverzweigungsfaktor von 2,97.

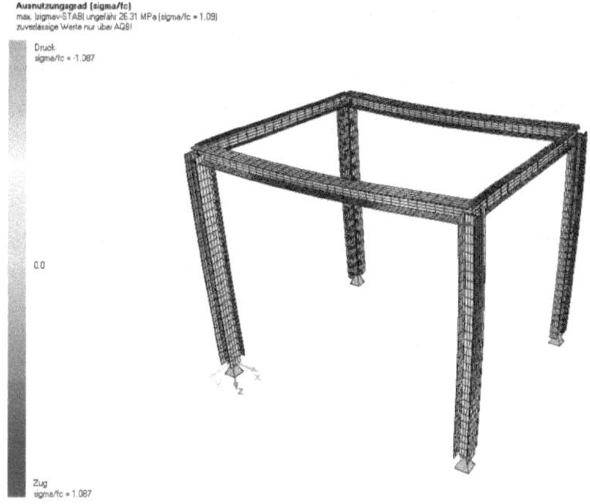

Bild 80: Beispiel 6.2.3.3 – Heissbemessung, ungefähre Spannungsausnutzung

6.2.4 Verbindungen

Zur Heissbemessung von Verbindungen wird im EC 3-1-2 [14] unter Abschnitt 4.2.1 folgende Aussage getroffen:

„Die Tragfähigkeit von Verbindungen braucht nicht nachgewiesen zu werden, wenn die Widerstandsfähigkeit der Bekleidung der Verbindung gegen Temperaturbeanspruchung $(d_f/\lambda_f)_c$ mindestens der Widerstandsfähigkeit der Bekleidung $(d_f/\lambda_f)_m$ der angeschlossenen Bauteile entspricht."

Bei unverkleideten Bauteilen ist hier d_f mit 0 anzusetzen. Diese Aussage beschränkt sich jedoch auf die Anwendung des vereinfachten Berechnungsverfahrens.

Für das allgemeine Berechnungsverfahren werden keine expliziten Aussagen gemacht.

Dass das Materialverhalten von ungeschützten Schweißnähten bei höheren Temperaturen dem Verhalten des Grundwerkstoffes ähnlich ist, erscheint plausibel, ist jedoch in der Bemessungsnorm nicht verankert.

Um ungeschützte geschraubte Verbindungen zu bewerten, fehlen die nötigen Hilfsmittel. Es kann nicht vorausgesetzt werden, dass sich, insbesondere bei hochwertigen Schraubengüten (z. B. Güte 10.9), die Festigkeiten und die Elastizitätmoduli im gleichen Verhältnis wie der Grundwerkstoffe S 235 oder S 355 reduzieren. Vermutlich würden die Reduktionsfaktoren wesentlich höher liegen und damit die Festigkeiten bzw. Steifigkeiten bei Erwärmung schneller sinken.

Bei geschraubten Verbindungen, z. B. Stirnplattenstöße, biegesteife Rahmenecken, handelt es sich besonders bei Anwendung des allgemeinen Bemessungsverfahrens um neuralgische Punkte. Für die Anwendung der Fliesszonentheorie muss eine realistische Bewertung der Anschlusstragfähigkeit sichergestellt sein, um Momentenumlagerungen bei statisch unbestimmten Systemen von stark in weniger stark beanspruchte Tragwerksbereiche vornehmen zu können.

Zusammenfassend bleibt festzuhalten, dass eine überarbeitete Auflage des EC 3-1-2 [14], die nicht mehr als Vornorm eingestuft wird, zwingend Aussagen über das Tragverhalten von Schweißnähten und Schrauben machen muss, um eine vollständige Analyse eines ungeschützten Tragwerks bei Erwärmung zu ermöglichen.

6.2.5 Zusammenfassende Bemerkungen

Die in den Kapiteln 6.2.1, 6.2.2 und 6.2.3 behandelten Beispiele wurden für eine 30- minütige Normbrandbeanspruchung untersucht.
Dabei wurden sog. „massige“ Profilquerschnitte vorgewählt, die ein günstiges A_m/V- Verhältnis besitzen.

Bei den ungeschützten Stahlbauteilen ergaben sich unter diesen Bedingungen Temperaturen von ca. 800°C bis 840°C im Stahlquerschnitt. Aufgrund der sehr hohen Temperaturbeanspruchung und der damit verbundenen drastischen Reduzierung der Steifigkeiten und Tragfähigkeiten, konnte eine ausreichende Standsicherheit im Brandfall nur erreicht werden, wenn die Ausnutzung im Gebrauchslastfall nur ca. 15% betrug. Von einem wirtschaftlichen Vorteil gegenüber einer Brandschutzverkleidung oder eines –anstriches kann hier kaum gesprochen werden. Hinzu kommt, dass massige Profile den ästhetischen Anforderungen einer filigranen Bauweise widersprechen.

Abhilfe schafft hier nur ein realistisches Brandszenario bzw. -modell, das die wesentlichen Einflussfaktoren (Brandlast, Abbrandgeschindigkeit, isolierende Wirkung der Umfassungsbauteile, Ventilationsöffnungen), die die Entwicklung der Heissgastemperatur bestimmen, berücksichtigt. Gerade bei einer geforderten Feuerwiderstandsdauer von 30min liegen die Heissgastemperaturen, wie in Kapitel 5 ausführlich erläutert, häufig tatsächlich unter der Einheitstemperaturzeitkurve bzw. die maximalen Heissgastemperaturen treten zu einem späteren Zeitpunkt auf.

Nicht außer Acht gelassen werden darf, dass die durchgeführten Heissbemessungen immer nur Momentaufnahmen für die maximal auftretende Temperatur darstellen. Eine Einbeziehung der Dimension Zeit ist mit klassischen Statikprogrammen nicht ohne immensen Aufwand zu bewerkstelligen. Gleiches gilt für die Temperaturentwicklung im Bauteil selbst.

An dieser Stelle soll nochmals auf die bereits genannten Lücken des derzeitigen Normenstandes hingewiesen werden:

- Erwärmungsgeschwindigkeiten werden nicht berücksichtigt (siehe hierzu die Ausführungen unter 5.2.5).
- Für die Heissbemessung von ungeschützten Anschlüssen liegen keine Angaben zum Materialverhalten bei erhöhten Temperaturen vor (siehe hierzu Kapitel 6.2.4).

Trotzdem können auf Basis der betrachteten Beispiele folgende qualitative Aussagen getroffen werden:

- Bei nicht stabilitätsgefährdeten Bauteilen kann durch die Verwendung eines S 355 statt eines S 235 eine Laststeigerung von ca. 70% erzielt werden.

- Bei Anwendung des allgemeinen Bemessungsverfahrens werden bei Stabilitätsnachweisen günstigere Ergebnisse erzielt. Dies liegt vorrangig an den gegenüber dem Ersatzstabverfahren verwendeten genaueren Rechenmethoden. Ersatzstabverfahren sind – gleiches zeigt die Erfahrung bei Kaltbemessungen – konservativer.
- Bei Verwendung von statisch unbestimmten Systemen ergeben sich – analog zur Kaltbemessung – höhere Tragfähigkeiten bei gleichen Querschnitten.
- Bei Anwendung der Fliesszonentheorie bei statisch unbestimmten Systemen können Schnittkräfte von hoch beanspruchten Bereichen in weniger beanspruchte Bereiche umgelagert werden. Für den Gebrauchslastfall ist die Fliesszonentheorie selten anwendbar, da hier oft Gebrauchstauglichkeitsnachweise maßgebend werden. Da aber größere Verformungen im Heissbemessungsfall meist unkritisch sind, ergeben sich hier bei statisch unbestimmten Systemen entsprechend höhere Tragfähigkeiten. Sie besitzen deshalb ein besonderes Potential um Einspareffekte über eine Heissbemessung zu erzielen.
- Eine Aussteifung von Stahlbauten durch Verbände (Zugstäbe, Fachwerkstäbe) scheidet bei Anwendung von Heissbemessungen aus. Die Stabilisierung aus der Haupttragrichtung heraus muss entweder durch Massivbauteile, die auch im Brandfall eine ausreichende Tragfähigkeit und Steifigkeit haben, oder durch Aussteifungsrahmen erfolgen.
- Eine Anwendung der Fliesszonentheorie hat Vorteile bei mehrfach statisch unbestimmten Systemen, wird aber im reinen ungeschützten Stahlhochbau nur bedingt Vorteile haben. Ein entscheidender Nachteil bei klassischen Stahlhochbauten bleibt die fehlende Umlagerungsmöglichkeit aus der Haupttragrichtung heraus. Lasten können quasi nur über Stahlbetondecken in benachbarte Tragwerksteile umverteilt werden (siehe auch Kapitel 7), die einer geringeren Brandbeanspuchung ausgeliefert sind und somit Tragreserven besitzen.

6.3 Stahlverbundbau

6.3.1 Allgemeines

Die Berechnung des thermischen Verhaltens von Verbundbauteilen ist, im Vergleich zur Analyse des thermischen Verhaltens von Stahlbauteilen, komplexer. Ursächlich hierfür ist die ungleichmäßige Temperaturverteilung im Querschnitt (s. a. Bild 81).

Zur vereinfachten Bemessung stellt der EC 4-1-2 [16] ausreichend Hilfsmittel zur Verfügung.

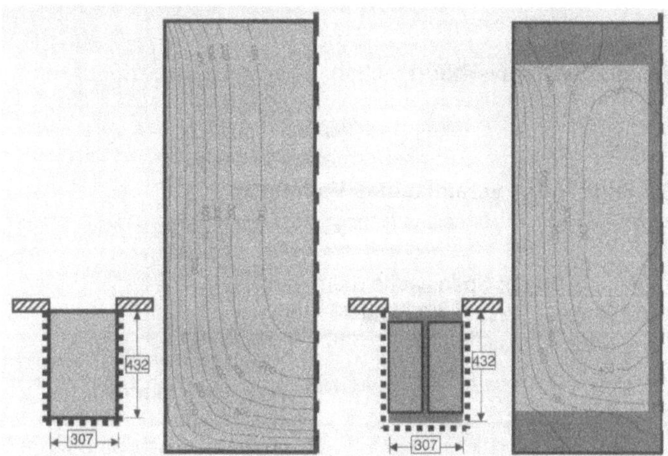

Bild 81: Isothermenverlauf nach 90 Minuten ETK- Beanspruchung in einem 3- seitig beflammten Stahlbetonquerschnitt (links) und einem 3- seitig beflammten Verbundquerschnitt (rechts) (aus [24], Bild 15)

Für das allgemeine Nachweisverfahren ist eine genaue Berechnung der Temperaturen im Querschnitt mit numerische Methoden wie z. B. die Finite- Elemente- Methode oder die Methode der Finiten Differenzen mit Integrationsverfahren über die Zeitschritte, erforderlich. Die Leistungsfähigkeit von einfachen, selbst programmierten Hilfsmitteln (siehe Temperaturermittlung bei Stahlbauteilen) ist hier erschöpft. Man ist auf eine leistungsfähige Software angewiesen, um die Temperaturen im Querschnitt zu ermitteln. In Abhängigkeit von reduzierten Materialfestigkeiten kann dann ein Tragfähigkeitsnachweis durchgeführt werden.

Da leider keine entsprechende Software zur Verfügung steht, wird in den folgenden Kapiteln für Verbunddecken, kammerbetonierte Verbundträger und Verbundstützen nur das vereinfachte Verfahren angewendet. Weiterführende Untersuchungen nach dem allgemeinen Rechenverfahren können nur für unverkleidete Stahlträger, die im Verbund mit einer Stahlbetondecke stehen, halbwegs realitätsnah gemacht werden.

Allerdings dürfte hier der, hinsichtlich eines Einsparpotentials, wesentlichste Anwendungsfall abgedeckt sein. Wenn die Entscheidung grundsätzlich schon für Kammerbeton gefallen ist, fällt es nicht mehr sonderlich ins Gewicht, welche Betongüte oder wie viel Betonstahl erforderlich ist, um eine entsprechende Feuerwiderstandsdauer zu erreichen. Von einer aufwändigen nichtlinearen Berechnung dürften keine besonderen Einsparpotentiale zu erwarten sein.

In den nachfolgenden Beispielen bleiben Bauzustände und Effekte aus Kriechen und Schwinden unberücksichtigt. Der Schwerpunkt wird auf die Ermittlung von Grenztragfähigkeiten gesetzt.

6.3.2 Beispiele zu Stahlverbunddecken

6.3.2.1 Einfeldträger – vereinfachtes Verfahren

Eingangsdaten: Spannweite 5,0m
Beflammung von unten
Stahlprofilblech, hinterschnitten:
f_{yp} = 350 N/mm^2
A_p = 1562 mm^2/m
l_1 = 115mm, l_2 = 140mm, l_3 = 38mm
h_1 = 140-51 = 89mm, h_2 = 51mm
e_{Rippen} = 152,5mm

Bild 82: Stahlprofilblech

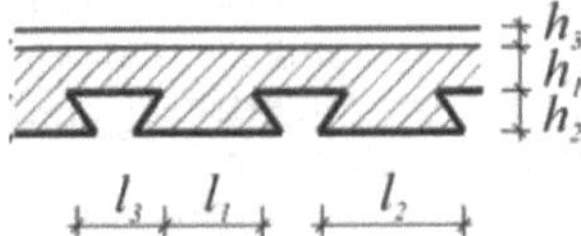

Bild 83: Geometrie der Verbunddecke

Beton: C 25/30
f_c = 25 N/mm^2
h_t = 140 mm
A_c = 89*1000+1000/152,5*((140+115)/2 *51) =
= 131639 mm^2/m

Bewehrung: BSt 500 S
je Sicke 1Ø12,mittig angeordnet
a_s = 1000/152,5*12^2*π/4 = 742 mm^2/m
$u_1 = u_2 = l_1/2$ = 115/2 = 57,5mm
$u_3 = h_2$+10mm = 61mm

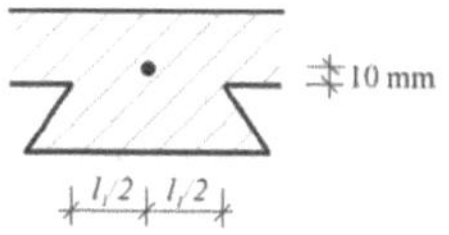

Bild 84: Anordnung Bewehrung

Ermittlung der wirksamen Deckendicke nach Gl. (67) bzw. (68):
h_1 = 89 > 40 und h_2/h_1 = 51/89 < 1,5 -> Anwendung von Gl. (67):

$$h_{eff} = h_1 + 0{,}5 * h_2 * \left(\frac{l_1 + l_2}{l_1 + l_3}\right) = 89 + 0{,}5 * 51 * \left(\frac{115 + 140}{115 + 38}\right) = 131{,}5\text{mm}$$

-> Die Betondruckfestigkeit darf bei der Ermittlung der positiven Momententragfähigkeit bis zu einer Feuerwiderstandsdauer von 120min wie bei Raumtemperatur angenommen werden, da die Bedingungen der Tabelle 4.8, EC 4-1-2 [16] eingehalten werden.

Ermittlung Parameter z nach Gleichung (66):

$$\frac{1}{z} = \frac{1}{\sqrt{u_1}} + \frac{1}{\sqrt{u_2}} + \frac{1}{\sqrt{u_3}} = \frac{1}{\sqrt{57{,}5}} + \frac{1}{\sqrt{57{,}5}} + \frac{1}{\sqrt{61}} = 0{,}392\left[\frac{1}{\sqrt{\text{mm}}}\right]$$

-> z = 2,552 $\sqrt{\text{mm}}$

<u>Positive Momententragfähigkeit für R60</u>:
θ_s = 1175-350*z = 1175-350*2,552 =282°C (nach Tabelle 24)
$f_{s,max,\theta=282°C}$ = 1,00*500 = 500 N/mm² (nach Tabelle 23)
$N_{pl,s}$ = 742*500/1,0 *10^{-3} = 371 kN
$N_{pl,c}$ = 0,70*f_{ck}/γ_M *A_c = 0,70*25/1,0 *131639 * 10^{-3} = 2302 kN
(Abweichend zum EC 4-1-1 [15] wird die Ermittlung des Betonspannungsblockes im zugehörigen NAD mit dem Faktor 0,70 statt 0,85 vorgeschrieben. Dies soll verhindern, dass die Deckentragfähigkeit überschätzt wird.)
x = 371*1000/(0,70*25/1,0*1000) = 21mm
z_{pl} = 140-51-10-21/2 = 68,4mm
<u>$M_{fi,Rd}$</u> = 371*0,068 = <u>25,4 kNm</u> = $q_{fi,d}$*L²/8 -> <u>$q_{fi,d}$</u> = 25,4*8/5² = <u>8,1 kN/m</u>
Setzt man vereinfacht η_{fi} = 0,70 gemäß NAD zu [16], so ergibt sich eine Belastung bei Raumtemperatur zu <u>$q_{d,q=20°C}$</u> = 8,1/0,70 = <u>11,6 kN/m</u>

<u>Positive Momententragfähigkeit für R90</u>:
θ_s = 1285-350*z = 1175-350*2,552 =392°C (nach Tabelle 24)
$f_{s,max,\theta=392°C}$ = 0,945*500 = 472 N/mm² (nach Tabelle 23)
$N_{pl,s}$ = 742*472/1,0 *10^{-3} = 350 kN
$N_{pl,c}$ = 0,70*f_{ck}/γ_M *A_c = 0,70*25/1,0 *131639 * 10^{-3} = 2302 kN
x = 350*1000/(0,70*25/1,0*1000) = 20mm
z_{pl} = 140-51-10-20/2 = 69,0mm
<u>$M_{fi,Rd}$</u> = 350*0,069 = <u>24,1 kNm</u>
-> <u>$q_{fi,d}$</u> = 24,1*8/5² = <u>7,7 kN/m</u>
-> mit η_{fi} = 0,70: <u>$q_{d,q=20°C}$</u> = 8,1/0,70 = <u>11,0 kN/m</u>

Positive Momententragfähigkeit für R120:
θ_s = 1370-350*z = 1370-350*2,552 =477°C (nach Tabelle 24)
$f_{s,max,\theta=477°C}$ = 0,732*500 = 366 N/mm² (nach Tabelle 23)
$N_{pl,s}$ = 742*366/1,0 *10⁻³ = 272 kN
$N_{pl,c}$ = 0,70*f_{ck}/γ_M *A_c = 0,70*25/1,0 *131639 * 10⁻³ = 2302 kN
x = 272*1000/(0,70*25/1,0*1000) = 15,5mm
z_{pl} = 140-51-10-15,5/2 = 71,2mm
$M_{fi,Rd}$ = 272*0,071 = 19,4 kNm
-> $q_{fi,d}$ = 19,4*8/5² = 6,2 kN/m
-> mit η_{fi} = 0,70: $q_{d,q=20°C}$ = 6,2/0,70 = 8,9 kN/m

Die Tragfähigkeit kann noch gesteigert werden, wenn das Stahlprofilblech bei der Bemessung mit berücksichtigt wird. Dies könnte mit Hilfe des Anhanges D zu EC 4-1-2 [16] erfolgen.

6.3.2.2 Zweifeldträger – vereinfachtes Verfahren

Eingangsdaten: Spannweiten: $L_1 = L_2$ = 5,0m
Beflammung von unten
Queschnitt wie unter 6.3.1.1, jedoch mit zusätzlicher oberer Bewehrung :
Ø12/s=15cm
a_s = 1000/150*12²*π/4 = 754 mm²/m
abstand von OK Decke: u_{oben} = 35mm
h_{eff} = 131,5mm (siehe 6.3.2.1)

Positive Momententragfähigkeiten (siehe 6.3.2.1):
R 60: $M_{fi,Rd}$ = 25,4 kNm
R 90: $M_{fi,Rd}$ = 24,1 kNm
R 120: $M_{fi,Rd}$ = 19,4 kNm

Negative Momententragfähigkeit für R60:
Ermittlung der Stahltemperatur nach Tabelle 25 bei Beflammung von unten: x = h_{eff}-u_{oben} = 131,5-35 = 96,5mm
-> $\theta_c = \theta_s$ = 107°C
$f_{s,max,\theta=107°C}$ = 1,00*500 = 500 N/mm² (nach Tabelle 23)
$N_{pl,s}$ = 754*500/1,0 *10⁻³ = 377 kN

1. Schätzung der Betondruckzonenhöhe:
geschätzte Betondruckzonenhöhe x_{est1} = 40mm
$=N_{pl,s}/(k_{c,\theta,est1}*0,70*f_{ck}/\gamma_M*1000)$
$= 377*10^3/(k_{c,\theta,est1}*0,70*25/1,0*1000)$
$= 21,54/ k_{c,\theta,est1}$
$k_{c,\theta,est1} = 21,54/ x_{est1}$ = 0,539

Dies entspräche nach Tabelle 22 einer Betontemperatur von ca. $\theta_{c,est1}$ = 541°C. Nimmt man den Schwerpunkt der Betondruckfläche zu $x_{est1}/2$ =

20mm an, so kann man vereinfacht aus Tabelle 25 die zugehörige Temperatur zu 525°C ablesen.
-> Die Betondruckzonenhöhe kann verringert werden.

2. Schätzung der Betondruckzonenhöhe:
x_{est2} = 37mm -> $k_{c,\theta,est2} = 21{,}54/\ x_{est2} = 0{,}582$
$\theta_{c,est2}$ = 512°C (nach Tabelle 22)
Nimmt man den Schwerpunkt der Betondruckfläche zu $x_{est2}/2$ = 18,5mm an, so ergibt sich aus Tabelle 25 die zugehörige Temperatur zu 542°C.
-> Die Betondruckzone wurde zu hoch angesetzt.
3. Schätzung der Betondruckzonenhöhe:
x_{est3} = 38mm -> $k_{c,\theta,est2} = 21{,}54/\ x_{est3} = 0{,}567$
$\theta_{c,est3}$ = 522°C (nach Tabelle 22)
Nimmt man den Schwerpunkt der Betondruckfläche zu $x_{est3}/2$ = 19mm an, so ergibt sich aus Tabelle 25 die zugehörige Temperatur zu 536°C. Dies entspricht ungefähr dem Schätzwert von 522°C.

z_{pl} = 131,5-35-38/2 = 77,5mm
$\underline{M_{fi,Rd}}$ = 377*0,0775 = <u>29,2 kNm</u> -> $q_{fi,d}*L^2/8$ -> $\underline{q_{fi,d}} = 29{,}2*8/5^2 = \underline{9{,}3\ kN/m}$
Setzt man vereinfacht η_{fi} = 0,70 gemäß NAD zu [16], so ergibt sich eine Belastung bei Raumtemperatur zu $\underline{q_{d,q=20°C}}$ = 9,3/0,70 = <u>13,4 kN/m</u>

<u>Negative Momententragfähigkeit für R90</u>:
x = 96,5mm -> $\theta_c = \theta_s$ = 171°C (nach Tabelle 25)
$f_{s,max,\theta=171°C}$ = 1,00*500 = 500 N/mm² (nach Tabelle 23)
$N_{pl,s} = 754*500/1{,}0*10^{-3}$ = 377 kN

1. Schätzung der Betondruckzonenhöhe:
geschätzte Betondruckzonenhöhe x_{est1} = 40mm
$= N_{pl,s}/(k_{c,\theta,est1}*0{,}70*f_{ck}/\gamma_M*1000)$
$= 377*10^3/(k_{c,\theta,est1}*0{,}70*25/1{,}0*1000)$
$= 21{,}54/\ k_{c,\theta,est1}$
$k_{c,\theta,est1} = 21{,}54/\ x_{est1} = 0{,}539$
$\theta_{c,est1}$ ~ 541°C (nach Tabelle 22)
Nimmt man den Schwerpunkt der Betondruckfläche zu $x_{est1}/2$ = 20mm an, so kann man vereinfacht aus Tabelle 25 die zugehörige Temperatur zu 627°C ablesen.
-> Die Betondruckzonenhöhe muss vergrößert werden.

2. Schätzung der Betondruckzonenhöhe:
x_{est2} = 45mm -> $k_{c,\theta,est2} = 21{,}54/\ x_{est2} = 0{,}479$
$\theta_{c,est2}$ = 581°C (nach Tabelle 22)
Nimmt man den Schwerpunkt der Betondruckfläche zu $x_{est2}/2$ = 22,5mm an, so ergibt sich aus Tabelle 25 die zugehörige Temperatur zu 599°C.
-> Die Betondruckzone wurde zu niedrig angesetzt.

3. Schätzung der Betondruckzonenhöhe:
x_{est3} = 46mm -> $k_{c,\theta,est2} = 21{,}54/\ x_{est3} = 0{,}468$
$\theta_{c,est3}$ = 588°C (nach Tabelle 22)

Nimmt man den Schwerpunkt der Betondruckfläche zu $x_{est3}/2$ = 23mm an, so ergibt sich aus Tabelle 25 die zugehörige Temperatur zu 593°C. Dies entspricht ungefähr dem Schätzwert von 588°C.

z_{pl} = 131,5-35-46/2 = 73,5mm
$\underline{M_{fi,Rd}}$ = 377*0,0735 = <u>27,7 kNm</u> -> $q_{fi,d}*L^2/8$ -> $\underline{q_{fi,d}}$ = $27{,}7*8/5^2$ = <u>8,9 kN/m</u>
Setzt man vereinfacht η_{fi} = 0,70 gemäß NAD zu [16], so ergibt sich eine Belastung bei Raumtemperatur zu $\underline{q_{d,\vartheta=20°C}}$ = 8,9/0,70 = <u>12,7 kN/m</u>

<u>Negative Momententragfähigkeit für R120</u>:
x = 96,5mm -> $\theta_c = \theta_s$ = 221°C (nach Tabelle 25)
$f_{s,max,\theta=221°C}$ = 1,00*500 = 500 N/mm^2 (nach Tabelle 23)
$N_{pl,s}$ = 754*500/1,0 $*10^{-3}$ = 377 kN

1. Schätzung der Betondruckzonenhöhe:
geschätzte Betondruckzonenhöhe x_{est1} = 50mm
$= N_{pl,s}/(k_{c,\theta,est1}*0{,}70*f_{ck}/\gamma_M*1000)$
$= 377*10^3/(k_{c,\theta,est1}*0{,}70*25/1{,}0*1000)$
$= 21{,}54/\ k_{c,\theta,est1}$
$k_{c,\theta,est1} = 21{,}54/\ x_{est1} = 0{,}431$
$\theta_{c,est1}$ ~ 613°C (nach Tabelle 22)
Nimmt man den Schwerpunkt der Betondruckfläche zu $x_{est1}/2$ = 25mm an, so kann man vereinfacht aus Tabelle 25 die zugehörige Temperatur zu 642°C ablesen.
-> Die Betondruckzonenhöhe muss vergrößert werden.

2. Schätzung der Betondruckzonenhöhe:
x_{est2} = 55mm -> $k_{c,\theta,est2} = 21{,}54/\ x_{est2} = 0{,}392$
$\theta_{c,est2}$ = 639°C (nach Tabelle 22)
Nimmt man den Schwerpunkt der Betondruckfläche zu $x_{est2}/2$ = 27,5mm an, so ergibt sich aus Tabelle 25 die zugehörige Temperatur zu 617°C.
-> Die Betondruckzone wurde zu hoch angesetzt.

3. Schätzung der Betondruckzonenhöhe:
x_{est3} = 53mm -> $k_{c,\theta,est2} = 21{,}54/\ x_{est3} = 0{,}444$
$\theta_{c,est3}$ = 629°C (nach Tabelle 22)
Nimmt man den Schwerpunkt der Betondruckfläche zu $x_{est3}/2$ = 26,5mm an, so ergibt sich aus Tabelle 25 die zugehörige Temperatur zu 627°C. Dies entspricht ungefähr dem Schätzwert von 629°C.

z_{pl} = 131,5-35-53/2 = 70,0mm
$\underline{M_{fi,Rd}}$ = 377*0,070 = <u>26,4 kNm</u> -> $q_{fi,d}*L^2/8$ -> $\underline{q_{fi,d}}$ = $26{,}4*8/5^2$ = <u>8,4 kN/m</u>
Setzt man vereinfacht η_{fi} = 0,70 gemäß NAD zu [16], so ergibt sich eine Belastung bei Raumtemperatur zu $\underline{q_{d,\vartheta=20°C}}$ = 8,4/0,70 = <u>12,1 kN/m</u>

Die negative Momententragfähigkeit sinkt von R 60 auf R 90 und von R 90 auf R 120 jeweils nur um ca. 5%. Bei der positiven Momentragfähigkeit ergibt sich von R 60 auf R 90 eine Abminderung von ca. 5% und von R 90 auf R 120 eine Abminderung von ca. 20%. Die deutlichen Unterschiede bei höheren Temperaturen sind v. a. durch die schnellere Festigkeitsabnahme des Baustahls gegenüber Beton bedingt. Dies wirkt sich besonders aus, wenn sich der Baustahl in der Nähe der beflammten Oberfläche befindet.

6.3.3 Beispiele zu Stahlverbundträgern mit Kammerbeton

6.3.3.1 Einfeldträger, S 235, schubfest angeschlossene Decke – vereinfachtes Verfahren

Um einen Tragfähigkeitsvergleich mit Stahlträgern zu ermöglichen, wird das gleiche Stahlprofil wie in Beispiel 6.2.1.1 verwendet.

Eingangsdaten: Spannweite 12,0m -> b_{eff} = 12000/8*2 = 3000mm
Beflammung von unten, R 30
Stahlträger HEA 300, S 235
b = 300mm, h = 290mm, e_w = 8,5mm, e_f = 14mm
Ortbetondecke, C 25/30, h_c = 160mm
Kammerbeton C 25/30, b_c = 300mm
Bewehrung Kammerbeton, Bst 500 S, 2Ø28,
$u_s = u_1$ = 30+8+28/2 = 52mm

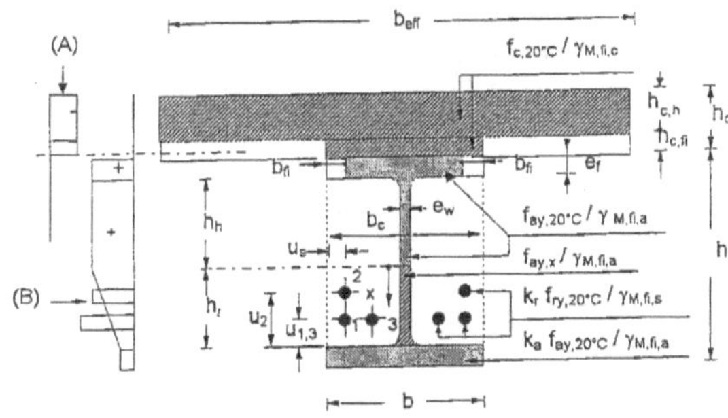

Bild 85: Prinzipdarstellung (aus [16], Bild E.1)

Überprüfung der Randbedingungen:
h_c = 160 > 60 (siehe Tabelle 26)
h = 290mm > 120mm (siehe Tabelle 27)
b_c = 300mm > 120mm (siehe Tabelle 27)
$h*b_c$ = 290*300 = 87000mm^2 > 17500mm^2 (siehe Tabelle 27)
e_w = 8,5mm < b_c/10 = 29mm
e_f = 14,0mm < h/8 = 300/8 = 37,5mm

Ermittlung der reduzierten Querschnittswerte und Spannungen:
Dickenreduzierung Beton gemäß Tabelle 28 für R 30:
$h_{c,fi}$ = 10mm

Betondruckfestigkeit des reduzierten Querschnitts:
f_{cd} = 0,70*25/1,0 = 17,5 N/mm^2
Breitenreduzierung des oberen Flansches gemäß Tabelle 29:
b_{fi} = (14/2)+(300-300)/2 = 7mm -> b_{red} = 300-2*7 = 286mm
Stegunterteilung gemäß Tabelle 30 für h/b_c = 290/300 = 0,97 < 1,0:
h_l = 20mm -> h_h = 290-2*14-20 = 242mm
Streckgrenze für den oberen Flansch und den oberen Stegabschnitt:
$f_{ay,oben} = f_{ay,20°C}/\gamma_M$ = 235/1,0 = 235 N/mm^2
Streckgrenze für den unteren Flansch mit k_a nach Tabelle 31:
k_a = [1,12-84/300+290/(22*300)]*(0,018*14,0+0,7) = 0,84 > 0,80
-> k_a = 0,80
$f_{ay,unten} = f_{ay,20°C}$*[1-x*(1-$k_a$)/$h_l$] = 235*[1-20*(1-0,80)/20] = 188 N/mm^2
Streckgrenze für den Betonstahl nach Gl. (81) bis (83) und Tabelle 32:
A_m = 2*290+300 = 880mm
V = 290*300 = 87000mm^2

$$u = \frac{1}{\frac{1}{52} + \frac{1}{52} + \frac{1}{290 - 8,5 - 52}} = 23,35\text{mm}$$

k_r = (23,35*0,062+0,16)*0,126/(880/87000)^{0,50} = 2,0 > 1 -> k_r = 1,0
f_{ys} = 1,0*500 = 500 N/mm^2

Ermittlung der Druck- und Zugtragfähigkeiten der Einzelquerschnitte:

Beton:	C_c = 150*3000*17,5*10^{-3} = 7875 kN
Oberflansch:	$T_{a,f,o}$ = 235*286*14*10^{-3} = 941 kN
Oberer Steg:	$T_{a,w,h}$ = 235*242*8,5*10^{-3} = 483 kN
Unterer Steg:	$T_{a,w,l}$ = (235+188)/2*8,5*20*10^{-3} = 36 kN
Unterflansch:	$T_{a,fu}$ = 188*300*14*10^{-3} = 790 kN
Bewehrung:	T_s = 2*28^2*π/4*500*10^{-3} = 615 kN

Summe der Zugkräfte: ΣT_i = 2865 kN < C_c = 7875 kN
-> plastische Nulllinie befindet sich in der Betondecke
Höhe der Druckzone: x = z = 2865*10^3/17,5/3000 = 54,6mm

Lage der Hebelarme bezogen auf Oberkante Decke:
z_c = 54,6/2 = 27,3mm
$z_{a,f,o}$ = 160+14/2 = 167mm
$z_{a,w,h}$ = 160+14+242/2 = 295mm
$z_{a,w,l}$ = 160+14+242+[20*(2*0,80+1)/(3*(0,80+1))] = 426mm
$z_{a,f,u}$ = 160+290-14/2 = 443mm
z_s = 160+290-14-52 = 384mm

positive Momententragfähigkeit:
$M_{fi,Rd}$ = (-2865*27,3+941*167+483*295+36*426+790*443+615*384)/1000 =
= 823 kNm

Bei einer Belastung durch eine gleichmäßig verteilte Streckenlast, ergibt sich: $q_{fi,d} = M_{fi,Rd}$*8/L^2 = 823*8/12^2 = 45,7 kN/m.
Mit η_{fi} = 0,70 entspricht dies einer Belastung bei Raumtemperatur von $q_{f,d}$ = 45,7/0,70 = 65,3 kN/m.

Soll bei der Dimensionierung das Programm AFCB [37] verwendet werden, so ist zu berücksichtigen, dass der Völligkeitsbeiwert der Betondruckzone in der Heissbemessung mit 1,0 berücksichtigt wird. Laut EC 4-1-2 [16] beträgt α_c = 0,85 und laut NAD [16] 0,70. Um das Programm trotzdem verwenden zu können, falls die Betondruckkraft maßgebend wird, besteht die Möglichkeit $\gamma_{fi,M}$ = 1,0/0,70 = 1,43 zu setzen.

6.3.3.2 Einfeldträger, S 355, schubfest angeschlossene Decke – vereinfachtes Verfahren

Eingangsdaten: Stahlträger HEA 300, S 355
sonstiges siehe Beispiel 6.3.3.2

Ermittlung der reduzierten Querschnittswerte und Spannungen:
Streckgrenze für den oberen Flansch und den oberen Stegabschnitt:
$f_{ay,oben} = f_{ay,20°C}/\gamma_M$ = 355/1,0 = 355 N/mm²
Streckgrenze für den unteren Flansch mit k_a nach Tabelle 31:
k_a = [1,12-84/300+290/(22*300)]*(0,018*14,0+0,7) = 0,84 > 0,80
-> k_a = 0,80
$f_{ay,unten} = f_{ay,20°C}$*[1-x*(1-$k_a$)/$h_l$] = 355*[1-20*(1-0,80)/20] = 284 N/mm²
sonstiges siehe 6.3.3.1

Ermittlung der Druck- und Zugtragfähigkeiten der Einzelquerschnitte:

Beton:	C_c = 150*3000*17,5*10⁻³ = 7875 kN
Oberflansch:	$T_{a,f,o}$ = 355*286*14*10⁻³ = 1422 kN
Oberer Steg:	$T_{a,w,h}$ = 355*242*8,5*10⁻³ = 729 kN
Unterer Steg:	$T_{a,w,l}$ = (355+284)/2*8,5*20*10⁻³ = 54 kN
Unterflansch:	$T_{a,fu}$ = 284*300*14*10⁻³ = 1193 kN
Bewehrung:	T_s = 2*28²*π/4*500*10⁻³ = 615 kN

Summe der Zugkräfte: ΣT_i = 4013 kN < C_c = 7875 kN
-> plastische Nulllinie befindet sich in der Betondecke
Höhe der Druckzone: x = z = 4013*10³/17,5/3000 = 76,4mm

Lage der Hebelarme bezogen auf Oberkante Decke:
z_c = 76,4/2 = 38,2mm
sonstige siehe 6.3.3.1

positive Momententragfähigkeit:
$M_{fi,Rd}$ =(-4013*38,2+1422*167+729*295+54*426+1193*443+615*384)/1000
= 1087 kNm

Bei einer Belastung durch eine gleichmäßig verteilte Streckenlast, ergibt sich: $q_{fi,d} = M_{fi,Rd}*8/L^2$ = 1087*8/12² = 60,4 kN/m.
Mit η_{fi} = 0,70 entspricht dies einer Belastung bei Raumtemperatur von $q_{f,d}$ = 60,4/0,70 = 86,2 kN/m.
Die Steigerung der Tragfähigkeit bei Verwendung eines S355 statt eines S 235 beträgt ca. (1087-823)/823 = 0,32 = 32 %.

6.3.3.3 Zweifeldträger, S 235, schubfest angeschlossene Decke – vereinfachtes Verfahren

<u>Eingangsdaten</u>: Spannweite $L_1 = L_2 = 12{,}0m$
Beflammung von unten, R 30
Stahlträger HEA 300, S 235
$b = 300mm$, $h = 290mm$, $e_w = 8{,}5mm$, $e_f = 14mm$
Ortbetondecke, C 25/30, $h_c = 160mm$, $b_{eff} = 3*b = 900mm$
Bewehrung Decke: zwei Lagen mit je Ø12/ s = 15cm,
$u_h = u_l = 35mm$
$a_{s,h} = a_{s,l} = 754mm^2/m$
Kammerbeton C 25/30, $b_c = 300mm$
Bewehrung Kammerbeton, Bst 500 S, 2Ø28,
am Auflager durchlaufend, ausreichend Querbewehrung
$u_s = u_1 = 30+8+28/2 = 52mm$

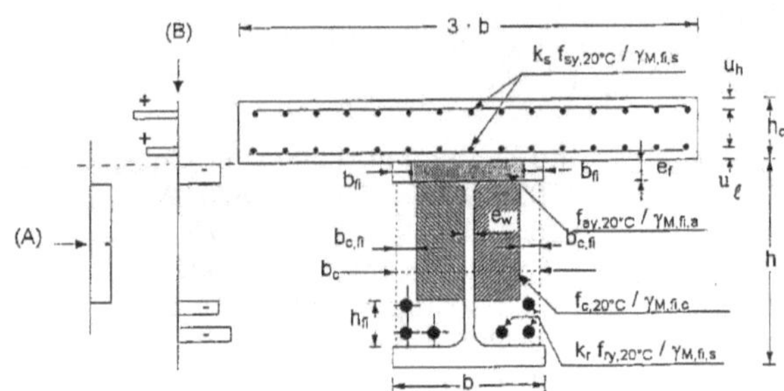

Bild 86: Prinzipdarstellung (aus [16], Bild E.2)

<u>positive Momententragfähigkeit (siehe 6.3.3.1)</u>:
$M_{fi,Rd} = 823$ kNm

<u>Ermittlung der reduzierten Querschnittswerte und Spannungen für neg. Momententragfähigkeit</u>:
Deckenbeton bleibt unberücksichtigt, da zugbeansprucht
Streckgrenze für den Betonstahl in der Platte nach Tabelle 34:
$f_{ys} = k_s*f_y = 1{,}0*500 = 500$ N/mm²
Querschnittsreduzierung Kammerbeton gemäß Tabelle 33 für R 30:
$h_{fi} = 25mm$, $b_{c,fi} = 25mm$
Betondruckfestigkeit des reduzierten Querschnitts:
$f_{cd} = 0{,}70*25/1{,}0 = 17{,}5$ N/mm²
Streckgrenze für den Betonstahl im Kammerbeton, s. a. 6.3.3.1:
$f_{ys} = k_r*f_y = 1{,}0*500 = 500$ N/mm²
Breitenreduzierung des oberen Flansches gemäß Tabelle 29:
$b_{fi} = (14/2)+(300-300)/2 = 7mm$ -> $b_{red} = 300-2*7 = 286mm$

Streckgrenze für den oberen Flansch:

$f_{ay,oben} = f_{ay,20°C}/\gamma_M = 235/1,0 = 235\ N/mm^2$

Steg bleibt unberücksichtigt, da für Querkraftübertragung reserviert

Unterer Flansch bleibt unberücksichtigt

Ermittlung der Druck- und Zugtragfähigkeiten der Einzelquerschnitte:

Deckenbewehrung oben: $T_{s,h} = 754*0,90*500*10^{-3} = 339\ kN$

Deckenbewehrung oben: $T_{s,h} = 754*0,90*500*10^{-3} = 339\ kN$

Kammerbeton: $C_c = (300-2*25-8,5)*(290-2*14-25)*17,5*10^{-3} =$

$= 241,5*237*17,5*10^{-3} = 1002\ kN$

Kammerbewehrung: $C_s = 2*28^2*\pi/4*500*10^{-3} = 615\ kN$

Oberflansch: $T_{a,f,o} = C_{a,f,o} = 235*286*14*10^{-3} = 941\ kN$

$\Sigma C_{c+s} = 1002+615 = 1617\ kN$

$\Sigma T_{s,h+l} = 339+339 = 678\ kN$

$\Sigma H = 0$ -> $\Sigma C_{c+s} + f*C_{a,f,o} = \Sigma T_{s,h+l} + (1-f)*T_{a,f,o}$

$f = ½-[(\Sigma C_{c+s} - \Sigma T_{s,h+l}) / (2*T_{a,f,o})] = 0,001$

gedrückter Anteil des oberen Flansches:

$e_{f,c} = 0,001*14 = 0,014mm$ ->

$C_{a,f,o} = 0,001*235*286*14*10^{-3} = 1\ kN$

$T_{a,f,o} = 0,999*235*286*14*10^{-3} = 940\ kN$

$\Sigma C = 1617+0,001*941 = 1618\ kN$

$\Sigma T = 678+0,999*941 = 1618\ kN$

-> plastische Nulllinie befindet sich im oberen Flansch,

Lage der Hebelarme bezogen auf Oberkante Decke:

$z_{pl} = 160+0,999*14 = 174mm$

$z_{s,h} = 35mm$

$z_{s,l} = 160-35 = 125mm$

$z_{a,f,o,t} = 160+0,999*14/2 = 167mm$

$z_{a,f,o,c} = 160+14-0,001*14/2 = 174mm$

$z_c = 160+14+237/2 = 292,5mm$

$z_s = 160+290-14-52 = 384mm$

negative Momententragfähigkeit:

$M_{fi,Rd} = -(339*35+339*125+940*167-1*174-1002*292,5-615*384)/1000 =$

$= -318\ kNm$

Bei einer Belastung durch eine gleichmäßig verteilte Streckenlast und ohne Momentenumlagerung, ergibt sich: $q_{fi,d} = M_{fi,Rd}*8/L^2 = 318*8/12^2 = 17,7$ kN/m.

Mit $\eta_{fi} = 0,70$ entspricht dies einer Belastung bei Raumtemperatur von $q_{f,d} = 17,7/0,70 = 25,2$ kN/m.

In diesem Anwendungsfall ist es günstiger den Zweifeldträger im Brandfall als Kette von Einfeldträgern zu betrachten (bzw. das gesamte Stützmoment in den Feldbereich umzulagern). Dann wird die bereits in 6.3.3.1 ermittelte Traglast erreicht.

Eine Erhöhung der Stahlgüte ist zur Erhöhung der negativen Momententragfähigkeit nicht zielführend. Besser ist der Einsatz von mehr Bewehrung und eine höhere Betongüte.

Soll bei der Dimensionierung das Programm AFCB [37] verwendet werden, so ist Vorsicht geboten, denn die negative Momententragfähigkeit wird zu günstig ermittelt ! Ursache sind falsche Hebelarme für die Plattenbewehrung. Außerdem gelten die Anmerkungen zur Ermittlung der Betondruckfestigkeit beim Beispiel 6.3.3.1 analog.

6.3.4 Beispiele zu Stahlstützen mit Kammerbeton

6.3.4.1 Einfeldstütze, S 235 – vereinfachtes Verfahren

Um einen Tragfähigkeitsvergleich mit Stahlstützen zu ermöglichen, wird das gleiche Stahlprofil wie in Beispiel 6.2.1.7 verwendet.

<u>Eingangsdaten</u>: Länge 3,0m
Beflammung 4- seitig, R 30
Stahlträger HEB 300, S 235
$b = 300mm$, $h = 300mm$, $e_w = 11mm$, $e_f = 19mm$
Kammerbeton C 25/30, $A_c = 26{,}2*28{,}9 = 757{,}18cm^2$
Bewehrung Kammerbeton, 500 S, 4Ø20, $A_S = 12{,}56cm^2$
$u_1 = u_2 = 30+8+28/2 = 52mm$
$A_m/V = 4*0{,}30/o{,}30^2 = 13{,}33\ m^{-1}$

<u>Überprüfung der Randbedingungen:</u>
$l_\theta = 3000mm < 13{,}5*b = 4050mm$
$h = 300mm > 230mm$ und $< 1100mm$
$b = 300mm > 230mm$ und $< 500mm$
Bewehrungsgehalt: $12{,}56/757{,}18 = 0{,}0166 > 0{,}01$ und $< 0{,}06$

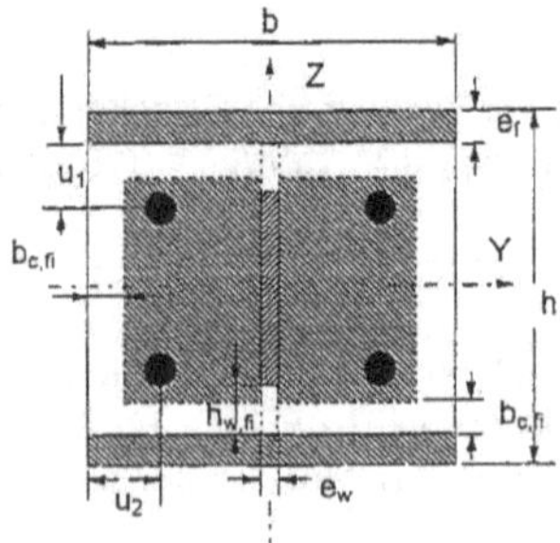

Bild 87: Prinzipdarstellung (aus [16], Bild F.1)

Flansche des Stahlquerschnitts:
k_t = 9,65 m°C (nach Tabelle 36)
$\theta_{o,t}$ = 550 °C (nach Tabelle 36)
-> $\theta_{f,t}$ = 550°+9,65*13,33 = 679 °C (nach Gleichung (91))
$k_{max,\theta}$ = 0,28 (nach Tabelle 21) -> $f_{amax,f,t}$ = 235*0,28 = 65,9 N/mm^2
$k_{E,\theta}$ = 0,168 (nach Tabelle 21) -> $E_{a,f,t}$ = 0,168*210000 = 35238 N/mm^2
-> $N_{fi,pl,Rd,f}$ = 2*(300*19*65,9)/1,0 *10^{-3} = 748 kN (nach Gl. (90))
$(E*I)_{fi,f,z}$ = 35238*(19*300^3/6) = 2,90*10^{12} Nmm^2

Steg des Stahlquerschnitts:
Vernachlässigter Anteil (siehe Gl. (94) und Tabelle 37:
$h_{w,fi}$ = 0,5*(300-2*19)*(1-[1-0,16*(350/300)]^{0,50}) = 12,9mm
-> $f_{amax,w,t}$ = 235*[1-0,16*350/300)]^{0,50} = 212 N/mm^2 (nach Gl. (94))
$N_{fi,pl,Rd,w}$ = 11*(300-2*19-2*12,9)*212/1,0 *10^{-3} = 551 kN (nach Gl. (95))
$(E*I)_{fi,fwz}$ = 210000*(300-2*19-2*12,9)*11^3/12 = 5,50*10^9 Nmm^2

Bewehrung:
u = 52mm (nach Gl. (102)
$k_{y,t}$ = 1,0 (nach Tabelle 40)
$k_{E,t}$ = 0,898 (nach Tabelle 41)
-> $N_{fi,pl,Rd,s}$ = 1256*1,0*500/1,0*10^{-3} = 628 kN (nach Gl. (100))
$(E*I)_{fi,f,s}$ = 0,898*210000*(4*(10^4*π/4+ 313*(150-52)^2) =
= 188580*(4*(7850+3006052)) = 188580*1,206*10^7
= 2,27*10^{12} Nmm^2

Kammerbeton:
$b_{c,fi}$ = 4,0mm (nach Tabelle 38)
$\theta_{c,t}$ = 217 °C (nach Tabelle 39)
-> $k_{c,\theta}$ = 0,875 (nach Tabelle 21) -> $f_{c,\theta}$ = 25*0,875 = 21,9 N/mm^2
$\varepsilon_{cu,\theta}$ = 4,755*10^{-3} (nach Tabelle 21)
$E_{c,sec,\theta}$ = 21,9/(4,755*10^{-3}) = 4606 N/mm^2 (nach Gl.(97))
-> $N_{fi,pl,Rd,c}$ = 0,86*[(300-2*19-2*4)*(300-11-2*4)-1256]*21,9/1,0*10^{-3} =
= 1321 kN (nach Gl. (98))
$(E*I)_{fi,c,z}$ = 4606* [[(300-2*19-2*4)*((300-2*4)^3-11^3)/12]-1,206*10^7] =
= 4606*5,15*10^8 = 2,37*10^{12} Nmm^2 (nach Gl.(99))

Gesamtquerschnitt:
$\varphi_{f,\theta}$ = 1,0; $\varphi_{w,\theta}$ = 1,0; $\varphi_{c,\theta}$ = 0,80; $\varphi_{s,\theta}$ = 1,0 (nach Tabelle 35)
$(E*I)_{fi,eff}$ = 1,0*2,90*10^{12}+1,0*5,50*10^9+0,80*2,37*10^{12}+1,0*2,27*10^{12} =
= 7,07*10^{12} Nmm^2 (nach Gl. (88))
$N_{fi,pl,Rd}$ = 748+551+628+1321 = 3248 kN (nach Gl. (85))
$N_{fi,cr} = \pi^2*(E*I)_{fi,eff}/l_\theta^2 = \pi^2*7,07*10^{12}/3000^2 * 10^{-3}$ = 7755 kN (nach Gl. (87))
$\bar{\lambda}_\theta = \sqrt{3248/7755} = 0,647$ (nach Gl. (86))
-> $N_{fi,Rd}$ = 0,757*3248 = 2459 kN (nach Gl. (84))

Bei der Berechnung als reine Stahltstütze betrug die Traglast im Brandfall nur 265 kN (siehe 6.2.1.7) bzw. 378 kN (siehe 6.2.1.8).

6.3.4.2 Dreifeldfeldstütze, S 235 – vereinfachtes Verfahren

Das Beispiel 6.3.4.1 wird nun mit einer Knicklänge von 0,50*L im Sinne von Bild 10 betrachtet.

Gegenüber der Berechnung in 6.3.4.1 ändern sich folgende Werte:
$N_{fi,cr} = \pi^2 * (E*I)_{fi,eff} / l_\theta^2 = \pi^2 * 7{,}07*10^{12}/1500^2 * 10^{-3} = 30981$ kN

$\bar{\lambda}_\theta = \sqrt{3248/309815} = 0{,}324$ (nach Gl. (86))
-> $N_{fi,Rd} = 0{,}937*3248 = 3043$ kN (nach Gl. (84))

Bei der Berechnung als reine Stahltstütze betrug die Traglast im Brandfall nur 307 kN (siehe 6.2.2.6) bzw. 378 kN (siehe 6.2.2.7).

6.3.5 Beispiele zu Verbundträgern ohne Betonüberdeckung des Stahlquerschnitts

6.3.5.1 Einfeldträger, S 235 – vereinfachtes Verfahren

Um einen Tragfähigkeitsvergleich mit kammerbetonierten Stahlträgern zu ermöglichen, wird das gleiche Stahlprofil wie in Beispiel 6.3.3.1 verwendet. Das Stahlprofil ist der Beflammung von unten ungeschützt ausgesetzt.

Eingangsdaten: Spannweite 12,0m -> $b_{eff} = 12000/8*2 = 3000$mm
Beflammung von unten, R 30
Stahlträger HEA 300, S 235
$b_1 = b_2 = 300$mm, $h = 290$mm, $e_w = 8{,}5$mm, $e_1 = e_2 = 14$mm
Ortbetondecke, C 25/30, $h_c = 160$mm

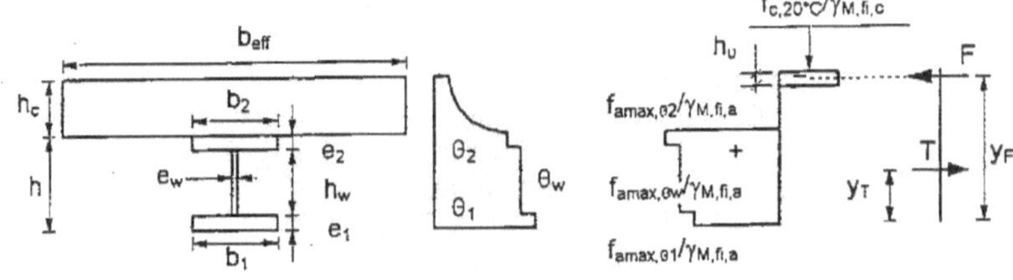

Bild 88: Prinzipdarstellung (aus [16], Bild D.1)

Ermittlung der Stahltemperaturen und –festigkeiten nach 30min Normbrandbeanspruchung:

Die Ermittlung der Stahltemperatur erfolgt mit einem selbst programmierten

Exceltool auf Basis der Einheitstemperaturzeitkurve. Dabei wird α_c = 25 W/m²K, Φ = 1,0 und ε_{res} = 0,70 gesetzt (siehe auch Erläuterungen zu Abschnitt 4.3.4.1.2).

Heissgastemperatur: $\theta_{g,t=30min}$ = 842°C

Flansch oben, 3- seitige Brandbeanspruchung:
A_m/V = (300+2*14)/(300*14)*1000 = 78 [m^{-1}]
$\theta_{a,t=30min,2}$ = 740°C
-> $k_{max,\theta 2}$ = 0,182 (nach Tabelle 21)
-> $f_{amax,\theta 2}$ = 0,182*235 = 42,8 N/mm²

Steg, 4- seitige Brandbeanspruchung:
A_m/V = (2*8,5+2*(290-2*14))/((290-2*14)*8,5)*1000 = 243 [m^{-1}]
$\theta_{a,t=30min,w}$ = 832°C
-> $k_{max,\theta\omega}$ = 0,094 (nach Tabelle 21)
-> $f_{amax,\theta\omega}$ = 0,094*235 = 22,1 N/mm²

Flansch unten, 4- seitige Brandbeanspruchung:
A_m/V = (2*300+2*14)/(300*14)*1000 = 150 [m^{-1}]
$\theta_{a,t=30min,1}$ = 814°C
-> $k_{max,\theta 1}$ = 0,103 (nach Tabelle 21)
-> $f_{amax,\theta 1}$ = 0,103*235 = 24,2 N/mm²

Einzeltragfähigkeiten:

T_2 = 42,8*300*14*10^{-3} = 180 kN
T_w = 22,1*(290-2*14)*10^{-3} = 6 kN
T_1 = 24,2*300*14*10^{-3} = 102 kN
ΣT = 288 kN (siehe Gl. (70))

Lage der Zugkraft nach Gl. (71) und Bild 88:
y_T = (102*14/2 + 6*(262/2+14) + 180*(290-14/2)/ (288/1,0) = 182mm

Druckzonenhöhe nach Gl. (73):
F = T = 288 kN
h_u = 288*10^3/(3000*0,70*25/1,0) = 5,5 mm
h_c-h_u = 160-5,5 = 154,5mm -> Betontemperaturen bleiben unter 250°C gemäß Tabelle 25 für 30min Brandbeanspruchung -> keine Reduzierung der Festigkeit erforderlich
y_F = 290+160-(5,5/2) = 447 mm (nach Gl. (74))

Die Verbundmittel müssen die Kräfte F bzw. T übertragens können. Sie sind nach Gleichung (78) nachzuweisen.

positive Momententragfähigkeit:
$M_{fi,Rd+}$ = 288 (447-5,5)*10^{-3} = 288*0,442 = 127 kNm
Zum Vergleich:
- reiner Stahlträger (siehe 6.2.1.1):
$M_{fi,Rd}$ = 31,5 kNm

- kammerbetonierter Verbundträger (siehe 6.3.3.1):
  $M_{fi,Rd}$ = 823 kNm

6.3.5.2 Einfeldträger, S 355 – vereinfachtes Verfahren

Für das Beispiel 6.2.5.2 wird nun die Tragfähigkeit bei Verwendung eines S 355 statt eines S 235 ermittelt.

Einzeltragfähigkeiten:

T_2 = 180*355/235 = 272 kN
T_w = 6*355/235 = 9 kN
T_1 = 102*355/235 = 154 kN
ΣT = 435 kN (siehe Gl. (70))

y_T = 182mm

Druckzonenhöhe nach Gl. (73):
F = T = 435 kN
$h_u = 435 \cdot 10^3/(3000 \cdot 0{,}70 \cdot 25/1{,}0) = 8{,}3$ mm
h_c-h_u = 160-8,3 = 151,7mm -> Betontemperaturen bleiben unter 250°C
y_F = 290+160-(8,3/2) = 446 mm (nach Gl. (74))

positive Momententragfähigkeit:
$M_{fi,Rd+} = 435\ (446-8{,}3) \cdot 10^{-3} = 435 \cdot 0{,}44 = 190$ kNm
-> Grenztraglast: $q_{fi,d} = M_{fi,Rd+} \cdot 8 / L^2 = 190 \cdot 8/12^2 = 10{,}56$ kN/m

Die Tragfähigkeitssteigerung bei Verwendung eines S 355 statt eines S 235 beträgt ca. (190-127)/127 = 0,50 = 50 % und entspricht dem Verhältnis der Streckgrenzen.

Zum Vergleich:

- reiner Stahlträger (siehe 6.2.1.3):
  $M_{fi,Rd}$ = 43,4 kNm
- kammerbetonierter Verbundträger (siehe 6.3.3.2):
  $M_{fi,Rd}$ = 1087 kNm

6.3.5.3 Beidseits eingespannter Einfeldträger, S 355 – allgemeines Verfahren

Spannt man den Träger aus Beispiel 6.3.5.2 beidseits ein, so kann das vereinfachte Verfahren nicht mehr verwendet werden, da dies nur für Einfeldträger (positive Momentenbeanspruchung) gilt. Dies dürfte wohl auch am fehlenden Nachweisverfahren für das Biegedrillknicken liegen, da bei negativer Momentenbeanspruchung der druckbeanspruchte Untergurt des ungeschützten Stahlprofils nicht gehalten ist.

Wie bereits erläutert, wird an dieser Stelle ein „allgemeines“ Nachweisverfahren näherungsweise auf Basis der Temperatur- und Festigkeitsermittlungen des vereinfachten Verfahrens durchgeführt (siehe hierzu 6.3.1).

Zur besseren Einsschätzung wird der Träger mit einer Gleichstreckenlast beaufschlagt, die sich als Grenzlast für den Träger aus 6.3.5.2 ergibt:
$q_{fi,d} = 190*8/12^2 = 10,55$ kN/m
Zusätzlich muss berücksichtigt werden, dass durch die thermische Dehnung bei statisch unbestimmter Lagerung jetzt Zwangskräfte auftreten.

Vereinfacht wird dabei der Gesamtquerschnitt mit einer gemittelten Temperaturdehnung beaufschlagt, die mit $\Delta l/l = 1,1*10^{-2}$ angesetzt wird (genauere Werte für Beton, Betonstahl und Baustahl sind aus Abschnitt 3.3 des EC 4-1-2 [16] zu entnehmen).

Eine weitere Vereinfachung liegt in der Annahme einer gleichen mitwirkenden Breite des Betongurtes, die eigentlich nach EC4-1-1, 4.3.2 [15] über der Stütze reduziert werden müsste.

Die Festigkeiten des Baustahls werden aus 6.3.5.2 übernommen. Die Betondruckfestigkeit und Betonstahlfestigkeit können bei der vorhandenen Deckenstärke wie bei Raumtemperatur angesetzt werden (siehe Erläuterungen in 6.3.5.1).

<u>Ergebnis:</u>

Um das Einspannmoment aufnehmen zu können, sind im Betonquerschnitt bei mittiger Anordnung ca. $2*73cm^2/3,0m = 48,7\ cm^2$ /m einzubauen ! Dies entspricht einem Bewehrungsgehalt von ca. 3%.

Ein Stabilitätsproblem liegt aufgrund der Festhaltung des gedrückten Stahluntergurtes im negativen Momentenbereich nicht vor.

6.3.6 Beispiele zu Verbundträgern als Riegel innerhalb eines Stahlrahmensystems – vereinfachtes Verfahren

6.3.6.1 Ebener eingespannter Stahlrahmen mit kalten Stielen und brandbeanspruchtem Verbundträger

Um einen Tragfähigkeitsvergleich zwischen einer statisch bestimmten Lagerung, einer starren Einspannung und einer Teileinspannung zu erhalten,

wird der Verbundträger aus den Beispielen 6.3.5.2 und 6.3.5.3 innerhalb eines Rahmensystems betrachtet. Der Querschnitt und die Länges des Verbundträgers bleiben gegenüber den o. g. Beispielen unverändert. Gleiches gilt für die Brandbeanspruchung (von unten, ETK, R 30). Die Vertikalbelastung orientiert sich an der positiven Momententragfähigkeit des Trägers und wird mit $q_{fi,d}$ = 10,55 kN/m angenommen.
Im ersten Schritt wird von eingespannten Stahlstützen ausgegangen, die keiner Brandbeanspruchung unterliegen, also ausreichend gegen Erwärmung geschützt sind. Vorverformungen bleiben in diesem Beispiel unberücksichtigt.

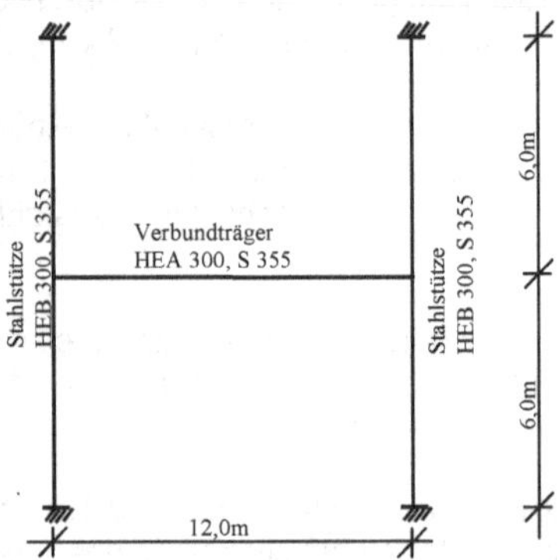

Bild 89: Systemskizze Beispiel 6.3.6.1

Ergebnis:

Der Einspanngrad des Verbundträgers bleibt fast auf dem Niveau der Volleinspannung. Die Reduktion des Stützmomentes beträgt lediglich ca. (127,2-122,6)/127,2 = 0,036 = 4%. Im Gegenzug erhöht sich das Feldmoment um den entsprechenden Betrag.

6.3.6.2 Ebener gelenkig gelagerter Stahlrahmen mit kalten Stielen und brandbeanspruchtem Verbundträger

Beispiel analog 6.3.6.1 nur mit gelenkig gelagerten Rahmenstielen

Ergebnis:

Der Einspanngrad des Verbundträgers bleibt fast auf dem Niveau des Beispiels 6.3.6.1. Die Reduktion des Stützmomentes gegenüber einer Volleinspannung beträgt lediglich ca. (127,2-121,4)/127,2 = 0,046 = 5%. Das Feldmoment erhöht sich entsprechend.

6.3.6.3 Ebener eingespannter Stahlrahmen mit brandbeanspruchten Stielen und einem Verbundträger als Rahmenriegel

Nun wird das Beispiel 6.3.6.1 wieder aufgegriffen und auch die Stütze im unteren Geschoss einer Brandbeanspruchung ausgesetzt.

Erwärmung Stützenprofil HEB 300 unter ETK nach 30min:
$A_m / V = 116\ m^1$ -> $\theta_a = 788°C$
Bei der Temperaturermittlung wurden die Emissivitätsfaktoren nach EC 4-1-2 [16] berücksichtigt.
-> Reduktion der Streckgrenze nach Tab. 21: $k_{max,\theta} = 0{,}124$
Reduktion des Elastizitätsmoduls nach Tab. 21: $k_{E\theta} = 0{,}0948$
Die Temperaturdehnung der brandbeanspruchten Stahlstütze wird nach Gleichung (48) mit $\Delta l/l = 11*10^{-3} = 0{,}011$ in Rechnung gestellt.

<u>Ergebnis:</u>

Der Einspanngrad des Verbundträgers reduziert sich gegenüber einer Volleinspannung um ca. (127,2-118,4)/127,2 = 0,069 = 7%. Gegenüber der Berechnung mit den kalten Stützen beträgt der Unterschied nur ca. (122,6-118,4)/122,6 = 0,034 = 3%. Die geringe Reduktion liegt daran, dass sich der obere Stützenabschnitt im kalten Zustand befindet und noch seine volle Steifigkeit besitzt.

In einer Nebenrechnung, die auch den oberen Stützenteil einer Brandbeanspruchung aussetzte, ergab sich eine Reduktion gegenüber dem Beispiel 6.3.6.1 mit den kalten Stützen von ca. (122,6-93,6)/122,6 = 0,24 = 24%.

6.3.6.4 Ebener gelenkig gelagerter Stahlrahmen mit brandbeanspruchten Stielen und einem Verbundträger

Beispiel analog 6.3.6.3 nur mit gelenkig gelagerten Rahmenstielen

<u>Ergebnis:</u>

Der Einspanngrad des Verbundträgers bleibt fast auf dem Niveau des Beispiels 6.3.6.4. Das Stützmoment beträgt nun statt 118,4 kNm nur noch 116,7 kNm. Die Reduktion des Stützmomentes gegenüber einer Volleinspannung beträgt lediglich ca. (127,2-116,7)/127,2 = 0,046 = 5%.

In einer Nebenrechnung, die auch den oberen Stützenteil einer Brandbeanspruchung aussetzte, ergab sich eine Reduktion gegenüber dem Beispiel 6.3.6.2 mit den kalten Stützen von ca. (121,4-86,9)/121,4 = 0,28 = 28%.

6.3.6.5 Ergebniszusammenstellung des untersuchten Rahmens

Nr.	System	Lagerung	Brandbeanspruchung			Einspann-grad
			Träger von unten	Untere Stützen	Obere Stützen	
6.3.5.3	Einfeldträger	Eingespannt	ja	-	-	100%
6.3.6.1	Rahmen Bild 89	Eingespannt	ja	nein	nein	96%
6.3.6.2	Rahmen wie Bild 89	Gelenkig	ja	nein	nein	95%
6.3.6.3	Rahmen Bild 89	Eingespannt	ja ja	ja ja	nein ja	93% 74%
6.3.6.4	Rahmen wie Bild 89	Gelenkig	ja ja	ja ja	nein ja	92% 68%

Tabelle 56: Zusammenstellung Einspanngrade

Beachte hierzu die vereinfachten Annahmen, die in 6.3.5.4 getroffen wurden.

6.3.7 Verbindungen

Grundsätzlich müssen die Verbindungen der selben Feuerwiderstandsklasse entsprechen wie die angeschlossenen Bauteile.

In Bild 90 sind einige übliche Verbindungen von kammerbetonierten Trägern dargestellt, die einer feuerbeständigen Ausführung entsprechen. Bei allen Anschlüssen ist die Verschraubung durch Ausbetonieren, Ummantelungen aus Minerafaserplatten oder durch in den Kammerbeton eingelassene Formteile geschützt. Verschraubungen ohne Schutz vor Erwärmung versagen schlagartig zu einem Zeitpunkt, der nicht definierbar ist.

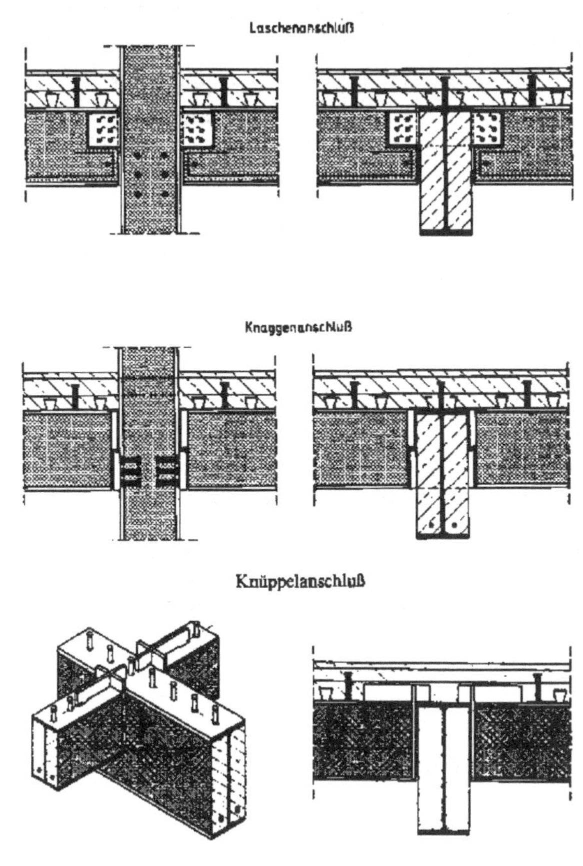

Bild 90: Feuerbeständige, gelenkige Anschlüssse bei Verbundträgern (aus [30], Bild 8.9)

Geschickt können Trägeranschlüsse sein, die erst im Brandfall eine Durchlaufwirkung erzielen. Der in Bild 90 dargestellte Laschenanschluss (siehe auch Bild 23, Kapitel 4.3.4.2.3) kann bei Raumtemperatur kein Biegemoment aufnehmen, da zwischen dem unteren Trägerflansch und der Stütze planmäßig ein Luftspalt vorhanden ist. Im Brandfall dehnt sich der Träger aus und biegt sich durch. Aufgrund dieser Effekte wird sich der Luftspalt sehr schnell schliessen und es kann eine Druckkraft am unteren Flansch übertragen werden. Um ein Stützmoment aufnehmen zu können, ist jedoch sicherzustellen, dass die Bewehrung des Betongurtes nicht vorzeitig reisst. Die Bewehrung ist für die Aufnahme von Druckkräften im Kammerbeton und im unteren Stahlträgerbereich ausreichend zu dimensionieren.

Da Überhöhungen bei Durchlaufträgern nur sehr schwer herzustellen sind und gelenkig gelagerte Träger schnell montiert werden können, werden in der Praxis meist Einfeldträger bevorzugt. Hier ist mit einem Anschluss, der erst im Brandfall eine Durchlaufwirkung erreicht, natürlich besonderes Potential für die Heissbemessung vorhanden.

Für eine brandschutztechnische Optimierung eines Tragwerks ist es unabdingbar, dass die im Brandfall auftretenden Lastumlagerungen und Dehnbehinderungen von den Anschlüssen sicher aufgenommen werden können.

Durch die Erwärmung des Tragwerks entstehen Zwängungen vorwiegend in Richtung der Stabachsen. Es empfiehlt sich daher die Anschlüsse nach Möglichkeit längsverschieblich auszubilden, so dass keine Dehnbehinderung vorhanden ist. Dieses Konzept widerspricht den obigen Ausführungen zum Laschenanschluss.

Die Erfahrungen aus den großmaßstäblichen Versuchen von Cardington führten zu der Erkenntnis, dass die Träger- Stützen- Verbindungen sowie die Stützen auf ihrer gesamten Länge zu bekleiden sind. Durch die dann nur geringfügige Erwärmung über den gesamten Versuchszeitraum können die Steifigkeitsverluste vermindert werden.

Aus den prinzipiell dargestellten Denkweisen ist für jeden Einzelfall das Optimum herauszufinden. Wie auch bei der Kaltbemessung kann nur eine ganzheitliche Betrachtung eines Tragwerkes, bestehend aus verschiedenen Stabquerschnitten und Anschlüssen, zu einem zufrieden-stellenden Ergebnis führen.

6.3.8 Zusammenfassende Bemerkungen

Prinzipiell kann hier auf die sog. qualitativen Aussagen des reinen Stahlbaus, die sich im Abschnitt 6.2.5 befinden, verwiesen werden. Ihre Gültigkeit hat sich in den vorangegangenen Beispielen bestätigt.

Allerdings besteht im Stahlverbundbau die Möglichkeit, Umlagerungen aus der Haupttragebene (Rahmenebene) heraus vorzunehmen. Dies setzt voraus, dass ausreichend tragfähige Stahlbetondecken vorhanden sind, und die benachbarten Stahlverbundkonstruktionen noch Tragreserven besitzen. Die Tragreserven entstehen in der Regel nur dann, wenn nicht von einem Vollbrand nach der Norm, sondern von einem speziellen Brandszeanrio ausgegangen wird.

Auf diesen besonderen Effekt wird in Kapitel 7 an einem konkreten Beispiel näher eingegangen.

7. PRAXISBEISPIEL PARKHAUS

7.1 Vorbemerkungen

Bei dem Praxisbeispiel handelt es sich um ein Parkhaus, das in Stahl- und Stahlverbundbauweise errichtet wurde. Die Aussenabmessungen betragen ca. 85m x 48m. Die maximale Höhe über Geländeoberkante beträgt ca. 15,7m. Das Gebäude besitzt 3 x 5 Parkebenen nebeneinander, wobei eine Ebene um ca. 1,35m höhenversetzt zu den anderen beiden ist (siehe Bild 91).

Die Konstruktion wurde in einem Raster von 2,50m Abstand errichtet. Zwischen den Stahlstützen befinden sich Stahlträger, die im Verbund mit der Betondecke sind und eine Spannweite von je 16,24m haben.

Folgende Profile und Werkstoffe kamen zur Anwendung:

- Aussenstützen HEA 200, S 235
- Innenstützen HEA 240, S 355
- Träger IPEa 400, S 355

Es wird von einer 14cm starken Ortbetondecke, die oberseitig beschichtet ist, ausgegangen.

Es soll an dieser Stelle nicht versäumt werden auf die Vorteile einer Stahlverbunddecke im Brandfall hinzuweisen (siehe Kapitel 5.4.2).

Für die Dachkonstruktion wird von einer Stahlleichtbauweise, z. B. mit Trapezblechen ausgegangen. Lasten aus einer möglichen Dachbegrünung werden nicht berücksichtigt.

Das Tragwerk musste feuerbeständig (F 90 bzw. R 90) ausgeführt werden.

Das Stahlskelett wird in Längsrichtung über Verbände ausgesteift. In Querrichtung ist für die Kaltbemessung eine Rahmenausbildung nicht erforderlich, da die gewählten Querschnitte als Einfeldträger eine ausreichende Tragfähigkeit aufweisen. Für die Aussteifung können die in ausreichender Anzahl vorhandenen Treppen- und Aufzugsschächte aus Stahlbeton herangezogen wurden. Für die hier betrachtete Heissbemessung muss die Aussteifung sogar über die Treppenhauskerne erfolgen (siehe hierzu auch Kapitel 6.2.3). Des weiteren ist es erforderlich die Verbundträger im Brandfall zumindest teilweise biegesteif an die Stahlstützen anzuschliessen, da sonst die Tragfähigkeit der gewählten Querschnitte überschritten wird.

Nachfolgend soll eine Heissbemessung des Tragwerks unter Naturbrandbedingungen (siehe Kapitel 7.2) und unter Normbrandbedingungen (siehe Kapitel 7.3) erfolgen.

7.2 Heissbemessung unter Naturbrandbedingungen

7.2.1 Naturbrandkonzept

Die Berechnungen für das Realbrandmodell basieren auf einem brandschutztechnischem Gutachten, das speziell für dieses Bauvorhaben erstellt wurde.

Als maßgebliches Szenario wird ein PKW- Brand mit 3 Autos im Feldbereich der Träger im Gutachten ausgewiesen. Dass auch andere Szenarien maßgebend werden können, wurde bereits in Kapitel 5.4.2 näher erläutert und soll hier nur der Vollständigkeit halber erwähnt werden. Es ist durchaus vorstellbar, dass brennende Fahrzeuge direkt neben einer Stahlstütze das Tragwerk zum Versagen bringen können, zumal keine Umlagerungsmöglichkeiten für die Normalkraft der Stütze vorhanden sind.

Die Temperaturermittlung berücksichtigt einen Flammenüberschlag von einem auf das nächste Fahrzeug mit einem zeitlichen Versatz von 10 min. Die Gesamtenergiefreisetzung über die geforderte Brandschutzdauer von 90 min beträgt 11,1 MW. Bei der Ermittlung der Stahltemperaturen wurde ein F 30- Schutzanstrich der Stahlprofile bereits in Rechnung gestellt.

Hinsichtlich der Temperaturentwicklung in den Stahlprofilen werden drei Bereiche rund um den Brandherd definiert:

- Zone 1: unmittelbarer Brandnahbereich, 10m x 7,5m
- Zone 2: mittelbarer Brandnahbereich, 15m x 12,5m
- Zone 3: äußerer Brandnahbereich, 25m x 22,5m

Für die Zone 1 wurde eine maximale Stahltemperatur von 660°C nach 63 min Branddauer ermittelt. Vereinfacht soll laut Gutachten für Zone 2 und 3 die Stahltemperatur gleich der Heissgastemperatur gesetzt werden. Für Zone 2 ergibt sich eine Temperatur von 469°C und für Zone 3 eine Temeratur von 273 °C nach 63 min Branddauer. Diese Annahme dürfte eher einer konservativen Betrachtung entsprechen.

Bei dem rechnerischen Nachweis wird, wie in Kapitel 6.3.5 beschrieben, vorgegangen.

7.2.2 Annahmen für die Berechnung

Zu den bereits beschriebenen Annahmen kommen folgende Punkte hinzu:

- Einflüsse aus verschiedenen Bauzuständen, Kriechen und Schwinden bleiben unberücksichtigt.

- Schnee- und Windlasten werden für den Brandfall nicht in Rechnung gestellt, da ihre Relevanz für die Heissbemessung als gering eingestuft wird.

- Das Rechenmodell wird aus den Trägern der Ebene 2 und 3 gebildet, was gleichbedeutend mit einem Brand in der untersten Ebene ist. Die Stützen bilden das gesamte Erdgeschoss und die Hälfte der darüberliegenden Geschosse ab. Ob der fiktive Ansatz des Momentenullpunktes der Stütze in Geschossmitte zutreffend ist, kann nur anhand eines Gesamtmodells mit bekannten Anschlussbedingungen richtig erfasst werden.

- Aus dem Brandschutzgutachten geht nicht eindeutig hervor wie die beschriebenen Zonen im Grundriss vorzusehen sind. In Anlehnung an Kapitel 5.2.4 und an die Vorstellung, dass als Brandentstehung eine Karambolage in der Fahrgasse verantwortlich ist, wird die größere Ausdehnung der Brandbereiche in Gebäudelängsrichtung vorgesehen (siehe weitere Ausführungen).

- Das Dacheigengewicht wird mit 0,60 kN/m^2 berücksichtigt
  $G_{Dach,\ Aussenstütze}$ = 0,60*2,50*16,24/2 = 12 kN
  $G_{Dach,\ Innenstütze}$ = 0,60*2,50*16,24 = 24 kN

- Für das Eigengewicht der Gesamtkonstruktion wird je Ebene eine ständige Last von 3,50 kN/m^2 (Decke) + 0,50 kN/m^2 (Stahl) = 4,0 kN/m^2 berücksichtigt.
  $G_{Decken,\ Aussenstütze}$ = 3*4,0*2,50*16,24/2 = 244 kN
  $G_{Decken,\ Innenstütze}$ = 3*4,0*2,50*16,24 = 488 kN
  Das betrachtete Geschoss wird direkt mit einer Flächenlast von 4,0 kN/m^2 beaufschlagt.

- Für die veränderliche Last wird in Tabelle 6.8 des EC 1-1-1 [12] ein Bereich von 1,50 bis 2,50 kN/m^2 angegebenen. In Anlehnung an die aktuelle deutsche Normung (DIN 1055-3, Ausgabe Oktober 2002) wird für eine Deckenstützweite < 3m für die lastweiterleitenden Bauteile, die hier betrachtet werden sollen, der Wert zu 2,00 kN/m^2 angenommen. Aus den oberen Geschossen ergeben sich demnach folgende Lasten, die bei der Stützenbemessung berücksichtigt werden müssen.

$P_{Aussenstütze}$ = 3*2,0*2,50*16,24/2 = 122 kN
$P_{Innenstütze}$ = 3*2,0*2,50*16,24 = 244 kN

Das betrachtete Geschoss wird direkt mit einer Flächenlast von 2,0 kN/m^2 beaufschlagt.

- Die maßgebliche Lastfallkombination im Brandfall lautet (siehe Gleichung (6) und Tabelle 6):
  $E_{fi,d} = G_k + 0{,}60 \cdot P_k$

- Die mitwirkenden Plattenbreiten des Verbundträgers werden gemäß EC 4-1-1 [15] im positiven Momentenbereich mit 2,50m und im negativen Momentenbereich mit 1,00m in Rechnung gestellt.

- Für den Beton und die darin liegende Bewehrung werden keine festigkeitsmindernden Einflüsse berücksichtigt. Dies scheint aufgrund der auftretenden Heissgastemperatur im Vergleich zur Einheitstemperaturzeitkurve in Zusammenhang mit der vorhandenen Deckenstärke von 14cm gerechtfertigt (siehe hierzu Tabelle 25 in Verbindung mit Tabelle 22 und 23).

- Die Bewehrung des Betongurtes wird sehr niedrig mit 2,57cm^2/m vorgewählt. (Um ein vorzeitiges Reißen des Betongurtes zu verhindern, wird in [30] eine Mindestbewehrung von ca. 0,0075*14cm*100cm/m = 10,5cm^2/m empfohlen.)

- Auf die Bemessung der schubfesten Verbindung zwischen der Ortbetondecke und dem Stahlträger wird an dieser Stelle nicht näher eingegangen.

- Die Temperaturdehnungen werden nach Gleichung (47) mit folgenden Werten berücksichtigt:
  Zone 1 (660°C): $\Delta l/l = 9{,}4 \cdot 10^{-3}$
  Zone 2 (469°C): $\Delta l/l = 6{,}3 \cdot 10^{-3}$
  Zone 3 (660°C): $\Delta l/l = 3{,}3 \cdot 10^{-3}$

- Die Elastizitätsmoduli, die Streckgrenze und die Zugfestigkeit des Baustahls werden mit den nachstehenden Abminderungsfaktoren (gemäß Tabelle 21) multipliziert:
  Zone 1: $k_{E,\theta=660°C} = 0{,}106$; $k_{max,\,\theta=660°C} = k_{u,\,\theta=660°C} = 0{,}326$
  Zone 2: $k_{E,\theta=469°C} = 0{,}631$; $k_{max,\,\theta=469°C} = k_{u,\,\theta=469°C} = 0{,}850$
  Zone 3: $k_{E,\theta=273°C} = 0{,}827$; $k_{max,\,\theta=273°C} = 1{,}00$; $k_{u,\,\theta=273°C} = 1{,}25$

7.2.3 Modell 1: Ebene Betrachtung, Brandherd im Mittelfeld

Es wird davon ausgegangen, dass ein Brand zwischen Achse M und G entsteht. Die Einteilung der Zonen und die damit verbundene Reduzierung der Materialfestigkeiten und Steifigkeiten ist in Bild 91 dargestellt.

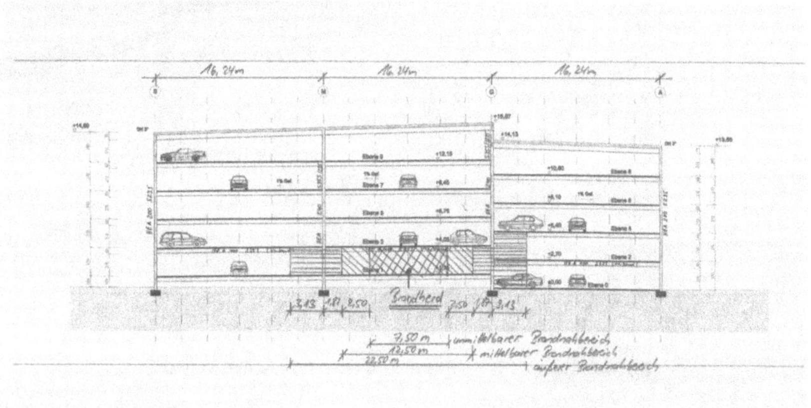

Bild 91: Aufteilung der Brandnahbereiche bei einem Brandherd zwischen Achse M und G

Bild 92 zeigt das generierte Modell. Deutlich zu erkennen sind die unterschiedlichen Querschnitte. Die Verwendung des Verbundträgerquerschnitts mit kleiner mitwirkender Breite – also im negativen Momentenbereich – wurde anhand der auf linearem Weg ermittelten Momentenverteilung bestimmt.

Eine rein gelenkige Verbindung zwischen dem Verbundträger und den Stützen hat erwartungsgemäß keine ausreichende Tragähigkeit erbracht.

Das beste Ergebnis konnte mit biegesteifen Anschlüssen an den Innenstützen und gelenkigen Anschlüssen an den Aussenstützen erzielt werden. Aufgrund des geringeren Querschnitts und der geringeren Materialfestigkeit der Aussenstützen würde hier ein gelenkiger Anschluss zu einer nicht ausreichenden Standsicherheit führen.

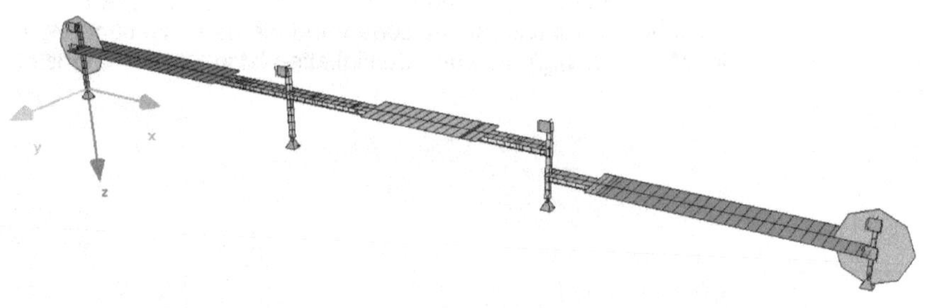

Bild 92: Modell 7.2.3 - Brandherd zwischen Achse M und G

Im ersten Schritt wurde eine lineare Schnittgrößenermittlung durchgeführt, die ausreichende Standsicherheit aufwies. Um vorhandene Tragreserven im statisch unbestimmten System zu aktivieren, erfolgte anschließend eine nichtlineare Berechnung. Die wesentlichen Ergebnisse sind kurz in Tabelle 57 zusammengestellt.

Bauteil	Brandnah-bereich	Momenten-beanspr.	Quer-schnitt Nr.	Lineare Berechnung	Nichtlin. Berechnung
Verbundträger	unmittelbarer	positiv	101	31%	38%
		negativ	102	29%	51%
	mittelbarer	positiv	201	8%	9%
		negativ	202	**59%**	**49%**
	äusserer	positiv	301	12%	13%
		negativ	302	**92%**	**82%**
	ausserhalb	positiv	1	47%	50%
		negativ	2	14%	27%
Stütze Achse S	ausserhalb		3	33%	33%
Stütze Achse M	ausserhalb		4	41%	45%
	äusserer		304	37%	39%
Stütze Achse G	äusserer		305	92%	94%
Stütze Achse A	ausserhalb		6	36%	37%

Tabelle 57: Ausnutzung der Bauteile bei linearer und nichtlinearer Berechnung

Die kritischen Punkte des Systems sind die Verbundträger im negativen Momentenbereich und die Stahlstützen.

Günstig wirkt sich aus, dass sich der Verbundträger im negativen Momentenbereich – also an den Innenstützen – bereits im äußeren Brandnahbereich befindet. Die Festigkeitsreduzierungen aufgrund der Temperaturbeanspruchung bleiben moderat (siehe 7.2.2) und ein Tragfähigkeitsnachweis kann auch ohne eine Momentenumlagerung erbracht werden. Des weiteren besteht kein Risiko des Stegbeulens.

Aus Tabelle 57 ist ersichtlich, dass bei der nichtlinearen Berechnung Beanspruchungen in weniger strapazierte Tragwerksteile umgelagert werden können. So kann die hohe Ausnutzung der Verbundträger im Stützenbereich um ca. 10% verringert werden, ohne dass die Stützen übermäßig mehr Last erhalten. Die Umlagerung spielt sich vorrangig innerhalb des Verbundträgers ab, der im Feldbereich trotz der intensiven Brandbeanspruchung noch ausreichend Tragreserven aufweist.

Ein Stabilitätsproblem tritt bei dem gewählten System nicht auf. Die lineare Eigenwertanalyse für die umgelagerten Schnittgrößen ergibt einen Lastverzweigungsfaktor von 3,80.

Selbst bei der nichtlinearen Berechnung, die eine größere Durchbiegung des Verbundträgers hervorruft als die lineare Berechnung, ergeben sich nur ca. 108mm vertikale Verformung. Dies entspricht bei einer Spannweite von 16,24m L/150. Für den außergewöhnlichen Bemessungsfall ist diese Verformung – selbst in psychologischer Hinsicht für die sich evtl. im Brandraum befindenden Menschen – unkritisch.

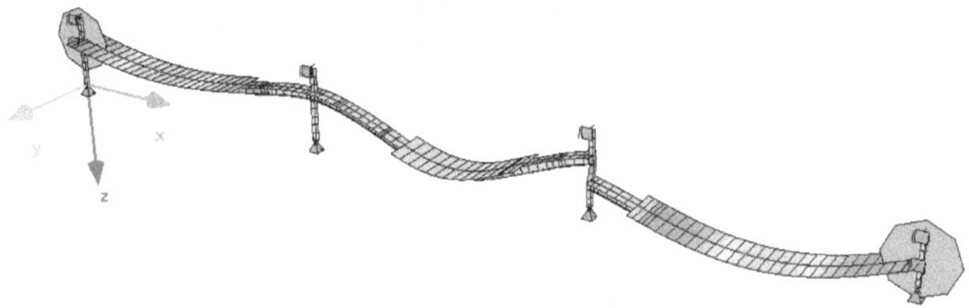

Bild 93: beanspruchte Struktur – Nutzlast von Achse M bis A (Lastfall 116)

1.1.1 Modell 2: Ebene Betrachtung, Brandherd im Randfeld

Es wird davon ausgegangen, dass ein Brand zwischen Achse G und A entsteht. Die Einteilung der Zonen und die damit verbundene Reduzierung der Materialfestigkeiten und Steifigkeiten ist in Bild 94 dargestellt.

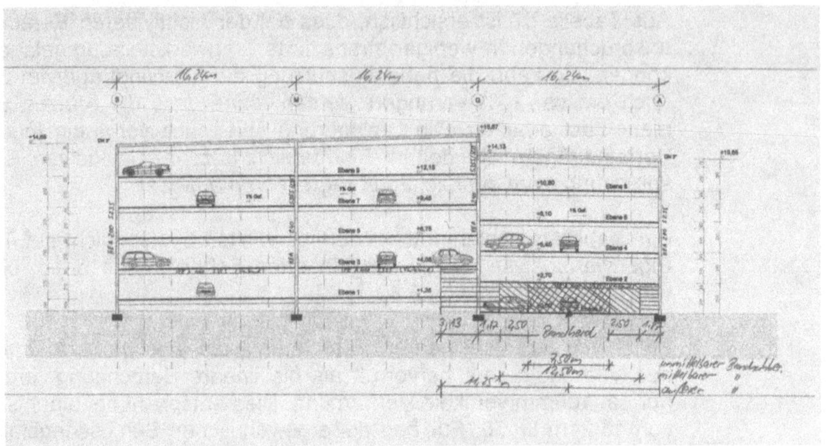

Bild 94: Aufteilung der Brandnahbereiche bei einem Brandherd zwischen Achse G und A

Eine rein gelenkige Verbindung zwischen dem Verbundträger und den Stützen hat auch hier keine ausreichende Tragähigkeit erbracht. Es wird wie in Abschnitt 7.2.3 von einem biegesteifen Anschluss der Verbundträger an die Innenstützen ausgegangen. Die Verbindung zu den Aussenstützen bleibt gelenkig.

Bild 95 zeigt das generierte Modell.

Im ersten Schritt wurde auch hier eine lineare Schnittgrößenermittlung durchgeführt, die bei weitem keine ausreichende Standsicherheit aufwies. Selbst bei der nichtlinearen Berechnung konnte der Tragsicherheitsnachweis nicht erbracht werden.

Die wesentlichen Ergebnisse aus der Berechnung sind kurz in Tabelle 58 zusammengestellt.

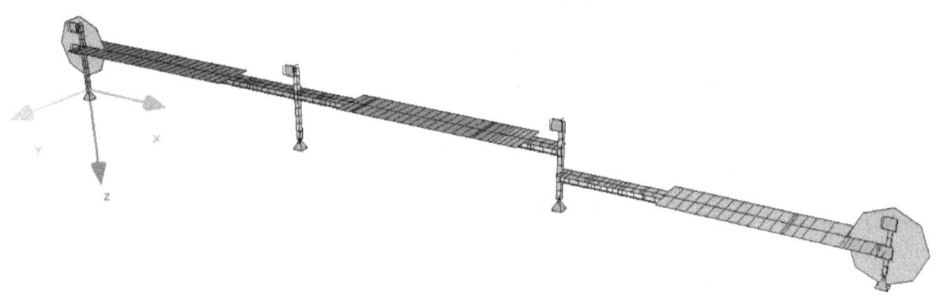

Bild 95: Modell 7.2.4 - Brandherd zwischen Achse G und A

Bauteil	Brandnah-bereich	Momenten-beanspr.	Quer-schnitt Nr.	Lineare Berechnung	Nichtlin. Berechnung
Verbundträger	unmittelbarer	positiv	101	76%	80%
		negativ	102	**51%**	**37%**
	mittelbarer	positiv	201	35%	35%
		negativ	202	**88%**	**59%**
	äusserer	positiv	301	19%	31%
		negativ	302	**130%**	**101%**
	ausserhalb	positiv	1	43%	51%
		negativ	2	**90%**	**67%**
Stütze Achse S	ausserhalb		3	35%	36%
Stütze Achse M	ausserhalb		4	37%	35%
	äusserer		304	39%	38%
Stütze Achse G	äusserer		305	**165%**	**116%**
Stütze Achse A	ausserhalb		6	30%	26%
	äusserer		306	34%	32%

Tabelle 58: Ausnutzung der Bauteile bei linearer und nichtlinearer Berechnung

Der kritische Punkt des Systems ist die Stahlstütze in Achse G, die auch nach einer nichtlinearen Schnittgrößenermittlung immer noch ca. 116 % Ausnutzung aufweist.

Nachteilig wirkt sich in Achse G der Höhensprung der anschließenden Parkdecks aus, der eine direkte Umlagerung von Schnittgrößen aus dem brandbeanspruchten in den kalten Verbundträger nicht zulässt. Die Steifigkeitsminderung durch den vorhandenen Höhensprung gegenüber der Betrachtung in Abschnitt 7.2.3 wird überaus deutlich.

Das Versagen der Stütze in Achse G resultiert vorrangig aus einer sehr hohen Querkraftbeanspruchung, deren Ursache in den Längsdehnungen des brandbeanspruchten Verbundträgers zu suchen ist. Hier könnte eine Stegblechverstärkung, die unter Umständen schon bei einer Überprüfung der Schubfeldbeanspruchung oder des Stegbeulens erforderlich wäre, hilfreich sein (siehe auch die Ausführungen im Kapitel 6.3.7 zu den Verbindungen). Alternativ kann selbstverständlich ein größeres Profil oder eine höhere Materialgüte verwendet werden.

Die kleine Spannungsüberschreitung des brandbeanspruchten Verbundträgers im negativen Momentenbereich (Querschnitt Nr. 302) ist eher theoretischer Natur, da das Modell nach wie vor mit einer sehr geringen Bewehrung im Betongurt arbeitet (2,57 cm^2/m).

Ein Stabilitätsproblem ist auch bei dem hier betrachteten System nicht zu erwarten, da die lineare Eigenwertanalyse einen Lastverzweigungsfaktor von 3,80 ausweist.

Bei der nichtlinearen Berechnung ergaben sich Durchbiegungen des brandbeanspruchten Verbundträgers zwischen Achse G und A von ca. 495mm. Dies entspricht bei einer Spannweite von 16,24m L/33. Für den außergewöhnlichen Bemessungsfall ist diese große Durchbiegung grenzwertig, da nur noch eine Durchgangshöhe von ca. 1,60m verbleibt. Allerdings wurde bei allen Betrachtungen davon ausgegangen, dass keinerlei aktive Brandbekämpfungsmaßnahmen getroffen werden. Vergleichsweise wird in der Literatur z. B. von einer Durchbiegungsbeschränkung von L/20 ausgegangen.

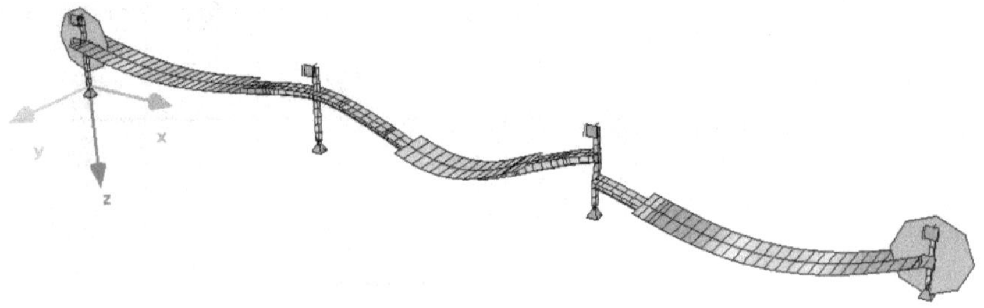

Bild 96: beanspruchte Struktur – Nutzlast von Achse S bis A (Lastfall 114)

7.2.4 Modell 3: Räumliche Betrachtung, Brandherd im Randfeld

Das Modell aus 7.2.4 wird nun in Gebäudelängsrichtung erweitert.

Untersucht werden soll das zusätzliche Potential, das mögliche Umlagerungen über die Betonplatte in weniger temperaturbeanspruchte Tragwerksteile ermöglicht.

Hierzu werden insgesamt 7 Achsen abgebildet. Das Modell beginnt im Zentrum des Brandherdes, sodass die Symmetriebedinungen erfüllt werden. Zwei Achsen befinden sich noch im unmittelbaren, eine im mittelbaren, zwei im äußeren und eine komplett außerhalb des Brandnahbereichs.

In Bild 97, das nur die Verbundträger und die Stahlstützen darstellt, sind die einzelnen Brandnahbereiche anhand der Farbgebung der verwendeten Materialien gut zu erkennen.

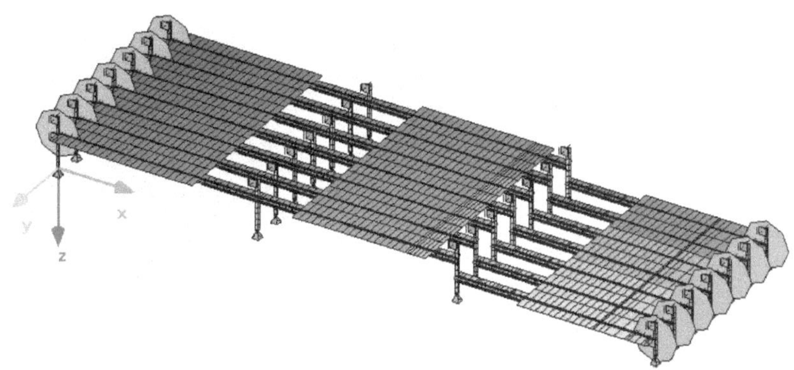

Bild 97: Modell 7.2.5 - Brandherd zwischen Achse G und A, Darstellung ohne Platte

Die Modellierung der Ortbetonplatte erfolgt über Stabelemente, die ihre Tragwirkung ausschließlich in Gebäudelängsrichtung ausbilden können.

Belastet werden die Stabelemente der Ortbetonplatte. Nur die Verbundträger, die sich am Rande des betrachteten Teilmodells befinden, die also auf einer Seite keine anschließende Platte mehr haben, werden belastet. Die Stützenbelastung bleibt wie in den vorhergehenden Modellen.

Die Ortbetonplatte wird mit 14cm Dicke (C25/30) – entsprechend den Annahmen des Verbundträgers – berücksichtigt. Es wurden in der oberen und unteren Lage je 5cm^2/m Bewehrung (S 500) berücksichtigt. Der Achsabstand der Bewehrung zum Betonrand beträgt jeweils 3,5cm.

Wie auch schon beim Betongurt des Verbundträgers, wird auch bei der Platte davon ausgegangen, dass die Temperaturbeanspruchung so niedrig bleibt, dass keine Abminderungen der Festigkeit und der Steifigkeit zu berücksichtigen ist.

Bild 98 zeigt das generierte Gesamtmodell.

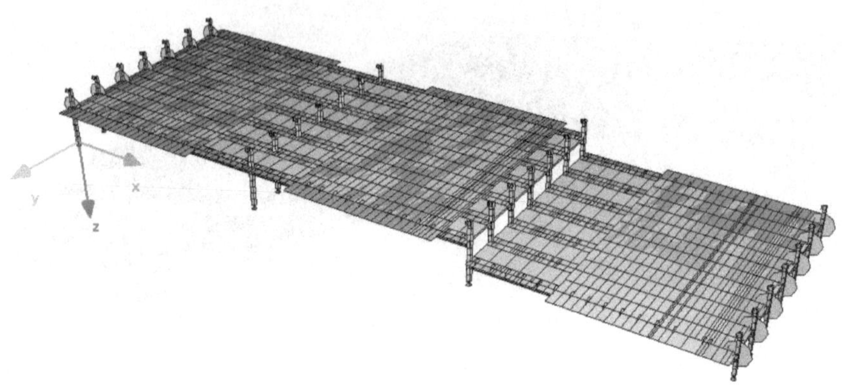

Bild 98: Modell 7.2.5 - Brandherd zwischen Achse G und A

Im ersten Schritt wurde auch hier eine lineare Schnittgrößenermittlung und eine entsprechende Bemessung durchgeführt.

Bei der nichtlinearen Berechnung konnte im räumlichen Modell, unter Berücksichtigung der Querverteilung über die Betonplatte, die kritische Ausnutzung der Stütze in Achse G bis auf 105% reduziert werden.

Ein Vergleich der linearen und der nichtlinearen Berechnung des räumlichen Modells ist in Tabelle 59 zusammengestellt.

Bauteil	Brandnah-bereich	Momenten-beanspr.	Quer-schnitt Nr.	Lineare Berechnung	Nichtlin. Berechnung
Verbundträger	unmittelbarer	positiv	101	50%	53%
		negativ	102	28%	34%
	mittelbarer	positiv	201	74%	70%
		negativ	202	60%	44%
	äusserer	positiv	301	86%	71%
		negativ	302	**92%**	**77%**
	ausserhalb	positiv	1	48%	54%
		negativ	2	**102%**	**76%**
Betonplatte	überall		501	23%	28%
Stütze Achse S	ausserhalb		3	39%	45%
Stütze Achse M	ausserhalb		4	43%	41%
	äusserer		304	42%	40%
Stütze Achse G	ausserhalb		5	104%	100%
	äusserer		305	**128%**	**105%**
Stütze Achse A	ausserhalb		6	49%	49%
	äusserer		306	48%	53%

Tabelle 59: Ausnutzung der Bauteile bei linearer und nichtlinearer Berechnung

In Tabelle 60 sind die Ergebnisse der nichtlinearen Berechnungen am ebenen und am räumlichen Modell einander gegenübergestellt. Das Umlagerungspotential durch die Betonplatte ist deutlich erkennbar. Auch konnte die kritische Ausnutzung der Stütze in Achse G um ca. 10% reduziert werden.

Bauteil	Brandnahbereich	Momentenbeanspr.	Querschnitt Nr.	Ebenes Modell 7.2.4	Räumliches Modell 7.2.5
Verbundträger	unmittelbarer	positiv	101	80%	53%
		negativ	102	37%	34%
	mittelbarer	positiv	201	35%	70%
		negativ	202	59%	44%
	äusserer	positiv	301	31%	71%
		negativ	302	**101%**	**77%**
	ausserhalb	positiv	1	51%	54%
		negativ	2	**67%**	**76%**
Betonplatte	überall		501	-	28%
Stütze Achse S	ausserhalb		3	36%	45%
Stütze Achse M	ausserhalb		4	35%	41%
	äusserer		304	38%	40%
Stütze Achse G	ausserhalb		5	-	100%
	äusserer		305	**116%**	**105%**
Stütze Achse A	ausserhalb		6	26%	49%
	äusserer		306	32%	53%

Tabelle 60: Ausnutzung der Bauteile bei nichtlinearer Berechnung am ebenen und räumlichen Modell

Ein weiterer positiver Effekt des räumlichen Modells ist die deutlich verringerte rechnerische Durchbiegung. Maximale werden jetzt nur noch ca. 142mm statt 495mm erreicht. Dies entspricht L/115.

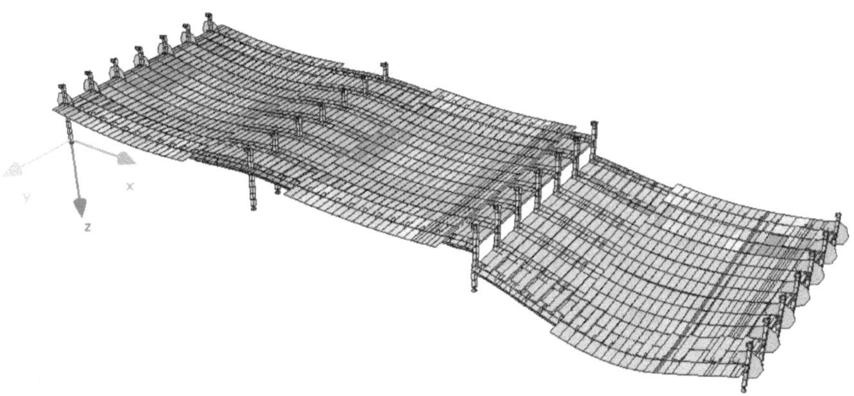

Bild 99: beanspruchte Struktur – Nutzlast von Achse S bis A (Lastfall 114)

7.3 Heissbemessung unter Normbrandbedingungen

7.3.1 Normbrandbeanspruchung

Bei einer Untersuchung unter Normbrandbedingungen wird davon ausgegangen, dass das gesamte Tragwerk gleichermaßen in den Brand involviert ist. Es handelt sich also um ein Vollbrandmodell. Eine Unterteilung in verschiedene Zonen ist demzufolge nicht erforderlich bzw. erlaubt.

Wie bereits mehrfach erläutert, steigt die Einheitstemperaturzeitkurve stetig an. Sie geht somit davon aus, dass der Nachschub an Brandlast nicht abreisst und immer ausreichend Sauerstoff vorhanden ist.

7.3.2 Annahmen für die Berechnung

Bis auf die Temperaturbeanspruchung gelten die Annahmen wie in 7.2.2 bereits beschrieben.

Die Ermittlung der Stahltemperatur nach 90min Brandbeanspruchung gestaltet sich schwierig, da die Stahlkonstruktion ja bereits mit einem Schutzanstrich versehen ist.

Die wesentlich Kennwerte des Anstriches sind nicht bekannt, sodass eine Ermittlung der Stahltemperatur nicht möglich ist (siehe hierzu Kapitel 3.3.3.3.3).

Eine Berechnung des Tragwerks für 90min Brandbeanspruchung ohne jeglichen Schutzanstrich macht an dieser Stelle wenig Sinn, da das Ziel ja ein Vergleich der Auswirkungen der unterschiedlichen Aufheizkurven unter sonst gleichen Bedingungen sein soll.

Vereinfacht wird als grobe Näherung eine Stahltemperatur von 800°C (siehe 7.3.3) angesetzt. Diese Annahme wurde auf Basis der folgenden Ausführungen getroffen:

Die maximale Stahltemperatur aus der Realbrandkurve beträgt im unmittelbaren Brandnahbereich 660° nach 63min bei einer maximal auftretenden Heissgastemperatur von 876°C nach 40min. Die Differenz der Temperaturen zwischen Heissgas und Stahl beträgt 216°C. Die Einheitstemperaturzeitkurve weist nach 90min einen Wert von 1017°C aus. Näherungsweise wird die maximal auftretende Stahltemperatur nun mit 1017°C – 216°C ~ 800°C angenommen.

Es wird ausdrücklich darauf hingewiesen, dass diese Vorgehensweise physikalisch falsch ist !

Für den Beton und die darin liegende Bewehrung werden keine festigkeitsmindernden Einflüsse berücksichtigt. Auch dies ist eine grobe Vereinfachung (siehe hierzu Tabelle 25 in Verbindung mit Tabelle 22 und 23).

Zum Vergleich wird ein zweites Modell mit einer Stahltemperatur von 600°C untersucht (siehe 7.3.4)

Exemplarisch werden nun die Ausnutzungen an ebenen Modellen ermittelt. Eine räumliche Betrachtung kommt hier nicht in Frage, da beim Vollbrandmodell in Gebäudelängsrichtung keine Bauteile vorhanden sind, die Tragreserven hätten.

7.3.3 Ebenes Modell unter 800°C, Brandherd im Randfeld

Die Temperaturdehnungen werden nach Gleichung (48) mit $\Delta l/l = 11 \cdot 10^{-3}$ berücksichtigt.

Die Elastizitätsmoduli, die Streckgrenze und die Zugfestigkeit des Baustahls werden mit den nachstehenden Abminderungsfaktoren (gemäß Tabelle 21) multipliziert:

$$k_{E,\theta=800°C} = 0{,}09;\ k_{max,\ \theta=800°C} = k_{u,\ \theta=800°C} = 0{,}11$$

Die Berechnung besagt, dass das gesamte Tragwerk instabil ist, was durch eine lineare Eigenwertermittlung, die einen Lastverzweigungslastfaktor von ca. 0,40 ergab, bestätigt wird.

Die Spannungen der Stahlstützen überschreiten die Grenzwerte maximal um das 12- fache, die der Verbundträger um das 6- fache.

7.3.4 Ebenes Modell unter 600°C, Brandherd im Randfeld

Die Temperaturdehnungen werden nach Gleichung (47) mit $\Delta l/l = 8{,}4 \cdot 10^{-3}$ berücksichtigt.

Die Elastizitätsmoduli, die Streckgrenze und die Zugfestigkeit des Baustahls werden mit den nachstehenden Abminderungsfaktoren (gemäß Tabelle 21) multipliziert:

$$k_{E,\theta=600°C} = 0{,}31;\ k_{max,\ \theta=600°C} = k_{u,\ \theta=600°C} = 0{,}47$$

Im Gegensatz zu der Berechnung bei 800°C Stahltemperatur liegt hier der niedrigste Verzweigungslastfaktor über 1,0 und beträgt im ungünstigsten Fall 1,4.

Die Spannungen der Stahlstützen und der Verbundträger überschreiten die Grenzwert um das ca. 2- fache.

7.4 Zusammenfassende Bemerkungen

Obwohl einige Vereinfachungen bei dem untersuchten Objekt vorgenommen wurden, können doch einige qualitative Erfahrungen aus den vorangegangenen Betrachtungen an dieser Stelle festgehalten werden:

- Eine Heissbemessung unter einer Normbrandbeanspruchung von 90 min ist selbst mit einem F 30- Schutzanstrich nicht wirtschaftlich möglich.

- Die grundlegende Errungenschaft des Realbrandkonzeptes ist neben den niedrigeren Heissgas- und Stahltemperaturen vor allem die räumliche Untergliederung des Brandraums. Durch die Aufteilung in verschiedene Temperaturzonen in Quer- und Längsrichtung des Tragwerks ergeben sich entscheidende Vorteile gegenüber einem Vollbrandmodell. Ursächlich hierfür ist die mögliche Umlagerung von Schnittgrößen in weniger temperaturbeanspruchte Gebäudebereiche mit entsprechenden Tragfähig-keitsreserven.

- Eine nichtlineare Berechnung, die Beanspruchungen in kühlere Bereiche umlagert, bringt selbst bei ebenen Modellbetrachtungen Bemessungsvorteile.

- Betreibt man etwas mehr Rechenaufwand und modelliert ein räumliches Tragwerk, so kann über die relativ steife Betonplatte auch eine Lastumlagerung in die zweite Richtung erfolgen. Dies kann entscheidende Vorteile bringen. Bei einem so regelmäßigen Gebäude wie dem hier vorliegenden Parkhaus mit einem sehr engen Achsraster lohnt sich der Aufwand sicherlich.

8. ERGEBNIS UND AUSBLICK

Wie die vorangegangenen Ausführungen zeigen, ist die Basis einer vernünftigen Heissbemessung ein Realbrandkonzept.

Für den reinen Stahlbau ohne Brandschutzverkleidung kann unter einer Normbrandbeanspruchung kein zufriedenstellendes Ergebnis hinsichtlich der Wirtschaftlichkeit erzielt werden.

Im Stahlverbundbau gilt dies in ähnlicher Weise, wobei natürlich durch die Verwendung des Werkstoffs Beton, der in vielen Anwendungsfällen als Schutz für die Stahlprofile wirkt, höhere Tragfähigkeiten erzielt werden können.

Entscheidende Vorteile bietet der Stahlverbundbau bei Anwendung von realen Brandszenarien, die einer räumlichen Beschränkung unterliegen, durch die Umlagerungsmöglichkeiten in Längs- und Querrichtung eines Gebäudes. Dies setzt das Vorhandensein einer steifen Betonplatte voraus.

Für die berufliche Praxis ist die in vielen Fällen geforderte Zustimmung im Einzelfall ein Hindernis. Wenn man bedenkt, dass die Entscheidung, ob ein Gebäude in Massivbauweise oder in Stahl- bzw. Stahlverbundbauweise errichtet wird, innerhalb von einigen Tagen gefällt werden muss, wird klar, dass momentan Realbrandkonzepte nur sehr selten in die Entscheidungsprozesse mit eingebunden werden können.

Eine spätere Umnutzung eines Gebäudes, dessen Feuerwiderstand durch eine Heissbemessung auf Basis eines Naturbrandkonzeptes nachgewiesen wurde, kann problematisch sein. Tragreserven für eine höhere Brandlast sind in der Regel nicht vorhanden. Diese Tatsache sollte gerade im Industrie- und Gewerbebau nicht ganz ausser Acht gelassen werden.

Die Ingenieurtätigkeit des Tragwerksplaners sollte sich zukünftig von der passiven Eingliederung der Bauteile in ein Klassifizierungssystem zu einer Entwurfs- und Bemessungsaufgabe verändern.

Dies setzt aber voraus, dass die Ingenieurmethoden entweder verallgemeinerbare Lösungen hervorbringen oder aber als Methode selbst einer größeren Fachöffentlichkeit zugänglich gemacht werden. Der Aufwand für eine entsprechende Qualifizierung muss dabei in einem vertretbaren Verhältnis zum Nutzen stehen. Nur dann kann eine spürbare Wirkung auf die Marktentwicklung des Stahl- und Stahlverbundbaus erzielt werden.

9. LITERATUR UND SOFTWARE

9.1 Normen, Vorschriften und Richtlinien

[1] Musterbauordnung, Fassung 2002

[2] Bayerische Bauordnung, Fassung 1997

[3] DIN 4102: Brandverhalten von Baustoffen
Teil 1 (1998): Baustoffe- Begriffe, Anforderungen und Prüfungen
Teil 2 (1977): Baustoffe- Begriffe, Anforderungen und Prüfungen
Teil 4 (1998): Zusammenstellung und Anwendung klassifizierter Baustoffe, Bauteile und Sonderbauteile

[4] DIN EN 13501: Brandverhalten von Baustoffen und Bauteilen
Teil 1 (2002): Klassifizierung mit den Ergebnissen aus den Prüfungen zum Brandverhalten von Bauprodukten
Teil 2 (2003): Klassifizierung mit den Ergebnissen aus den Feuerwider-Standsprüfungen, mit Ausnahme von Lüftungsanlagen

[5] Richtlinie 89/106 vom 21. Dezember 1988 zur Angleichung der Rechts- und Verwaltungsvorschriften der Mitgliedsstaaten über Bauprodukte (Amtsblatt der EG L 40/12, geändert durch Richtlinie 93/68/EWG des Rates vom 22. Juli 1993

[6] Bauproduktengesetz – BauPG vom 28. April 1998 (BGBl. I, S. 812)

[7] DIN 18230-1 (1998-05): Baulicher Brandschutz im Industriebau – Teil 1: Rechnerisch erforderliche Feuerwiderstandsdauer

[8] Muster- Liste der Technischen Baubestimmungen, Fassung September 2004

[9] Bauregelliste A, Baurregelliste B und Liste C, veröffentlicht in den Mitteilungen des Deutschen Instituts für Bautechnik (DIBt)

[10] DIN EN 1990 (2002): Eurocode: Grundlagen der Tragwerksplanung

[11] DIN EN 1991: Eurocode 1: Einwirkungen auf Tragwerke
Teil 1-2 (2002): Allgemeine Einwirkungen, Brandeinwirkungen auf Tragwerke

[12] DIN EN 1991: Eurocode 1: Einwirkungen auf Tragwerke
Teil 1-1 (2002): Allgemeine Einwirkungen auf Tragwerke; Wichten, Eigengewicht und Nutzlasten im Hochbau
Teil 1-3 (2004): Allgemeine Einwirkungen auf Tragwerke; Schneelasten
Teil 1-4 (2005): Allgemeine Einwirkungen auf Tragwerke; Windlasten

[13] DIN EN 1993: Eurocode 3: Bemessung und Konstruktion von Stahlbauten
Teil 1-1 (2005): Allgemeine Bemessungsregeln und Regeln für den Hochbau
Teil 1-8 (2005): Bemessung von Anschlüssen
Teil 1-10 (2005): Stahlsortenauswahl im Hinblick auf Bruchzähigkeit und Eigenschaften in Dickenrichtung

[14] DIN V ENV 1993: Eurocode 3: Bemessung und Konstruktion von Stahlbauten
Teil 1-2 (Mai 1997): Allgemeine Regeln – Tragwerksbemessung im Brandfall
mit dem zugehörigen Nationalen Anwendungsdokument (NAD) DIN- Fachbericht 93 (1. Auflage 2000)

[15] DIN V ENV 1994: Eurocode 4: Bemessung und Konstruktion von Verbundtragwerken aus Stahl und Beton
Teil 1-1 (Februar 1994): Allgemeine Bemessungsregeln, Bemessungsregeln für den Hochbau
mit dem zugehörigen Nationalen Anwendungsdokument (NAD) DASt- Richtlinie 104 (Ausgabe 1994)

[16] DIN V ENV 1994: Eurocode 4: Bemessung und Konstruktion von Verbundtragwerken aus Stahl und Beton
Teil 1-2 (Juni 1997): Allgemeine Regeln – Tragwerksbemessung im Brandfall
mit dem zugehörigen Nationalen Anwendungsdokument (NAD) DIN- Fachbericht 94 (1. Auflage 2000)

[17] DIN V ENV 1992: Eurocode 2: Bemessung und Konstruktion von Stahlbeton- und Spannbetontragwerken
Teil 1-2 (Juni 1997): Allgemeine Regeln – Tragwerksbemessung im Brandfall

[18] DASt 019 – Brandsicherheit von Stahl- und Verbundbauteilen in Büro- und Verwaltungsgebäuden (Ausgabe November 2001)

9.2 Literatur

[19] Farmers, G.: Brandschutz im Bauordnungsrecht, Bauphysik- Kalender 2006, S. 3-12, Ernst & Sohn, 2006

[20] Mehl, F.: Bautechnische Nachweise zum Brandschutz nach Bauordnungsrecht der Länder, Bauphysik- Kalender 2006, S. 13- 36, Ernst & Sohn, 2006

[21] Herzog, I.: Europäische Harmonisierung im Brandschutz, Bauphysik-Kalender 2006, S. 37-57, Ernst & Sohn, 2006

[22] Proschek, P.: Brandschutzbekleidungen und –beschichtungen, Bauphysik- Kalender 2006, S. 109-126, Ernst & Sohn, 2006

[23] Schneider, U.: Ingenieurmethoden im Brandschutz, Bauphysik-Kalender 2006, S. 237-300, Ernst & Sohn, 2006

[24] Richter, E.: Brandschutzbemessung nach Eurocodes, Bauphysik-Kalender 2006, S. 389-414, Ernst & Sohn, 2006

[25] Schaumann, P.: Nationale Brandschutzbemessung, Stahlbau-Kalender 2001, S. 369-402, Ernst & Sohn, 2001

[26] Schaumann, P., Heise, A., Veenker, K.: Kommentar zur DASt-Richtlinie 019 – Brandsicherheit von Stahl- und Verbundbauteilen in Büro- und Verwaltungsgebäuden, Stahlbau- Kalender 2004, S. 237-270, Ernst & Sohn, 2004

[27] vfdb- Leitfaden „Ingenieurmethoden des Brandschutzes“ (Mai 2006), Hrsg.: D. Hosser, vfdb- Referat 4; Altenberge, Braunschweig, 2006

[28] Hohmann, R: Materialtechnische Tabellen, Bauphysik- Kalender 2006, S. 145-233, Ernst & Sohn, 2006

[29] Schaumann, P., Upmeyer, J.: Nachweis von Verbundbauteilen unter Naturbränden, Stahlbau 71 (2002), H. 5, S. 325-323, Ernst & Sohn, 2002

[30] Bode, Helmut: Euro- Verbundbau, Werner- Verlag, Düsseldorf, 2. Auflage 1998

[31] Steinert, C.: Parameter- Studie zu PKW- Bränden in Parkdecks mit Hilfe der rechnerischen Brandsimulation, Bautechnik 74 (1997), H. 4, S. 241- 249

[32] Huber, G., Aste, C., Trauner, T., Mathieu, J., Klein, C.: Anwendung des Realbrand- Bemessungskonzeptes bei der Tirol- Therme Längenfeld, Stahlbau 72 (2003), H. 1, S. 10-20, Ernst & Sohn, 2003

[33] Hosser, D., Kampmeier, B., Zehfuß, J.: Überprüfung der Anwendbarkeit von alternativen Ansätzen nach Eurocode 1 Teil 1-2 zur Festlegung von Brandschutzanforderungen bei Gebäuden, Fraunhofer IRB Verlag, 2006

[34] Twilt, L.: Dissemination of Fire Safety Engineering Knowledge – Part 2; www.arcelor.com

9.3 Software

[35] Microsoft ® Excel 2000, Version 9.0.2812

[36] Ozone V2.2, Design Fire Tool, Version 2.2.2, www.arcelor.com

[37] AFCB, Composite Beam Fire Design according to Eurocode 4 (ENV 1994-1-2), Version 3.08, distributed by Arcelor Sections Commercial, www.arcelor.com

[39] AFCC, Composite Column Fire Design according to Eurocode 4 (ENV 1994-1-2), Version 3.06, distributed by Arcelor Sections Commercial, www.arcelor.com

[39] SOFISTIK Statikprogramme, Version 23, SOFISTIK AG, Oberschleißheim, www.sofistik.de

SALZWASSER
VERLAG

Zeitfracht Medien GmbH
Ferdinand-Jühlke-Straße 7
99095 Erfurt, Deutschland
produktsicherheit@kolibri360.de